U0226967

代 数 选 讲

王宪栋 编著

科 学 出 版 社

北 京

内 容 简 介

　　本书是代数学的入门读物，主要讨论基本概念与方法．从直观例子分析到抽象概念引入，循序渐进，不断深化．全书共24讲，前12讲主要对代数学的基础性内容进行梳理，包括群、环、域、模及向量空间与线性映射的定义与例子，以及一些基本结论的推导；后12讲介绍代数学中的一些经典构造方法，包括张量代数、对称代数、李代数的泛包络代数、量子群、Hopf-代数等，还介绍了顶点算子代数的概念与初步性质．

　　本书可作为综合性大学、师范院校数学或相关专业二年级及以上本科生和研究生的选修课教材，也可作为广大数学爱好者学习代数学的自学材料．

图书在版编目(CIP)数据

代数选讲/王宪栋编著. —北京：科学出版社，2018.3
ISBN 978-7-03-056662-1

Ⅰ. ①代…　Ⅱ. ①王…　Ⅲ. ①代数　Ⅳ. ①O15

中国版本图书馆 CIP 数据核字(2018) 第 040038 号

责任编辑：李　欣／责任校对：邹慧卿
责任印制：吴兆东／封面设计：陈　敬

科学出版社 出版
北京东黄城根北街 16 号
邮政编码：100717
http://www.sciencep.com

北京中石油彩色印刷有限责任公司 印刷
科学出版社发行　各地新华书店经销
*
2018 年 3 月第　一　版　开本：720×1000　1/16
2024 年 2 月第四次印刷　印张：12 3/4
字数：255 000

定价：68.00 元
(如有印装质量问题，我社负责调换)

前　言

本书的基本内容取自作者近十年来为数学专业本科生开设的专业选修课"代数选讲"的讲稿, 以及相关研究生课程的部分讲稿. 从内容的难易程度看, 本书适合大学数学专业二年级及以上本科生和数学或相关专业研究生的参考教材.

本书起点较低, 从最基本的代数学概念开始讲起. 一方面, 它的内容体系本质上是完全自包含的, 读者不需要查阅任何其他相关书籍, 就可以理解书中陈述的所有结论以及它们的详细推导过程. 当然, 如果有半年以上数学专业基础课程的学习经历, 对数域、多项式及矩阵的概念有初步了解的话, 学习本书的效率会大大提高. 基于这一特点, 除了上述提到的读者外, 本书还适合更广大的读者群, 比如任何喜欢数学、热爱数学以及想通过自学提高数学水平的读者阅读.

另一方面, 由于书中给出的基本内容都是相关代数学分支的入门知识, 在这种意义下本书又是自由开放的. 在掌握了本书内容的基础上, 通过有选择地查阅更专门的书籍与文献, 可以有效地深化或拓广本书所涵盖的内容. 启发并引导初学者系统地理解代数学中的一些基本原理与方法, 尤其是和李理论密切相关的一些知识, 是作者写作本书的主要意图.

本书特点与主要内容:

(1) 严格定义了整数集合, 通过对整数运算的讨论, 引入有单位元的环等概念, 并给出多项式环的例子; 讨论了置换群、群的线性表示等, 证明了有限群表示的 Maschke 定理, 描述了置换群 S_3 的有限维不可约表示的分类; 给出了向量空间、多线性映射的概念, 由此定义了线性变换及矩阵的行列式; 讨论了线性变换的 Jordan-Chevalley 分解, 给出了向量空间的一些典范构造, 包括张量积等.

(2) 简要介绍了非结合代数的概念, 给出它的两个重要实例: 结合代数与李代数, 引入了张量代数 (自由结合代数), 构造了自由李代数、自由群; 通过考虑群代数、李代数的泛包络代数及其表示, 导出了 Hopf-代数、量子群、仿射群概型等概念; 利用 Yoneda 引理, 研究了仿射群概型与 Hopf-代数之间的关系; 讨论了矩阵与多项式的关系, 给出了 $GL(V)$ 上的线性代数群结构, 并计算了它的李代数.

(3) 系统研究了三维单李代数 sl_2 的有限维表示, 给出了它的有限维不可约表示的分类; 讨论了量子包络代数 $U_q(\mathrm{sl}_2)$ 的有限维表示及其有限维不可约表示的分类问题; 给出了顶点代数的两种等价定义, 通过董引理构造了顶点代数的非平凡例子: 弱顶点算子的局部系统; 给出了顶点算子代数中的一些基本概念与初步结论, 包括各种模的定义、顶点代数及顶点算子代数的张量积等.

　　本书是对作者多年的相关课程授课讲义进行不断修改、补充、编撰而成的, 整个过程有众多的本科生与研究生的热情参与, 和他们愉快探讨的这些经历, 也是作者对讲义内容不断思考的一个过程. 学生在课堂上的反应、各种 (成熟或不太成熟的) 建议对书中内容的选取或处理方式都有一定程度的影响, 在此感谢他们的理解与支持.

　　在本书的形成过程中, 美国加利福尼亚大学圣克鲁斯分校数学系董崇英教授给予了作者极大的鼓励与支持. 董教授通读了全书的初稿, 并提出了宝贵的建议, 在此表示衷心的感谢!

　　本书的出版得到了青岛大学教材项目 (编号: 201733) 经费的支持, 得到了国家自然科学基金项目 (编号: 11472144) 的资助, 特此致谢!

王宪栋

2017 年 10 月于青岛

目　录

第 1 讲 中国剩余定理

中国剩余定理是由下列问题衍生出来的: 今有物不知其数, 三三数之剩二; 五五数之剩三: 七七数之剩二. 问物几何? 意思是说: 有一些物品, 不知道它的数量, 如果三个三个地数最后剩二个, 五个五个地数最后剩三个, 七个七个地数最后剩二个, 问这些物品共有多少个?

《孙子算经》中的这道著名数学问题是我国古代数学思想 "大衍求一术" 的具体体现[1], 针对这道题给出的解法是

$$N = 70 \times 2 + 21 \times 3 + 15 \times 2 - 2 \times 105 = 23.$$

中国剩余定理的一般形式为如下定理.

定理 1.1 (中国剩余定理)   设 R 是有单位元的交换环, $P_1, P_2, \cdots, P_s$ 是 R 的两两互素的理想, 则有典范满射环同态

$$R \longrightarrow R/P_1 \times R/P_2 \times \cdots \times R/P_s,$$

同态的核为所有这些理想的交 $\bigcap P_i$.

本讲的主要目的是详细解释并严格证明上述定理, 证明中用到的方法将用于上述古典问题的求解, 也由此说明上述解法的合理性. 这个定理涉及有单位元的交换环, 这个抽象的数学概念有一个重要特例: 整数环. 因此, 我们首先讨论整数环的构造与定义, 并假定自然数及其运算等基本知识是读者所熟悉的.

自然数的集合通常记为 $\mathbb{N} = \{0, 1, 2, 3, \cdots\}$, 它有两个运算: 加法 "+" 与乘法 "·". 这两个运算满足一些通常的运算规则. 例如, 有加法结合律、交换律、零元素 (自然数 0), 有乘法结合律、交换律、单位元 (自然数 1), 还有乘法关于加法的分配律等.

对两个自然数 a, b, 称 a 小于 b(记为 $a < b$) 或 b 大于 a(记为 $b > a$), 如果存在非零的自然数 c, 使得 $b = a + c$; 对任意的自然数 a, b, 必有 $a = b$ 或 $a < b$ 或 $b < a$. 若 $a > b$ 或 $a = b$, 则记 $a \geqslant b(a$ 大于等于 $b)$. 类似地, 可以定义 $a \leqslant b(a$ 小于等于 $b)$.

定义 1.2   给定自然数的集合 $\mathbb{N}$, 构造新集合 $\mathbb{N} \times \mathbb{N} = \{(a, b)|a, b \in \mathbb{N}\}$, 这是集合的通常直积, $\sim$ 是如下定义的二元关系

$$(a, b) \sim (c, d) \Leftrightarrow a + d = b + c, \quad \forall a, b, c, d \in \mathbb{N}.$$

对任意元素 $(a,b) \in \mathbb{N} \times \mathbb{N}$, 定义子集

$$[(a,b)] = \{(c,d) \in \mathbb{N} \times \mathbb{N} | (c,d) \sim (a,b)\},$$

称其为元素 (a,b) 所在的等价类. 令 $\mathbb{Z} = \{[(a,b)] | a,b \in \mathbb{N}\} = (\mathbb{N} \times \mathbb{N})/ \sim$, 称其为整数的集合, 其中的元素称为整数 (一个整数就是一个 "子集").

严格来讲, $\sim$ 是直积集合 $\mathbb{N} \times \mathbb{N}$ 上的一个等价关系, 而 $\mathbb{Z}$ 是集合 $\mathbb{N} \times \mathbb{N}$ 关于等价关系 $\sim$ 的商集, 一个整数就是一个等价类 (见下面的定义).

定义 1.3 集合 S 上的一个二元关系是 $S \times S$ 的一个子集 $R \subset S \times S$, 元素 $(x,y) \in R$ 也记为 xRy. 按照通常的做法, 任何二元关系 R 都将用统一的符号 "$\sim$" 表示. 称二元关系 $\sim$ 是一个等价关系, 如果它满足:

(1) 反身性 $(x \sim x, \forall x \in S)$;

(2) 对称性 $(x \sim y \Rightarrow y \sim x, \forall x,y \in S)$;

(3) 传递性 $(x \sim y, y \sim z \Rightarrow x \sim z, \forall x,y,z \in S)$.

集合 S 上的任何一个等价关系 $\sim$, 诱导该集合关于 $\sim$ 的商集 $S/\sim$, 其元素形如: $[x] = \{y \in S | y \sim x\}$, 即 $S/\sim = \{[x] | x \in S\}$. 商集中的元素 $[x]$(有时也记为 $\bar{x}$) 称为原集合 S 中的元素 x 所在的等价类, 而元素 x 只是等价类 $[x]$ 中的元素之一, 也称其为等价类 $[x]$ 的代表元.

根据等价关系的定义可以直接验证: 这些不同的等价类是集合 S 的一些互不相交的子集, 并且它们的并集是整个集合 S. 此时, 这些等价类构成了集合 S 的一个 "划分": 把集合 S 表示成互不相交的子集并的分解式

$$S = S_1 \cup S_2 \cup \cdots \cup S_m \cup \cdots .$$

反之, 任意给定集合 S 的一个划分, 可以唯一确定集合 S 上的一个等价关系 $\sim$, 使得元素 $x \sim y$ 当且仅当它们属于划分的同一个子集. 此时, 等价关系 $\sim$ 确定的等价类的集合构成原来给定的划分.

因此, 相对抽象的集合上等价关系的概念与比较直观的集合划分的概念本质上是一样的. 但是, 考虑到和其他数学概念的相容性, 以后主要采用等价关系这一术语.

注记 1.4 在上述整数集合的定义中, 元素 (a,b) 所在的等价类, 一般记为 $a-b$. 特别地, 当 $b=0$ 时, 整数 $a-0$ 可以等同于自然数 a; 当 $a=0, b \neq 0$ 时, 整数 $0-b$ 记为 $-b$, 称为负整数.

考虑映射: $\mathbb{N} \rightarrow \mathbb{Z}, a \rightarrow a-0$, 不难验证: 这是一个单射. 即, 当 $a \neq b$ 时, $a-0 \neq b-0$. 从而, 自然数集合 $\mathbb{N}$ 可以看成整数集合 $\mathbb{Z}$ 的一部分. 当给出整数的加法与乘法运算之后, 还可以说明: 上述映射关于这两个运算是相容的. 即, 先运算后映射的结果与先映射后运算的结果一致.

命题 1.5　整数集合 $\mathbb{Z}$ 可以表示为自然数集合 $\mathbb{N}$ 与负整数的集合的不交并: $\mathbb{N} \cup$ 负整数集合.

证明　若 $a = b$, 则 $a - b = 0 - 0 = 0$ 是自然数; 若 $a < b$, 则有自然数 c, 使得 $b = a + c$, 从而 $a - b = 0 - c = -c$ 是负整数; 若 $b < a$, 则有自然数 c, 使得 $a = b + c$, 从而 $a - b = c - 0 = c$ 是自然数.

注记 1.6　通过自然数的运算, 可以按照下述方式定义整数的运算.

加法: $(a - b) + (c - d) = (a + c) - (b + d)$,

乘法: $(a - b) \cdot (c - d) = (ac + bd) - (ad + bc)$.

定义 1.7　整数集合 $\mathbb{Z}$, 带有上述加法与乘法运算, 满足通常的运算规则. 关于加法有: 结合律、零元素、负元素、交换律; 关于乘法有: 结合律、单位元、交换律; 关于加法与乘法有: 分配律. 称 $\mathbb{Z}$ 为整数环.

注记 1.8　关于整数乘法结合律的验证: $\forall a, b, c, d, e, f \in \mathbb{N}$, 有等式

$$
\begin{aligned}
&((a - b)(c - d))(e - f) \\
=\ &((ac + bd) - (ad + bc))(e - f) \\
=\ &((ac + bd)e + (ad + bc)f) - ((ac + bd)f + (ad + bc)e) \\
=\ &(ace + bde + adf + bcf) - (acf + bdf + ade + bce).
\end{aligned}
$$

类似有下列等式

$$
\begin{aligned}
&(a - b)((c - d)(e - f)) \\
=\ &(ace + adf + bcf + bde) - (acf + ade + bce + bdf).
\end{aligned}
$$

从而, 乘法的结合律成立. 这里用到自然数运算的结合律、分配律等.

练习 1.9　验证整数加法与乘法运算的合理性 (一个整数是一个等价类, 合理性是指运算结果与等价类中代表元的选取无关); 验证其加法与乘法运算的所有规则.

整数之间也可以定义小于等于关系: 对任意两个整数 $a, b \in \mathbb{Z}$, 定义 $a \leqslant b \Leftrightarrow b - a \in \mathbb{N}$. 若 $a \leqslant b$ 且 $a \neq b$, 则记 $a < b$.

类似于自然数的情形, 当 $a \leqslant b$ 时, 也记 $b \geqslant a$, 称整数 b 大于等于 a; 当 $a < b$ 时, 也记 $b > a$, 称整数 b 大于 a.

定义 1.10　集合 G, 带有一个运算 (称为乘法), 满足结合律, 有单位元, 每个元素有逆元, 则称 G 是一个群. 若运算还满足交换律, 则称 G 是一个可换群 (也称为 Abel 群). 此时, 群的运算称为加法.

定义 1.11　集合 R, 带有加法与乘法两个运算, 并满足上述整数的八条运算规则, 称 R 是一个有单位元的交换环. 当乘法交换律未必成立时, 称 R 是一个有单

位元的环, 简称环.

由上述讨论可知, 整数集合 $\mathbb{Z}$ 关于加法构成一个可换群, 其加法零元素为自然数 0; 整数集合 $\mathbb{Z}$ 关于加法与乘法构成一个有单位元的交换环, 其乘法单位元为自然数 1.

定义 1.12 设 R, S 是有单位元的环, $\varphi: R \to S$ 是一个映射. 称 φ 是环的同态, 如果它保持单位元, 保持加法与乘法运算. 即, 有下列等式

$$\varphi(1_R) = 1_S, \quad \varphi(a+b) = \varphi(a) + \varphi(b),$$
$$\varphi(ab) = \varphi(a)\varphi(b), \quad \forall a, b \in R.$$

这里 $1_R, 1_S$ 分别表示环 R 与 S 的单位元 (以后均可以简写为 1).

称 $\varphi: R \to S$ 是环的一个同构映射, 如果它是环的同态, 也是双射.

称环 R 与 S 是同构的, 如果它们之间存在同构映射. 当 φ 是单射环同态时, 环 R 可以看成环 S 的一个子环 (环的子环是指: 包含单位元, 且关于环的两个运算封闭的非空子集).

定义 1.13 设 R 是有单位元的环, 称 R 的非空子集 I 是 R 的理想, 如果它满足条件: $\forall a, b \in I$, 有 $a + b \in I$, $\forall a \in I, \forall b \in R$, 有 $ab \in I, ba \in I$.

若 I 是环 R 的理想, 且 $I \neq R$, 则称 I 为 R 的真理想. 由理想的定义直接看出: 环 R 的任何真理想不可能包含 R 的单位元 1.

例 1.14 对整数环 $\mathbb{Z}, n \in \mathbb{Z}$, 令 $I = (n) = \{m = an | a \in \mathbb{Z}\}$, 它是由 n 的所有整数倍数构成的子集, 则 I 是整数环 $\mathbb{Z}$ 的一个理想. 在第 2 讲将证明: 整数环 $\mathbb{Z}$ 的任何理想都具有这种形式.

练习 1.15 (1) 设 $\varphi: R \to S$ 是环的同态, 定义同态的核 $\mathrm{Ker}\varphi = \{a \in R | \varphi(a) = 0\}$, 同态的像 $\mathrm{Im}\varphi = \{b \in S | b = \varphi(a), a \in R\}$. 证明: $\mathrm{Ker}\varphi$ 是环 R 的理想, $\mathrm{Im}\varphi$ 是环 S 的子环.

(2) 设 I, J 是环 R 的理想, 定义理想的和: $I + J = \{x + y | x \in I, y \in J\}$ 与积: $IJ = \{$有限和 $\sum_i x_i y_i | x_i \in I, y_i \in J\}$. 证明: $I + J$ 与 IJ 都是 R 的理想.

(3) 对环 R 的有限个理想 $I_1, I_2, \cdots, I_m$, 归纳定义它们的和与积, 并说明它们还是 R 的理想.

(4) 环 R 的任意多个理想 $\{I_\alpha; \alpha \in A\}$ 的交 $\bigcap_\alpha I_\alpha$ 还是 R 的理想.

提示 根据理想的定义及理想运算的定义, 容易验证这些结论成立.

通过环 R 的理想 I, 定义 R 上的一个二元关系

$$\sim: a \sim b \Longleftrightarrow a - b \in I, \quad \forall a, b \in R.$$

可以验证: $\sim$ 是一个等价关系, 从而有商集: $R/\sim = R/I = \{[a] | a \in R\}$. 在集合

R/I 上定义两个运算

$$[a] + [b] = [a + b], \quad [a][b] = [ab], \quad \forall a, b \in R.$$

根据理想的定义条件可以证明 (见下面引理): 这两个运算的定义合理, 且关于有单位元的环的条件都成立. 因此, 商集 R/I 是一个有单位元的环, 称其为环 R 关于其理想 I 的商环.

由乘法的定义不难看出: 当 R 是可换环时, 商环 R/I 也是可换环.

引理 1.16　上述加法与乘法运算定义合理: 与代表元的选取无关.

证明　只证明加法运算定义的合理性, 乘法情形的证明是类似的.

设 $a, b, a_1, b_1 \in R, [a] = [a_1], [b] = [b_1]$, 只要证明: $[a + b] = [a_1 + b_1]$. 根据等价关系 $\sim$ 的定义, 有 $a - a_1 \in I, b - b_1 \in I$. 再根据理想的定义, 直接得到 $a - a_1 + b - b_1 = (a + b) - (a_1 + b_1) \in I$. 即, $[a + b] = [a_1 + b_1]$.

定义 1.17　设 R 是有单位元的交换环, 称 R 的真理想 I 是 R 的素理想, 如果它满足条件: 对 $a, b \in R, ab \in I \Rightarrow a \in I$ 或 $b \in I$.

称 R 的两个理想 I, J 是互素的, 如果它满足条件: $I + J = R$.

称 R 的真理想 J 是极大理想, 如果它不严格包含于 R 的任何其他真理想内. 即, 对 R 的任何理想 K, 由 $J \subset K$, 必有 $K = J$ 或者 $K = R$.

引理 1.18　设 $Q, P_1, P_2, \cdots, P_s$ 是有单位元的交换环 R 的理想, 且 Q 与每个 $P_i (1 \leqslant i \leqslant s)$ 都互素, 则 Q 与乘积理想 $P_1 P_2 \cdots P_s$ 也是互素的.

证明　由条件 $Q + P_i = R, 1 \leqslant i \leqslant s$, 要证明: $Q + P_1 P_2 \cdots P_s = R$. 只要证明: $(Q + P_1)(Q + P_2) \cdots (Q + P_s) \subset Q + P_1 P_2 \cdots P_s$. 利用乘积理想的定义容易看出此包含关系成立.

中国剩余定理的证明　按照自然的方式定义环的直积 (对应分量做加法与乘法运算)

$$R/P_1 \times R/P_2 \times \cdots \times R/P_s = \{([x_1], [x_2], \cdots, [x_s]) | [x_i] \in R/P_i, 1 \leqslant i \leqslant s\}.$$

它也是一个有单位元的交换环. 容易验证, 典范映射: $x \to ([x], [x], \cdots, [x])$ 保持环的加法与乘法运算. 因此, 它是一个环同态.

另外, 对固定的 m, 由定理条件及上述引理不难看出

$$R = \prod_{n \neq m} (P_m + P_n) = P_m + \prod_{n \neq m} P_n.$$

取 $u_m \in P_m, v_m \in \prod_{n \neq m} P_n$, 使得 $u_m + v_m = 1$. $\forall a_1, a_2, \cdots, a_s \in R$, 令 $a = a_1 v_1 + a_2 v_2 + \cdots + a_s v_s$, 则有

$$a - a_m = a_1 v_1 + a_2 v_2 + \cdots + a_m(-u_m) + \cdots + a_s v_s \in P_m.$$

即, 在商环 R/P_m 中, $[a] = [a_m]$. 因此, 上述映射为满射.

最后, 不难看出同态的核为所有这些理想的交, 从而定理结论成立.

例 1.19   对整数环 $\mathbb{Z}$, 任何整数 m 确定它的一个理想 $I = (m)$, 它由 m 的所有倍数构成, 也称为主理想. 相应于 I 的商环为剩余类环

$$\mathbb{Z}/(m) = \{[0], [1], \cdots, [m-1]\}.$$

在环 $\mathbb{Z}/(m)$ 中, 加法与乘法也称为模 m 的加法与乘法.

对 $m = 3, 5, 7$, 分别有剩余类环 $\mathbb{Z}/(3), \mathbb{Z}/(5), \mathbb{Z}/(7)$. 考虑典范映射

$$\theta : \mathbb{Z} \to \mathbb{Z}/(3) \times \mathbb{Z}/(5) \times \mathbb{Z}/(7), \quad x \to ([x], [x], [x]),$$

由中国剩余定理可知, 这是一个满射同态.

特别地, 对像元素 $([2], [3], [2]) \in \mathbb{Z}/(3) \times \mathbb{Z}/(5) \times \mathbb{Z}/(7)$, 根据上述定理证明中的做法, 由等式 $(3) + (5 \times 7) = \mathbb{Z}$ 得到 $u_1 = 36, v_1 = -35$, 由等式 $(5) + (3 \times 7) = \mathbb{Z}$ 得到 $u_2 = -20, v_2 = 21$, 由等式 $(7) + (3 \times 5) = \mathbb{Z}$ 得到 $u_3 = -14, v_3 = 15$. 于是,

$$23 = 2 \cdot (-35) + 3 \cdot 21 + 2 \cdot 15 = 2 \cdot 70 + 3 \cdot 21 + 2 \cdot 15 - 2 \cdot 105$$

是它的一个原像, 这就是前面提到的古典数学问题的一个解.

注记 1.20   在中国剩余定理中的典范映射是环的满同态, 它的核是理想的交 $P_1 \cap P_2 \cap \cdots \cap P_s$. 此时, 有等式

$$P_1 \cap P_2 \cap \cdots \cap P_s = P_1 P_2 \cdots P_s.$$

事实上, 利用上述证明中的等式 $R = P_m + \prod_{n \neq m} P_n$, 只要对两个理想的情形证明即可. 通过取固定的元素 $a \in P_1, b \in P_2$, 使得 $a + b = 1$, $P_1 \cap P_2$ 中的元素 $x = xa + xb \in P_1 P_2$. 于是, $P_1 \cap P_2 \subset P_1 P_2$. 因此, $P_1 \cap P_2 = P_1 P_2$.

特别地, 对例 1.19 中的整数环情形, 我们得到关于理想的等式

$$(105) = (3)(5)(7) = (3) \cap (5) \cap (7).$$

这涉及整数分解的问题, 详见第 2 讲的内容.

注记 1.21   在这一讲我们主要给出了有单位元的环、有单位元的交换环、环的理想与同态等概念, 整数环是它的一个最基本的例子. 在第 2 讲给出多项式环的构造之后, 将会有大量环的例子自然出现.

第 2 讲　算术基本定理

本讲主要内容: 讨论整数环 $\mathbb{Z}$ 上的算术基本定理; 定义域的概念, 构造域 $\mathbb{F}$ 上的一元多项式环 $\mathbb{F}[x]$, 并讨论 $\mathbb{F}[x]$ 上的算术基本定理.

首先讨论关于整数的一些基本运算性质, 为叙述并证明整数环上的算术基本定理做一些必要的准备工作.

定义 2.1　设 $a, b, c \in \mathbb{Z}$ 是整数, 若有等式: $a = bc$, 则称 a 是 b, c 的倍式, b, c 是 a 的因式, 也称 b, c 整除 a, 记为 $b | a, c | a$.

整数 a, b 的公共的因式, 称为 a, b 的公因式. 公因式中的最大者, 称为 a, b 的最大公因式, 记为 (a, b). 特别地, 当 $(a, b) = 1$ 时, 称 a, b 是互素的.

设 $p \in \mathbb{N} \subset \mathbb{Z}$, 且不等于 0 与 1. 称 p 是素数, 如果 p 只有平凡的因式 (即, 因式只有 $\pm 1, \pm p$).

命题 2.2 (带余除法)　对 $a, b \in \mathbb{Z}$, 且 $b > 0$, 必存在唯一的整数对 $q, r \in \mathbb{Z}, 0 \leqslant r < b$, 使得 $a = bq + r$. 称 q 是商数或商, r 是余数.

证明　不妨设 $a \geqslant 0$. 若 $a < b$, 则 $a = b0 + a$, 从而分解式成立. 若 $a \geqslant b$, 利用数学归纳法原理, 可以假定 $a - b = bq + r$, 这里 r 满足命题的要求. 于是, $a = b(q + 1) + r$, 分解式也成立.

唯一性: 反证, 若 $a = bq + r = bq_1 + r_1$ 都满足命题的要求, 则有

$$b(q - q_1) = r_1 - r.$$

不妨假设此式两边都是正整数, 把它改写成形式: $b(q - q_1) + r = r_1$. 由此推出: $b \leqslant b(q - q_1) \leqslant r_1$. 这与 r_1 的要求矛盾. 因此, 必有 $q = q_1, r = r_1$.

作为带余除法的直接应用, 我们证明下列结果.

命题 2.3　整数环 $\mathbb{Z}$ 的任何理想 I, 必具有形式: $(b) = \{mb | m \in \mathbb{Z}\}$.

证明　设 I 是 $\mathbb{Z}$ 的任意理想, 不妨设 $I \neq 0$. 取 I 中的最小正整数 b, 则有包含关系 $(b) \subset I$. 反之, 对 I 中的任意元素 a, 利用上述带余除法, 必有整数 $q, r \in \mathbb{Z}, 0 \leqslant r < b$, 使得 $a = bq + r$. 根据 b 在理想 I 中的取法, 可以推出 $r = 0$. 即, $a \in (b)$. 因此, $I = (b)$.

定义 2.4　设 R 是有单位元的交换环, R 的形如 $(a) = \{ra | r \in R\}$ 的子集是 R 的理想, 称为 R 的主理想. 若 R 的任何理想都是主理想, 则称 R 是主理想环. 进一步, 若 R 中任何两个非零元素的乘积仍不为零 (也称 R 没有非零的零因子), 则称 R 是主理想整环.

利用上述命题立即得出: 整数环 $\mathbb{Z}$ 是主理想整环. 以后将通过构造多项式环的方法, 给出其他主理想整环的例子.

注记 2.5 对任意整数 a, b, 其最大公因式 (a, b) 必存在, 并且 (a, b) 可以表示为形式: $(a, b) = sa + tb$, 这里 s, t 也是整数.

事实上, 不妨假设 a, b 都是非负整数. 当 $b = 0$ 或 1 时, 结论显然成立. 对 $b > 1$, 由带余除法, 必有整数 $q, r \in \mathbb{Z}, 0 \leqslant r < b$, 使得 $a = bq + r$. 从而根据归纳法原理, 可以假定 $(b, r) = ub + vr$, 这里 $u, v \in \mathbb{Z}$. 于是,

$$(a, b) = (b, r) = ub + vr = ub + v(a - bq) = sa + tb,$$

这里 $s = v, t = u - vq$ 都是整数, 它们满足要求.

引理 2.6 素数 p 的两个基本性质:

(1) 对任意整数 a, p 整除 a 或 $(p, a) = 1$;

(2) 若 p 整除乘积 ab, 则 $p|a$ 或 $p|b$.

证明 设 $(p, a) = d$ 是整数 p, a 的最大公因数. 若 $d \neq 1$, 但 d 是素数 p 的一个因子, 必有 $d = p$. 从而, $p|a$. 即, 性质 (1) 成立.

若 $(p, a) = 1, (p, b) = 1$, 则有整数 $s, t, u, v \in \mathbb{Z}$, 使得

$$sp + ta = 1, \quad up + vb = 1.$$

从而有 $(sup + svb + tau)p + tvab = 1$, 于是, $(p, ab) = 1$. 即, 性质 (2) 成立.

定理 2.7 (算术基本定理) 对任意非零整数 $a \in \mathbb{Z}$, 存在互不相同的素数 $p_1, p_2, \cdots, p_s$ 及自然数 $r_1, r_2, \cdots, r_s$, 使得

$$a = \varepsilon p_1^{r_1} p_2^{r_2} \cdots p_s^{r_s}.$$

这里 $\varepsilon = \pm 1$. 此分解式本质上 (不计素数因子的出现顺序) 是唯一的.

证明 对 $a \in \mathbb{Z}$, 不妨设 $a \geqslant 2$. 若 a 是素数, 定理结论显然成立. 若 a 不是素数, 则 a 可以分解为两个比 a 小的正整数 b, c 的乘积. 利用数学归纳法原理, 可以假定 b, c 有相应的分解, 从而 a 的分解式存在.

若 a 有两个素因子分解式

$$a = p_1 p_2 \cdots p_s = q_1 q_2 \cdots q_t,$$

利用上述性质可以推出, $p_1 = q_i$, 可以假设 $i = 1$. 因此, $p_2 \cdots p_s = q_2 \cdots q_t$. 再用归纳法原理, 得到 $s = t$, 且适当排列顺序后, $p_i = q_i, 2 \leqslant i \leqslant s$. 即, 唯一性成立.

注记 2.8 这仅仅是一个理论上的结果, 实际的分解是非常困难的或不可能的, 甚至关于素数的判定问题也是相当困难的. 但是, 可以证明: 一定有无限多个素数.

练习 2.9　证明: 存在无限多个素数.

在本讲的剩余部分, 主要讨论多项式环上的算术基本定理. 前面我们给出了有单位元的交换环的概念, 再加上一个可逆性条件 (每个非零元素均可逆: 对 $a \neq 0, \exists b$, 使得 $ab = 1$), 就得到域的概念.

以后将用字母 $\mathbb{F}$ 表示一般的域. 域的一些简单例子主要是数域, 包括有理数域 $\mathbb{Q}$、实数域 $\mathbb{R}$ 及复数域 $\mathbb{C}$ 等. 可以验证: 有理数域是最小的数域. 当然, 复数域是最大的数域.

可以按照由自然数集合 $\mathbb{N}$ 构造整数环 $\mathbb{Z}$ 的方法, 通过整数环 $\mathbb{Z}$ 构造出有理数域 $\mathbb{Q}$. 一般地, 我们将构造任何一个主理想整环 R 的分式域 $\mathbb{F}$, 这也是构造域的一个基本方法.

构造 2.10　设 R 是主理想整环, 定义直积集合 $S = R \times (R - \{0\})$ 上的一个二元关系如下

$$(a, b) \sim (c, d) \Leftrightarrow ad = bc, \quad \forall a, b, c, d \in R, \ b \neq 0, d \neq 0.$$

可以验证: $\sim$ 是 S 上的一个等价关系. 令 $Q = S/\sim = \left\{ \frac{a}{b} \Big| (a, b) \in S \right\}$ 为 S 关于该等价关系的商集, 其中 $\frac{a}{b}$ 表示元素 (a, b) 所在的等价类. 定义 Q 的加法与乘法运算

$$\frac{a}{b} + \frac{c}{d} = \frac{ad + bc}{bd}; \quad \frac{a}{b} \cdot \frac{c}{d} = \frac{ac}{bd}.$$

可以验证: 这两个运算定义合理 (与代表元的具体选取无关); 有单位元的交换环的运算规则都成立; 每个非零元素可逆: $\frac{a}{b}$ 的逆元素为 $\frac{b}{a}$. 因此, Q 是一个域, 称其为环 R 的分式域.

不难看出, 上述构造方法只用到 R 是一个交换整环 (没有非零零因子的有单位元的交换环). 下面将构造一类重要的主理想整环: 任意域 $\mathbb{F}$ 上的多项式环 $\mathbb{F}[x]$. 在此基础上, 可以构造交换整环的序列

$$\mathbb{F}[x], \mathbb{F}[x_1][x_2], \mathbb{F}[x_1][x_2][x_3], \cdots.$$

称这些交换整环为域 $\mathbb{F}$ 上的多元多项式环, 这样我们就可以按照上述方法做出许多域.

定义 2.11　设 $\mathbb{F}$ 是给定的域, 令

$$\mathbb{F}[x] = \{f(x) = a_0 + a_1 x + \cdots + a_n x^n | a_i \in \mathbb{F}, 1 \leqslant i \leqslant n, n \in \mathbb{N}\},$$

其中的形式表达式 $f(x)$ 称为域 $\mathbb{F}$ 上的一元多项式, 简称为多项式.

若 $f(x) = a_0 + a_1 x + \cdots + a_n x^n \in \mathbb{F}[x]$, 且 $a_n \neq 0$, 称 n 为多项式 $f(x)$ 的次数, 也记为 $\partial f(x) = n$; 称 $a_n x^n$ 为 $f(x)$ 的首项, a_n 为其首项系数 (特别约定: 零多项式的次数为 $-\infty$).

规定: 两个多项式相等当且仅当它们的对应系数相等.

多项式的运算: 设 $f(x) = \sum_i a_i x^i, g(x) = \sum_i b_i x^i$ 是 $\mathbb{F}[x]$ 中的两个多项式, 定义加法与乘法如下

$$f(x) + g(x) = \sum_i (a_i + b_i) x^i, \quad f(x)g(x) = \sum_{i,j} a_i b_j x^{i+j}.$$

引理 2.12   关于上述两个运算, 集合 $\mathbb{F}[x]$ 是一个有单位元的交换环, 称为域 $\mathbb{F}$ 上的一元多项式环.

证明   根据定义, 两个多项式相加或相乘是通过它们的系数的运算诱导出来的, 这些系数属于域 $\mathbb{F}$. 由此可以验证, 所要求的运算规则都成立. 下面以乘法满足结合律的验证为例, 说明如下.

设 $f(x) = \sum_i a_i x^i, g(x) = \sum_j b_j x^j, h(x) = \sum_k c_k x^k$, 则有下列等式

$$(f(x)g(x))h(x) = \sum_{i,j} a_i b_j x^{i+j} h(x) = \sum_{i,j,k} (a_i b_j) c_k x^{i+j+k},$$

$$f(x)(g(x)h(x)) = f(x) \sum_{j,k} b_j c_k x^{j+k} = \sum_{i,j,k} a_i (b_j c_k) x^{i+j+k}.$$

因此, $(f(x)g(x))h(x) = f(x)(g(x)h(x))$. 即, 乘法结合律成立.

命题 2.13 (带余除法)   对任意的多项式 $f(x), g(x) \in \mathbb{F}[x]$, 且 $g(x)$ 非零, 必存在唯一的多项式对 $(q(x), r(x))$, 使得 $f(x) = g(x)q(x) + r(x)$, 这里 $r(x) = 0$ 或者 $\partial r(x) < \partial g(x)$.

证明   对多项式 $f(x), g(x) \in \mathbb{F}[x]$, 可以假设 $\partial g(x) \leqslant \partial f(x)$. 设 $f(x), g(x)$ 的首项分别为 $a_m x^m, b_n x^n$, 令 $f_1(x) = f(x) - b_n^{-1} a_m x^{m-n} g(x)$, 它的次数满足不等式: $\partial f_1(x) < \partial f(x)$(不妨设 $f_1(x) \neq 0$).

利用归纳法原理, 必存在多项式 $q_1(x), r_1(x)$, 使得

$$f_1(x) = g(x)q_1(x) + r_1(x),$$

这里 $r_1(x) = 0$ 或者 $\partial r_1(x) < \partial g(x)$. 从而有等式

$$f(x) = g(x)q(x) + r(x),$$

这里 $q(x) = q_1(x) + b_n^{-1} a_m x^{m-n}, r(x) = r_1(x)$, 它满足命题的要求.

唯一性: 若有 $f(x) = g(x)q(x) + r(x) = g(x)q_1(x) + r_1(x)$ 都满足命题的要求, 则 $g(x)(q(x) - q_1(x)) = r_1(x) - r(x)$. 通过考虑等式两边的多项式的次数, 可以推出 $q(x) = q_1(x), r(x) = r_1(x)$.

命题 2.14　一元多项式环 $\mathbb{F}[x]$ 是主理想整环.

证明　利用上述带余除法, 按照和整数环中完全相同的讨论方法可以证明: 多项式环 $\mathbb{F}[x]$ 的任何理想 I 由它所包含的某个次数最低的多项式的倍式构成. 即, $\mathbb{F}[x]$ 是主理想环.

另外, 两个非零多项式的乘积还是非零多项式. 事实上, 不难验证: 对任意两个多项式 $f(x), g(x) \in \mathbb{F}[x]$, 有 $\partial(f(x)g(x)) = \partial f(x) + \partial g(x)$. 即, 它没有非零的零因子. 因此, $\mathbb{F}[x]$ 是主理想整环.

注记 2.15　对任何有单位元的交换环 R, 可以按照上述方式定义 R 上的一元多项式环 $R[x]$, 它还是有单位元的交换环. 从而可以构造许多有单位元的交换环

$$R[x], R[x_1, x_2] = R[x_1][x_2], \cdots.$$

特别地, 当 R 是交换整环时, 多项式环 $R[x]$ 也是交换整环.

定义 2.16　若多项式 $f(x), g(x), h(x) \in \mathbb{F}[x]$, 满足: $f(x) = g(x)h(x)$, 则称 $f(x)$ 是 $g(x), h(x)$ 的倍式, $g(x), h(x)$ 是 $f(x)$ 的因式. 此时, 也称多项式 $g(x), h(x)$ 整除多项式 $f(x)$(即, 在相应的带余除法中余式为零), 记为 $g(x)|f(x), h(x)|f(x)$.

多项式 $f(x), g(x) \in \mathbb{F}[x]$ 的公共的因式, 称为它们的公因式. 公因式中次数最高者, 称为它们的最大公因式. $f(x)$ 与 $g(x)$ 的首项系数为 1 的最大公因式记为 $(f(x), g(x))$(它是唯一的, 为什么?).

特别地, 当 $(f(x), g(x)) = 1$ 时, 称多项式 $f(x)$ 与 $g(x)$ 是互素的.

注记 2.17　类似地, 可以给出任意有限个多项式的公因式、最大公因式, 以及互素的概念; 多项式 $f_1(x), f_2(x), \cdots, f_s(x) \in \mathbb{F}[x]$ 的首项系数为 1 的最大公因式也记为下列形式

$$(f_1(x), f_2(x), \cdots, f_s(x)).$$

设 $p(x)$ 是次数大于零的多项式, 若它的因式都是平凡的 (即, 常数或 $p(x)$ 的常数倍数), 则称它是不可约多项式.

注记 2.18　对任意多项式 $f(x), g(x)$, 其最大公因式 $(f(x), g(x))$ 必存在, 并且 $(f(x), g(x))$ 可以表示为形式: $(f(x), g(x)) = s(x)f(x) + t(x)g(x)$, 这里 $s(x), t(x)$ 也是多项式.

事实上, 不妨假设 $f(x), g(x)$ 都不为零. 当 $\partial g(x) = 0$ 时, 结论显然成立. 对 $\partial g(x) > 0$, 由带余除法, 必有多项式 $q(x), r(x) \in \mathbb{F}[x], r(x) = 0$ 或者 $\partial r(x) < \partial g(x)$, 使得 $f(x) = g(x)q(x) + r(x)$. 从而根据归纳法原理, 可以假定 $(g(x), r(x)) = $

$u(x)g(x) + v(x)r(x)$, 这里 $u(x), v(x) \in \mathbb{F}[x]$. 于是,

$$(f(x), g(x)) = (g(x), r(x))$$
$$= u(x)g(x) + v(x)r(x)$$
$$= u(x)g(x) + v(x)(f(x) - g(x)q(x))$$
$$= s(x)f(x) + t(x)g(x).$$

这里 $s(x) = v(x), t(x) = u(x) - v(x)q(x)$.

练习 2.19 设 $f(x), g(x), h(x)$ 是 $\mathbb{F}[x]$ 中的多项式, 证明下列等式

$$(f(x), (g(x), h(x))) = (f(x), g(x), h(x)).$$

这里右边表示多项式 $f(x), g(x), h(x)$ 的首项系数为 1 的最大公因式.

引理 2.20 不可约多项式 $p(x)$ 的两个基本性质:

(1) 对任意多项式 $f(x), p(x)$ 整除 $f(x)$ 或 $(p(x), f(x)) = 1$;

(2) 若 $p(x)$ 整除乘积 $f(x)g(x)$, 则 $p(x)|f(x)$ 或 $p(x)|g(x)$.

证明 (1) 设 $(p(x), f(x)) = d(x)$. 若 $d(x) \neq 1$, 但 $d(x)$ 是不可约多项式 $p(x)$ 的一个因式, 必有 $d(x)$ 与 $p(x)$ 相差一个非零常数倍数. 即, 性质 (1) 成立.

(2) 若 $(p(x), f(x)) = 1, (p(x), g(x)) = 1$, 则有 $s(x), t(x), u(x), v(x) \in \mathbb{F}[x]$, 使得 $s(x)p(x) + t(x)f(x) = 1, u(x)p(x) + v(x)g(x) = 1$. 从而有下列等式

$$q(x)p(x) + t(x)v(x)f(x)g(x) = 1.$$

这里多项式 $q(x)$ 由下式给出

$$q(x) = s(x)u(x)p(x) + s(x)v(x)g(x) + t(x)f(x)u(x).$$

于是, $(p(x), f(x)g(x)) = 1$. 即, 性质 (2) 成立.

定理 2.21 (算术基本定理) 多项式环 $\mathbb{F}[x]$ 中的任何首项系数为 1 的多项式 $f(x)$ 都可以分解为一些首项系数为 1 的不可约多项式的方幂的乘积

$$f(x) = p_1(x)^{s_1} p_2(x)^{s_2} \cdots p_r(x)^{s_r}.$$

这些不可约多项式的方幂本质上是唯一的.

证明 类似于整数环情形的证明方法, 并利用上述不可约多项式的两个基本性质, 可以证明定理结论成立 (读者练习).

注记 2.22 上述定理的另一形式: 一元多项式环 $\mathbb{F}[x]$ 的任何理想可以唯一地表示为有限个素理想的方幂的乘积 (参考注记 1.20).

练习 2.23　在一元多项式环 $\mathbb{F}[x]$ 中, 整除关系具有下列基本性质:

(1) 若 $f(x)|g(x), g(x)|h(x)$, 则 $f(x)|h(x)$(传递性);

(2) 若 $f(x)|g(x), g(x)|f(x)$, 则 $f(x)$ 与 $g(x)$ 相差一个常数倍数;

(3) 若 $f(x)|g_1(x), g_2(x), \cdots, g_s(x)$, 则 $f(x)$ 整除 $g_1(x), g_2(x), \cdots, g_s(x)$ 的任意组合

$$a_1(x)g_1(x) + a_2(x)g_2(x) + \cdots + a_s(x)g_s(x), \quad \forall a_i(x) \in \mathbb{F}[x], \forall i.$$

练习 2.24　证明: 在 $\mathbb{F}[x]$ 中, 多项式 $f(x)$ 整除多项式 $g(x)$ 当且仅当它们生成的理想有包含关系 $(g(x)) \subset (f(x))$.

练习 2.25　设有多项式 $f(x), g(x) \in \mathbb{F}[x]$, 则有理想的等式

$$(f(x)) + (g(x)) = ((f(x), g(x))).$$

这里等式左边表示主理想 $(f(x))$ 与 $(g(x))$ 的和, 等式右边表示由最大公因式 $(f(x), g(x))$ 生成的主理想.

第3讲 代数数与超越数

第 2 讲介绍的关于多项式环的算术基本定理, 本质上讨论的是多项式的因式分解问题, 这个问题的深入分析依赖于域 $\mathbb{F}$ 的一些性质. 即使对不可约多项式的研究, 域 $\mathbb{F}$ 所起的作用也是基本的. 例如, 对 $\mathbb{F}$ 是复数域的情形, $\mathbb{F}[x]$ 中的不可约多项式都是一次的. 这就是著名的代数基本定理.

关于代数基本定理的系统证明超出了本书的讨论范围, 读者可以参考有关文献 (例如, 文献 [2, 3]). 我们只是应用代数基本定理, 去解决一些相关问题.

定义 3.1 设 $\mathbb{F}$ 是一个域, $\mathbb{F}[x]$ 是 $\mathbb{F}$ 上的一元多项式环. 若 $\mathbb{F}[x]$ 中的不可约多项式都是一次的, 则称 $\mathbb{F}$ 是代数闭域. 即, 代数闭域是使得代数基本定理成立的域. 特别地, 复数域是代数闭域.

练习 3.2 证明: 任意代数闭域都是无限域 (包含无限多个元素).

任何多项式 $f(x) \in \mathbb{F}[x]$ 都可以看成一个映射 $f : \mathbb{F} \to \mathbb{F}, a \to f(a)$. 这里 $f(a)$ 的含义是指用域中元素 a 去替换变量 x 所得到的值, 它也包含在域 $\mathbb{F}$ 中. 特别地, 当 $f(a) = 0$ 时, 称 a 是 $f(x)$ 的根或零点.

练习 3.3 (1) 对多项式 $f(x), g(x) \in \mathbb{F}[x], \forall a \in \mathbb{F}$, 令 $h(x) = f(x)g(x)$. 证明: $h(a) = f(a)g(a)$.

(2) 证明: $a \in \mathbb{F}$ 是多项式 $f(x)$ 的根 $\Leftrightarrow$ $(x - a)$ 是 $f(x)$ 的因式. 由此推出, 代数闭域 $\mathbb{F}$ 上的任何多项式在 $\mathbb{F}$ 中都有根.

(3) 证明: n 次多项式最多有 n 个根. 进一步, 当 $\mathbb{F}$ 是无限域时, $\mathbb{F}[x]$ 中的不同多项式定义不同的多项式函数.

若多项式 $f(x) \in \mathbb{F}[x]$ 在 $\mathbb{F}$ 中无根, 我们希望找到包含 $\mathbb{F}$ 的一个域 $\mathbb{E}$ (称其为 $\mathbb{F}$ 的扩域, $\mathbb{F}$ 为它的子域), 使得 $f(x)$ 在 $\mathbb{E}$ 中有根. 根据算术基本定理, $f(x)$ 可以分解为不可约多项式的乘积, 故只要对不可约多项式进行讨论即可.

引理 3.4 设 R 是有单位元的交换环, I 是 R 的理想, 则 I 是 R 的素理想当且仅当商环 R/I 是整环; I 是 R 的极大理想当且仅当商环 R/I 是域.

证明 关于第一个结论的证明, 可以利用整环及素理想的定义直接验证, 留作读者练习. 下面证明第二个结论.

设 I 是环 R 的极大理想, 任取非零元素 $[a] \in R/I$, 则 a 不含于理想 I, 必有 $I + (a) = R$. 即, 存在元素 $x \in I, r \in R$, 使得 $x + ra = 1$. 过渡到商环, 得到等式: $[r][a] = [1] = 1$ 是单位元. 即, $[a]$ 是可逆元. 因此, R/I 是域.

反之, 若 R/I 是域, 要证明 I 是 R 的极大理想. 任取严格包含 I 的理想 $J \subset R$, 只要证明: $J = R$. 事实上, 取 $a \in J - I$, 则 $[a] \in R/I$ 是非零元, 必有元素 $[b] \in R/I$, 使得 $[a][b] = [1]$. 于是, $ab - 1 \in I \subset J$. 由此直接推出: $1 \in J$, 且 $J = R$.

引理 3.5　设 $f(x) \in \mathbb{F}[x]$ 是非零多项式, $I = (f(x))$ 是由 $f(x)$ 生成的主理想, 则下列三个条件是等价的:

(1) $f(x)$ 是不可约多项式;

(2) 理想 I 是极大理想;

(3) 理想 I 是素理想.

证明　(1)$\Rightarrow$(2)　设 $f(x)$ 是不可约多项式, 只要证明商环 $\mathbb{F}[x]/I$ 是域. 任取非零元 $[g(x)] \in \mathbb{F}[x]/I$, $g(x)$ 不含于 I. 即, $f(x) \nmid g(x)$, 由于 $f(x)$ 是不可约多项式, 必有 $(f(x), g(x)) = 1$, 从而存在多项式 $s(x), t(x) \in \mathbb{F}[x]$, 使得 $s(x)f(x) + t(x)g(x) = 1$. 于是, $[t(x)][g(x)] = 1$.

(2) $\Rightarrow$ (3)　由上述引理, 这是显然的.

(3)$\Rightarrow$ (1)　若 $f(x) = g(x)h(x)$ 是 $f(x)$ 的分解式, 由 $g(x)h(x) \in I$, 且 I 是素理想, 必有 $g(x) \in I$ 或者 $h(x) \in I$. 从而, $g(x), h(x)$ 都是 $f(x)$ 的平凡因式. 即, $f(x)$ 是不可约多项式.

例 3.6　设 $\mathbb{R}$ 是实数域, $\mathbb{R}[x]$ 是 $\mathbb{R}$ 上的一元多项式环. 令 $p(x) = x^2 + 1$, 它是不可约多项式. 从而, 由上述两个引理可知, 商环 $\mathbb{R}/(p(x))$ 是一个域, 称其为复数域, 也记为 $\mathbb{C}$.

推论 3.7　设 $f(x) \in \mathbb{F}[x]$ 是域 $\mathbb{F}$ 上的不可约多项式, 则有 $\mathbb{F}$ 的扩域 $\mathbb{E}$, 使得多项式 $f(x)$ 在 $\mathbb{E}$ 中有根.

证明　令 $\mathbb{E} = \mathbb{F}[x]/I$, 这里 $I = (f(x))$ 是由不可约多项式 $f(x)$ 生成的主理想. 由上述两个引理可知, $\mathbb{E}$ 是一个域. 考虑映射 $\theta : \mathbb{F} \to \mathbb{E}$, $a \to [a]$. 这是一个单射同态: 它保持加法、乘法及单位元; 一个非零常数不可能有非常数的多项式因子. 从而 $\mathbb{E}$ 可以看成 $\mathbb{F}$ 的一个扩域.

最后, 设 $f(x) = a_0 + a_1 x + \cdots + a_n x^n$, 对 $\alpha = [x] \in \mathbb{E}$, 有

$$f(\alpha) = a_0 + a_1 \alpha + \cdots + a_n \alpha^n = [f(x)] = 0.$$

即, $\alpha = [x]$ 是多项式 $f(x)$ 在 $\mathbb{E}$ 中的一个根.

定义 3.8　设 $\mathbb{E}$ 是 $\mathbb{F}$ 的扩域, 称 $\alpha \in \mathbb{E}$ 是域 $\mathbb{F}$ 上的代数元, 如果存在 $\mathbb{F}$ 上的不可约多项式 $f(x)$, 使得 $f(\alpha) = 0$. 称 $\alpha \in \mathbb{E}$ 是域 $\mathbb{F}$ 上的超越元, 如果它不是 $\mathbb{F}$ 上的代数元. 如果扩域 $\mathbb{E}$ 中的每个元素都是域 $\mathbb{F}$ 上的代数元, 则称 $\mathbb{E}$ 是 $\mathbb{F}$ 的代数扩域或代数扩张, 否则称为超越扩张.

特别地, 当 $\mathbb{F} = \mathbb{Q}$ 是有理数域、$\mathbb{E} = \mathbb{C}$ 是复数域时, 称 $\mathbb{Q}$ 上的代数元为代数数, 称 $\mathbb{Q}$ 上的超越元为超越数.

引理 3.9 设 $\mathbb{E}$ 是 $\mathbb{F}$ 的扩域, $\alpha \in \mathbb{E}$, $\mathbb{F}[\alpha] = \{\sum_i a_i \alpha^i | a_i \in \mathbb{F}\}$ 是由 $\mathbb{F}$ 和 α 生成的 $\mathbb{E}$ 的子环 (即, $\mathbb{E}$ 的包含子集 $\mathbb{F}$ 与元素 α 的最小子环). 若 α 是域 $\mathbb{F}$ 上的超越元, 则 $\mathbb{F}[\alpha]$ 同构于多项式环 $\mathbb{F}[x]$; 若 α 是域 $\mathbb{F}$ 上的代数元, 则 $\mathbb{F}[\alpha]$ 是 $\mathbb{E}$ 的子域.

证明 若 α 是超越元, 定义映射 $\theta : \mathbb{F}[x] \to \mathbb{F}[\alpha], f(x) \to f(\alpha)$. 由前面练习可知, 这个映射是一个环同态. 另外, 根据超越元的定义, 它是单射. 显然, 它也是满射. 即, θ 是一个同构映射.

若 α 是代数元, 取 $\mathbb{F}$ 上的不可约多项式 $p(x)$, 使得 $p(\alpha) = 0$, 定义映射 $\theta : \mathbb{F}[x] \to \mathbb{F}[\alpha], f(x) \to f(\alpha)$. 类似于上述讨论, θ 是一个环同态, 并且它诱导了映射

$$\tilde{\theta} : \mathbb{F}[x]/(p(x)) \simeq \mathbb{F}[\alpha], \quad [f(x)] \to f(\alpha).$$

映射 $\tilde{\theta}$ 的定义合理 (和代表元的选取无关): 若 $[f(x)] = [g(x)]$, 由定义, 必有 $f(x) - g(x) \in (p(x))$. 即, $f(\alpha) = g(\alpha)$; 它是一个环同态; 它也是一个双射. 即, $\tilde{\theta}$ 是环的同构映射 (关于这种处理方法的一般性讨论, 见第 4 讲同态基本定理). 从而, $\mathbb{F}[\alpha]$ 是 $\mathbb{E}$ 的子域.

经过前面这些基础性的准备工作, 我们可以开始考虑代数数与超越数的问题. 众所周知, e 和 π 是超越数. 下面将证明: 代数数是可数的, 从而超越数不可数; 代数数构成数域, 从而代数数与超越数的和还是超越数. 例如: $1 + e, 2 + \pi$ 等都是超越数.

定义 3.10 称集合 S 是一个可数集合, 如果存在从 S 到自然数集合 $\mathbb{N}$ 的一个单射. 它等价于存在从自然数集合 $\mathbb{N}$ 到 S 的一个满射 (对任意两个集合 S, T, 可以证明: 存在从 S 到 T 的单射当且仅当存在从 T 到 S 的满射).

引理 3.11 任意两个可数集合的直积还是可数集合; 可数个可数集合的并集还是可数集合.

证明 只证明第一个结论, 第二个结论的证明方法是类似的. 不妨假设 S, T 是给定的两个无限可数集合, 具体描述如下

$$S = \{a_0, a_1, a_2, \cdots\}, \quad T = \{b_0, b_1, b_2, \cdots\}.$$

定义映射 $f : S \times T \to \mathbb{N}, (a_i, b_{n-i}) \to \dfrac{n(n+1)}{2} + i, 0 \leqslant i \leqslant n, n \geqslant 0$. 下面将验证: 映射 f 是一个单射. 即, $S \times T$ 是可数集合.

事实上, 若 $f(a_i, b_{n-i}) = f(a_j, b_{m-j})$, 要证明: $(a_i, b_{n-i}) = (a_j, b_{m-j})$. 此时, $\dfrac{n(n+1)}{2} + i = \dfrac{m(m+1)}{2} + j$. 若 $m = n$, 必有 $i = j$, 结论成立. 若 $m > n$, 可以假设 $m = n + k, k > 0$. 代入上述等式得到

$$\frac{n(n+1)}{2} + i = \frac{(n+k)(n+k+1)}{2} + j.$$

由此推出：$i = \dfrac{nk + k(n+k+1)}{2} + j \geqslant \dfrac{2n+1+1}{2} + j = n+1+j$. 这与 $i \leqslant n$ 矛盾. 对 $m < n$ 的情形, 讨论是类似的.

练习 3.12　证明：可数集合的任意子集还是可数集合; 可数集合关于它的等价关系的商集还是可数集合; 再利用引理 3.11 进一步证明: 任意多个整数的集合是可数集合, 任意多个有理数的集合是可数集合.

命题 3.13　设 A 是代数数的集合, 则 A 是复数域 $\mathbb{C}$ 的可数子集.

证明　任何有理系数多项式只有有限个复根, 只要证明有理系数多项式的集合是可数的. 每个有理系数多项式可等同于一个有有限个非零有理数分量的无穷向量: $(a_1, a_2, \cdots, a_n, 0, \cdots)$. 令

$$B_n = \{(a_1, a_2, \cdots, a_n, 0, \cdots) | a_i \in \mathbb{Q}, 1 \leqslant i \leqslant n\},$$

则集合 $B = \cup_{n=1}^{\infty} B_n$ 一一对应于有理系数多项式的集合, 它也是可数集合. 从而命题结论成立.

引理 3.14　设 $\mathbb{E}$ 是域 $\mathbb{F}$ 的扩域, $e_1, e_2, \cdots, e_t \in \mathbb{E}$ 是 t 个固定的元素, 使得任意的 $u \in \mathbb{E}$ 都可以写成下列形式

$$a_1 e_1 + a_2 e_2 + \cdots + a_t e_t, \quad a_i \in \mathbb{F}, \ 1 \leqslant i \leqslant t.$$

此时, 也称 u 是 $e_1, e_2, \cdots, e_t$ 的线性组合. 对 $y_1, y_2, \cdots, y_s \in \mathbb{E}, s > t$, 必有不全为零的元素 $b_1, b_2, \cdots, b_s \in \mathbb{F}$, 使得 $b_1 y_1 + b_2 y_2 + \cdots + b_s y_s = 0$.

证明　把 $y_1, y_2, \cdots, y_s$ 写成 $e_1, e_2, \cdots, e_t$ 的线性组合, 则有 $a_{ij} \in \mathbb{F}$ 满足

$$\begin{cases} y_1 = a_{11} e_1 + a_{12} e_2 + \cdots + a_{1t} e_t, \\ y_2 = a_{21} e_1 + a_{22} e_2 + \cdots + a_{2t} e_t, \\ \qquad \cdots\cdots \\ y_s = a_{s1} e_1 + a_{s2} e_2 + \cdots + a_{st} e_t, \end{cases}$$

考虑含有未知量 $x_1, x_2, \cdots, x_s$ 的等式 $x_1 y_1 + x_2 y_2 + \cdots + x_s y_s = 0$, 这个等式关于未知量的求解问题可以转化为下列含有 s 个未知量 t 个方程的线性方程组的求解问题 $(s > t)$

$$\begin{cases} a_{11} x_1 + a_{21} x_2 + \cdots + a_{s1} x_s = 0, \\ a_{12} x_1 + a_{22} x_2 + \cdots + a_{s2} x_s = 0, \\ \qquad \cdots\cdots \\ a_{1t} x_1 + a_{2t} x_2 + \cdots + a_{st} x_s = 0, \end{cases}$$

特别地, 如果这个方程组有非零解, 则引理结论成立. 不难看出, 交换两个方程的位置, 或者把一个方程的倍数加到另一个方程, 总是得到同解的方程组. 因此, 可以假

设 $a_{11} \neq 0, a_{12} = \cdots = a_{1t} = 0$. 于是, 上述方程组有非零解当且仅当由后 $t-1$ 个方程确定的方程组有非零解. 再由归纳法原理, 只需考虑一个方程的情形. 此时, 所需要的结论显然成立.

推论 3.15   若齐次线性方程组 (如上述证明) 中方程的个数小于未知量的个数, 则该方程组必有非零解.

定理 3.16   代数数的集合 A 是复数域 $\mathbb{C}$ 的子域.

证明   设 $\alpha, \beta \in \mathbb{C}$ 是代数数, 从而有 $\mathbb{Q}$ 上的不可约多项式 $p(x), q(x)$, 使得 $p(\alpha) = 0, q(\beta) = 0$. 由引理 3.9 可知, $\mathbb{Q}[\alpha]$ 是 $\mathbb{C}$ 的子域. 此时, β 也是 $\mathbb{Q}[\alpha]$ 上的代数元, 从而推出, $\mathbb{Q}[\alpha, \beta] = \mathbb{Q}[\alpha][\beta]$ 也是子域.

设 $\partial p(x) = m+1, \partial q(x) = n+1$, 则 $\mathbb{Q}[\alpha], \mathbb{Q}[\beta]$ 中的元素分别形如

$$u = \sum_{i=0}^{m} a_i \alpha^i, \quad v = \sum_{i=0}^{n} b_i \beta^i, \quad a_i, b_i \in \mathbb{Q},$$

而 $\mathbb{Q}[\alpha, \beta]$ 中元素形如

$$w = \sum_{i,j=0}^{m,n} a_{i,j} \alpha^i \beta^j, \quad a_{i,j} \in \mathbb{Q}.$$

即, $\mathbb{Q}[\alpha, \beta]$ 中的任何元素都可以表示成有限个元素 $\{\alpha^i \beta^j, 0 \leqslant i \leqslant m, 0 \leqslant j \leqslant n\}$ 的线性组合 (由加法和数乘两个运算连接起来的式子). 由此可见, 引理 3.14 的条件满足. 对任意元素 $w \in \mathbb{Q}[\alpha, \beta]$, 把引理 3.14 中的结论应用于 $y_1 = 1, y_2 = w, \cdots, y_s = w^{s-1}, s > (m+1)(n+1)$, 必存在不全为零的元素 $c_0, c_1, \cdots, c_{s-1} \in \mathbb{Q}$, 使得 $c_0 y_1 + \cdots + c_{s-1} y_s = 0$. 令

$$f(x) = c_0 + c_1 x + \cdots + c_{s-1} x^{s-1} \in \mathbb{Q}[x],$$

则有 $f(w) = 0$. 从而得到结论: w 是代数数. 特别地, 元素 $\alpha \pm \beta, \alpha \times \beta$ 及 $\alpha^{-1} (\alpha \neq 0)$ 都是代数数. 即, 代数数构成数域.

注记 3.17   在引理 3.14 及定理 3.16 的证明过程中已经出现线性组合、线性方程组的求解等概念, 这也是后面考虑向量空间理论的主要背景之一.

第 4 讲　同态基本定理

设 S, T 是任意给定的两个集合, $f : S \to T$ 是一个映射. 定义集合 S 上的二元关系 $\sim$, 使得

$$x \sim y \Leftrightarrow f(x) = f(y), \quad \forall x, y \in S.$$

不难看出: 这是集合 S 上的一个等价关系. 令 $[x] = \{y \in S | y \sim x\}$ 是 x 所在的等价类, 定义商集 $S/\sim = \{[x] | x \in S\}$. 构造映射

$$\tilde{f} : S/\sim \to T, \quad \tilde{f}([x]) = f(x),$$

容易验证: 映射 $\tilde{f}$ 的定义合理 (与代表元的具体选取无关), 并且 $\tilde{f}$ 是集合 $S/\sim$ 到 T 的一个单射. 特别地, 当映射 f 是满射时, $\tilde{f}$ 是一个双射.

这个过程的主要想法是把一般的集合映射改造成单射映射. 下面将对一些常见的代数结构讨论类似的问题, 这就是同态基本定理的主要思想.

代数结构是指带有一些运算并满足若干运算规则的集合, 这里的运算及其运算规则是代数结构的本质, 集合中元素的具体表达形式不是主要的. 我们通过建立两个同类型的代数结构之间的同态, 研究它们之间的关系, 尤其是可以考虑如何判定它们的代数结构是否相同的问题, 或者说它们是否同构?

代数结构一般涉及一个或多个相关联的集合, 代数结构的同态也是集合之间的映射, 这种映射必须和运算相容. 我们也说映射要保持运算, 这种保持运算的映射就是代数结构的同态.

群是数学中最常见的一种代数结构, 它带有一个运算, 并满足三条规则. 在数学中, 群的例子随处可见. 例如, 所有整数关于加法构成的可换群; 域 $\mathbb{F}$ 上的一元多项式的全体关于多项式的加法构成的可换群; 一个集合到它本身的所有可逆映射构成的群, 等等. 实际上, 在许多其他更复杂的代数结构中 (例如, 环、向量空间等), 一般都带有一个基础的群结构.

环也是一种常见的代数结构, 它带有两个运算 (加法与乘法), 并满足七条运算规则. 到目前为止, 我们所知道的环的主要例子是整数环与域上的多项式环, 这两类环都是有单位元的交换环. 不可交换环的典型例子是矩阵环, 以后将会有很大的篇幅讨论它们.

定义 4.1　设 G 是给定的群, H 是 G 的一个非空子集. 称 H 是一个子群, 如果 $\forall x, y \in H$, 必有 $xy^{-1} \in H$.

设 N 是 G 的一个子群, 称 N 是 G 的一个正规子群 (或不变子群), 如果 $\forall x \in G, \forall y \in N$, 必有 $xyx^{-1} \in N$(它等价于 $xN = Nx, \forall x \in G$, 这里子集 $xN = \{xy|y \in N\}$, Nx 的定义是类似的).

定义 4.2 设 G 是给定的群, S 是 G 的任意子集. 由 S 生成的 G 子群是指: G 的所有包含 S 的子群的交, 它还是 G 的子群, 记为 (S).

特别地, 当 $S = \{a\}$ 是 G 的单点集时, $(S) = (a)$ 是 G 的循环子群, 它由 a 的所有整数方幂构成 : $(a) = \{1 = a^0, a^{\pm 1}, a^{\pm 2}, \cdots\}$.

对其他的代数结构 (例如, 有单位元的环、域等), 可以类似定义由子集生成的子代数结构.

定义 4.3 设 G, H 是两个群, $f : G \to H$ 是一个映射. 称 f 是一个群同态, 如果它保持群的单位元及乘法运算. 即

$$f(1) = 1, \quad f(xy) = f(x)f(y), \quad \forall x, y \in G.$$

这里符号 "1" 同时表示群 G 与群 H 的单位元.

特别地, 当映射 f 是单射时, 称其为单同态; 当映射 f 是满射时, 称其为满同态; 当 f 是双射时, 称其为群的同构. 此时, 也称群 G 与群 H 同构, 记为 $G \simeq H$. 令 $\mathrm{Ker}f = \{x \in G | f(x) = 1\}$, $\mathrm{Im}f = f(G) = \{f(x)|x \in G\}$, 分别称为同态 f 的核与像.

练习 4.4 术语如上, 证明: $\mathrm{Ker}f$ 是 G 的正规子群; $\mathrm{Im}f$ 是 H 的子群.

定义 4.5 设 N 是群 G 的正规子群. 定义 G 上的二元关系 $\sim$

$$x \sim y \Leftrightarrow x^{-1}y \in N.$$

不难验证 (见下面练习), $\sim$ 是 G 上的一个等价关系, 从而有商集

$$G/N = G/\sim = \{[x]|x \in G\} = \{xN|x \in G\}.$$

定义 G/N 中的乘法: $[x][y] = [xy], \forall x, y \in G$. 则 G/N 是一个群, 称为群 G 关于正规子群 N 的商群, 也称等价类 xN 为群 G 关于子群 N 的左陪集.

练习 4.6 (1) 证明: 上述二元关系 $\sim$ 是一个等价关系; 商集 G/N 中的乘法定义合理 (与代表元的选取无关), 并由此说明 G/N 是一个群.

(2) 证明: 典范映射 $\pi : G \to G/N(x \to [x])$ 是群的满同态.

定理 4.7 (群与群同态的基本定理) 设 $f : G \to H$ 是群同态, N 是 G 的正规子群, 且 $N \subset \mathrm{Ker}f$. 则有唯一的群同态 $\tilde{f} : G/N \to H$, 使得 $\tilde{f}\pi = f$. 这里 $\pi : G \to G/N(x \to [x])$ 是典范同态.

特别地, 当 $N = \mathrm{Ker}f$ 时, $\tilde{f}$ 是单同态; 当 f 是满射时, $\tilde{f}$ 是满同态. 因此, 有群的同构: $G/\mathrm{Ker}f \simeq \mathrm{Im}f$.

证明　定义映射 $\tilde{f} : G/N \to H, [x] \to f(x)$. 若 $[x] = [y] \in G/N$, 由定义 $x^{-1}y \in N \subset \mathrm{Ker}f$. 从而有 $f(x) = f(y)$. 即, 映射 $\tilde{f}$ 的定义合理. 另外, 不难看出, 它是一个群同态, 且满足 $\tilde{f}\pi = f$. 唯一性也是显然的.

注记 4.8　设 G 是有限群, 它包含 m 个元素, 称群 G 是 m 阶群. 进一步, 假设 N 是群 G 的 n 阶正规子群. 不难看出: 每个左陪集 xN 也包含 n 个元素. 于是, 商群 G/N 的阶为 m/n. 因此, 做商群的目的是把高阶群的研究转化为低阶群的研究.

引理 4.9　设 M 是一个可换群, 带有加法运算. 定义 $\mathrm{End}M = \{f : M \to M | f$ 是群同态$\}$, 则 $\mathrm{End}M$ 带有自然的加法与乘法运算, 使其成为一个有单位元的环, 称为 M 的自同态环.

证明　$\forall f, g \in \mathrm{End}M$, 按照自然方式定义加法与乘法如下

$$(f + g)(x) = f(x) + g(x), \quad (fg)(x) = f(g(x)), \quad \forall x \in M.$$

容易看出: $f + g, fg$ 还是群同态 (注意: 这里乘积 fg 就是映射的通常合成 $f \circ g$), 从而运算的定义合理. 不难验证, 有单位元的环的条件都满足.

特别地, 单位元 1 为 M 到其自身的恒等映射 $1(x) = \mathrm{Id}_M(x) = x, \forall x \in M$; 零元素 0 为 M 的零映射 $0(x) = 0, \forall x \in M$.

定义 4.10　设 R 是一个有单位元的环, M 是一个可换群, $\mathrm{End}M$ 是其自同态环. 任何一个环同态 $\varphi : R \to \mathrm{End}M$, 称为环 R 的一个表示. 此时, 也称 M 是一个左 R-模(简称为 R-模), 或者环 R 在 M 上有一个 (左) 作用.

注记 4.11　上述表示 φ 的存在性等价于下列作用映射的存在性:

有二元映射: $R \times M \to M, (r, x) \to rx$, 并满足下列条件:

(1) $r(x_1 + x_2) = rx_1 + rx_2$,

(2) $(r_1 + r_2)x = r_1x + r_2x$,

(3) $(r_1r_2)x = r_1(r_2)x$,

(4) $1x = x, \forall r, r_1, r_2 \in R, \forall x, x_1, x_2 \in M$.

练习 4.12　验证上述注记中的论断.

定义 4.13　设 R 是一个有单位元的环, M 是一个 R-模, N 是 M 的非空子集. 称 N 是 M 的子模, 如果 N 是 M 的子群, 并且它在 R 的作用下是不变的.

两个 R-模 M, N 之间的模同态 f 是指保持作用的群同态

$$f(rx) = rf(x), \quad f(x + y) = f(x) + f(y), \quad \forall r \in R, \forall x, y \in M.$$

类似地, 对 R-模的同态 f, 可以定义 f 的核与像

$$\mathrm{Ker}f = \{x \in M | f(x) = 0\}, \quad \mathrm{Im}f = \{f(x) \in N | x \in M\}.$$

它们分别是 M 与 N 的子模. 若 R-模同态 $f: M \to N$ 是双射, 则称其为 R-模的同构. 此时, 也称 M 与 N 是同构的 R-模.

练习 4.14 术语如上. 证明: $\mathrm{Ker}f$ 是 M 的子模, $\mathrm{Im}f$ 是 N 的子模.

注记 4.15 环 R 本身也是一个 R-模, 其作用可以取为 R 在 R 上的左乘. 此时, 模 R 的子模相当于环 R 的左理想 (左理想是指满足 $RI \subset I$ 的环 R 的加法子群 I). 因此, 模是比环更一般的一个代数概念.

定义 4.16 设 M 是一个 R-模, N 是 M 的子模. 定义 M 上的二元关系 $\sim: x \sim y \Leftrightarrow x - y \in N$. 不难验证, $\sim$ 是 M 上的一个等价关系, 从而有商集 $M/N = M/\sim = \{[x] | x \in M\}$. 定义 M/N 中的运算

$$[x] + [y] = [x+y], \quad r[x] = [rx], \quad \forall x, y \in M, \ \forall r \in R.$$

则商集 M/N 也是一个 R-模, 称为模 M 关于它的子模 N 的商模.

练习 4.17 验证上述定义中商模概念的合理性; 给出典范同态映射的定义, 并验证它是模的满同态.

定理 4.18 (模与模同态的基本定理) 设 $f: M_1 \to M_2$ 是 R-模 M_1, M_2 之间的同态, N 是 M_1 的子模, 且 $N \subset \mathrm{Ker}f$. 则有唯一的模同态 $\tilde{f}: M_1/N \to M_2$, 使得 $\tilde{f}\pi = f$. 这里 $\pi: M_1 \to M_1/N(x \to [x])$ 是典范同态.

特别地, 当 $N = \mathrm{Ker}f$ 时, $\tilde{f}$ 是单同态; 当 f 是满射时, $\tilde{f}$ 是满同态. 因此, 有模的同构: $M_1/\mathrm{Ker}f \simeq \mathrm{Im}f$.

证明 定义映射 $\tilde{f}: M_1/N \to M_2, [x] \to f(x)$. 若 $[x] = [y] \in M_1/N$, 由定义, 必有 $x - y \in N \subset \mathrm{Ker}f$. 从而有 $f(x) = f(y)$. 即, 映射 $\tilde{f}$ 的定义合理. 由于映射 $\tilde{f}$ 是由模同态 f 诱导的, 它也保持运算. 即, 它是一个模同态. 另外, 由定义直接得到等式: $\tilde{f}\pi = f$. 唯一性也是显然的.

注记 4.19 设 R 是有单位元的环, M 是一个 R-模, N_1, N_2 是 M 的子模. 定义它们的和与交如下

$$N_1 + N_2 = \{x_1 + x_2 | x_1 \in N_1, x_2 \in N_2\},$$

$$N_1 \cap N_2 = \{x \in M | x \in N_1, x \in N_2\}.$$

特别地, 若 $N_1 + N_2$ 中的每个元素的分解表达式是唯一的, 则称 $N_1 + N_2$ 为直和, 记为 $N_1 \oplus N_2$. 类似地, 可以定义任意多个子模的和、直和及交.

命题 4.20 设 N_1, N_2 是 R-模 M 的两个子模, 则有模的典范同构

$$\tilde{\theta}: N_1/(N_1 \cap N_2) \to (N_1 + N_2)/N_2, \quad [x_1] \to [x_1],$$

这里元素 $x_1 \in N_1$, 符号 $[x_1]$ 同时表示两个商模中的元素.

证明　定义映射 $\theta : N_1 \to (N_1 + N_2)/N_2, x_1 \to [x_1]$. 不难看出: 这是 R-模的满同态, 且 $\mathrm{Ker}\theta = N_1 \cap N_2$. 由同态基本定理, 必有 R-模的同构

$$\tilde{\theta} : N_1/(N_1 \cap N_2) \to (N_1 + N_2)/N_2, \quad [x_1] \to [x_1].$$

命题 4.21　设 R 是一个环, M 是一个 R-模, N 是 M 的子模. 则商模 M/N 的子模构成的集合 B 与 M 的包含 N 的子模构成的集合 A 之间有一一对应. 特别地, M/N 的子模形如: L/N, 这里 L 是 M 的包含 N 的子模.

证明　考虑典范的模同态 $\pi : M \to M/N, x \to [x]$, 由此定义集合之间的映射 $\sigma : A \to B, L \to \pi(L) = L/N$.

(1) σ 是定义合理的映射: 由定义立即得出.

(2) σ 是单射: 设子模 $L_1, L_2 \in A$, 且 $L_1/N = L_2/N$. $\forall x \in L_1$, 必有 $[x] \in L_2/N$. 因此, 存在 $y \in L_2$, 使得 $[x] = [y] \in M/N$. 于是, $x - y \in N \subset L_2$. 从而, $L_1 \subset L_2$. 类似地, 有 $L_2 \subset L_1$. 即, $L_1 = L_2$.

(3) σ 是满射: 设 $K \in B$, 令 $L = \pi^{-1}(K)$. $\forall x, y \in L, \pi(x+y) = \pi(x) + \pi(y) \in K$. 从而, $x + y \in L$. $\forall x \in L, \forall r \in R$, 由定义有 $\pi(rx) = r\pi(x) \in K$. 从而, $rx \in L$. 因此, L 是 M 的子模. 另外, 不难看出: L 还是包含 N 的 M 的子模. 即, $L \in A$. 最后, 由于典范映射 π 是满射, 必有 $L/N = \pi\pi^{-1}(K) = K$. 即, σ 是满射.

练习 4.22　对群及关于其正规子群的商群、环及关于其理想的商环, 陈述上述命题的对应形式, 并给出详细证明.

引理 4.23 (代数结构的移植)　设有集合之间的双射 $f : A \to S$, 则 A 上的代数结构可以移植到 S 上去, 使得 f 是它们之间的一个同构.

证明　以群为例给出证明. 对其他代数结构的情形, 证明是类似的.

$\forall x, y \in S$, 假设 $x = f(a), y = f(b), a, b \in A$. 定义

$$x \cdot y = f(ab), \quad 1_S = f(1_A).$$

这里 1_A 是群 A 的单位元. 下面证明: 关于上述运算, S 也是一个群, 且 f 是群的同构映射.

若还有 $z = f(c) \in S, c \in A$, 由定义有下列等式

$$(x \cdot y) \cdot z = f(ab)f(c) = f((ab)c) = f(a(bc)) = x \cdot (y \cdot z).$$

即, 乘法结合律成立. 另外, $1_S \cdot x = f(1)f(a) = f(1a) = f(a) = x$. 类似地, 有 $x \cdot 1_S = x$. 因此, 1_S 是乘法的单位元. 最后, $f(a) \cdot f(a^{-1}) = f(aa^{-1}) = f(1) = 1_S$, $f(a^{-1})f(a) = 1_S$. 即, 每个元素 x 都有逆元素. 因此, S 是一个群, 且它同构于原来的群 A, f 是群的同构映射.

注记 4.24   本讲介绍的模是现代数学中的一个重要概念, 它推广了许多已有的数学概念. 例如, 任何可换群都可以看成整数环上的模; 一个有单位元的环, 可以看成它自身的模; 域上的模正是以后要讨论的向量空间的概念. 特别地, 上述关于模与模同态的基本定理的特例已经包含着环与环同态的基本定理, 以及向量空间与线性映射的同态基本定理.

利用环与环同态的基本定理可知, 在中国剩余定理中, 有环的同构映射: $R/P_1 \cdots P_s \simeq R/P_1 \times \cdots \times R/P_s$. 在前面的古典问题中,

$$\mathbb{Z}/(105) \simeq \mathbb{Z}/(3) \times \mathbb{Z}/(5) \times \mathbb{Z}/(7).$$

由此推出, 存在唯一的整数 $a, 0 \leqslant a < 105$, 使得 a 是该古典问题的解.

第5讲　群在集合上的作用

在第 4 讲, 我们介绍了一个有单位元的环作用在一个可换群上, 得到模的概念. 特别地, 域作用在可换群上得到的模称为一个向量空间. 一种代数结构作用在另一种代数结构上, 得到一种新的代数结构, 这种讨论方法是代数学研究中的基本方法之一.

在这一讲, 我们再考虑一种比较简单的情形: 群在一个集合上的作用. 在给出向量空间的基本内容之后, 还将讨论群在向量空间上的作用.

定义 5.1　设 G 是任意给定的群, S 是一个非空集合. 称群 G 作用在集合 S 上, 如果存在一个映射

$$G \times S \to S, \quad (g,x) \to g \cdot x = gx,$$

并满足下面的条件:

(1) $1x = x, \forall x \in G$, 这里 $1 \in G$ 是群的单位元;

(2) $(gh)x = g(hx), \forall x \in S, \forall g, h \in G$.

定义 5.2　设群 G 作用在集合 S 上. $\forall x \in S$, 令 $Gx = \{gx | g \in G\}$, 这是 S 的一个子集, 称其为元素 x 所在的轨道.

在集合 S 上定义一个二元关系 $\sim$, 使得 $x \sim y \Leftrightarrow x, y$ 属于同一个轨道. 不难验证: 这是一个等价关系, 每个等价类相当于一个轨道, 其商集为 $S/\sim = S/G = \{Gx | x \in S\}$, 它是由轨道构成的集合. 此时, 集合 S 是其所有轨道的不交并.

特别地, 当 $S = Gx(\exists x \in S)$ 本身是一个轨道时, 称相应的作用是可迁的作用. 即, 对 S 中的任意元素 x, y, 必有群元素 $g \in G$, 使得 $gx = y$.

定义 5.3　设群 G 作用在集合 S 上, $\forall x \in S$, 定义

$$\mathrm{Stab}(x) = \{g \in G | gx = x\},$$

称其为元素 x 的稳定子群.

练习 5.4　验证: 上述子集 $\mathrm{Stab}(x)$ 确实是 G 的子群.

例 5.5　设 H 是群 G 的一个子群, H 在 G 上的左乘作用是指映射

$$H \times G \to G, \quad (h,g) \to hg;$$

H 在 G 上的共轭作用是指映射

$$H \times G \to G, \quad (h,g) \to hgh^{-1}.$$

左乘作用的轨道称为子群 H 的右陪集, 它形如: $Hg = \{hg | h \in H\}$. 当 $H = G$ 时, 共轭作用的轨道称为共轭类, 它形如: $G \cdot g = \{hgh^{-1} | h \in G\}$.

注记 5.6 通过上述共轭作用, 可定义映射 $\mathrm{Ad} : G \to \mathrm{Aut}G, g \to \mathrm{Ad}(g)$, 这里 $\mathrm{Aut}G$ 是群 G 的所有自同构构成的群, $\mathrm{Ad}(g) : G \to G, h \to ghg^{-1}$. 由于

$$\mathrm{Ad}(g_1 g_2)(h) = g_1 g_2 h g_2^{-1} g^{-1} = \mathrm{Ad}(g_1)\mathrm{Ad}(g_2)(h), \quad \forall h \in G.$$

映射 Ad 是一个群同态, $\mathrm{Im}\mathrm{Ad} = \mathrm{Ad}G$ 是 $\mathrm{Aut}G$ 的子群, 称其为群 G 的内自同构群.

$$Z(G) = \mathrm{Ker}\mathrm{Ad} = \{g \in G | gh = hg, \forall h \in G\}$$

称为群 G 的中心.

例 5.7 设 H 是群 G 的一个子群, 令 $G/H = \{gH | g \in G\}$, 这里 $gH = \{gh | h \in H\}$ 称为 H 的左陪集. G/H 也称为群 G 关于其子群 H 的左陪集空间. 类似地, 可以定义右陪集 Hg 及右陪集空间.

定义群 G 在左陪集空间 G/H 上的典范作用如下

$$G \times G/H \to G/H, \quad (g, g_1 H) \to g g_1 H.$$

这是一个可迁的作用, 且元素 $[1] = H \in G/H$ 的稳定子群为 H.

定理 5.8 设群 G 可迁的作用在集合 S 上, 且 $H = \mathrm{Stab}(x)$, 这里 $x \in S$. 则群 G 在集合 S 上的作用等价于 G 在左陪集空间 G/H 上的典范作用.

特别地, 当 G 是有限群、S 是有限集时, G/H 包含元素的个数与 S 包含元素的个数相等: $[G : H] = |S|$.

证明 考虑映射 $\alpha : G \to S, g \to gx$. 由可迁性条件, 对 S 中的任意元素 y, 必存在 G 中的元素 g, 使得 $gx = y$. 因此, 映射 α 是一个满射.

按下述方式定义 G 上的等价关系 $\sim$

$$g_1 \sim g_2 \Leftrightarrow \alpha(g_1) = \alpha(g_2) \Leftrightarrow g_1 x = g_2 x.$$

由此可见, $g_1 \sim g_2 \Leftrightarrow g_2^{-1} g_1 x = x \Longleftrightarrow g_2^{-1} g_1 \in H \Longleftrightarrow g_1 H = g_2 H$. 从而, α 诱导一个双射

$$\tilde{\alpha} : G/H \to S, \quad [g] = gH \to gx.$$

最后, 由作用的定义, 有 $\tilde{\alpha}(g_1[g]) = \tilde{\alpha}[g_1 g] = g_1 gx = g_1 \tilde{\alpha}([g])$. 即, 映射 $\tilde{\alpha}$ 保持作用. 因此, 群 G 在这两个集合上的作用是等价的 (两个作用的等价是指: 存在保持作用的双射).

定义 5.9 非空集合 X 的对称群 $\mathrm{Sym}(X)$ 是指由集合 X 的所有可逆变换 (X 到其自身的双射) 构成的群, 这里群的运算是映射的合成. $\mathrm{Sym}(X)$ 的任何一个子

群, 称为集合 X 的一个变换群. 此时, 集合 X 的任何一个变换群自然地作用在集合 X 上.

当 X 是有限集时, 也称对称群 $\mathrm{Sym}(X)$ 为集合 X 的置换群, 其中的元素称为 X 的置换. 特别地, 对 $X = \{1, 2, \cdots, n\}$, 记 $\mathrm{Sym}(X) = S_n$, 它的元素 σ 对应一个排列

$$i_1 i_2 \cdots i_n.$$

即, $\sigma(s) = i_s, 1 \leqslant s \leqslant n$.

练习 5.10 证明: 置换群 S_n 恰好包含 $n!$ 个元素.

对 $\sigma \in S_n$, 令 $H = (\sigma) \subset S_n$ 为由 σ 生成的子群. 考虑 H 在集合 X 上的自然作用: $H \times X \to X, (h, i) \to h(i)$. 假设 $X = X_1 \cup X_2 \cup \cdots \cup X_r$ 是集合 X 关于此作用的轨道分解. 定义 $\sigma_i \in S_n$, 它在子集 X_i 上定义为 σ 的限制, 并使得 X_i 以外的每个元素不变. 这些 σ_i 是两两可换的, 且 $\sigma = \sigma_1 \sigma_2 \cdots \sigma_r$. 称这种置换 σ_i 为 S_n 中的循环, 它形如 $(j_1 j_2 \cdots j_t)$, 这里

$$\sigma_i(j_m) = j_{m+1}, \quad 1 \leqslant m \leqslant t-1, \quad \sigma(j_t) = j_1.$$

形如 (jk) 的循环, 称为 S_n 中的对换. 不难看出

$$(j_1 j_2 \cdots j_t) = (j_1 j_t)(j_1 j_{t-1}) \cdots (j_1 j_2).$$

此时, 也记 $N((j_1 j_2 \cdots j_t)) = t - 1$, 称为 $(j_1 j_2 \cdots j_t)$ 的长度. 当置换 α 表示成一些不相交的循环的乘积时, $N(\alpha)$ 是其循环的长度之和.

引理 5.11 S_n 中的任意元素可以表示成一些互不相交的循环的乘积, 也可以表示成一些对换的乘积, 且这些对换个数的奇偶性保持不变.

证明 只需证明关于奇偶性的结论. 对两两不相交的循环 $(c_1 \cdots c_h), (d_1 \cdots d_k)$ 及对换 (a, b), 考虑下列等式

$$(ab)(ac_1 \cdots c_h b d_1 \cdots d_k) = (b d_1 \cdots d_k)(ac_1 \cdots c_h).$$

由于等式两边的置换作用于每个元素上, 得到同样的值, 因此, 该等式成立. 两边同乘以 (ab) 得到

$$(ab)(b d_1 \cdots d_k)(ac_1 \cdots c_h) = (ac_1 \cdots c_h b d_1 \cdots d_k).$$

这两个式子说明: 用对换左乘一个置换 α, 其相应的 $N(\alpha)$ 增加 1 或减少 1, 总是改变奇偶性. 当用一系列的对换左乘一个置换 α, 使其变成恒等映射时, 所用对换的个数与 $N(\alpha)$ 有相同的奇偶性. 因此, 一个置换表示成一些对换的乘积时, 所用对换个数的奇偶性保持不变.

定义 5.12 设 $\sigma \in S_n$, 称 σ 是偶置换, 如果它可以表示成偶数个对换的乘积; 否则称其为奇置换. 定义置换 σ 的符号 $\text{sign}(\sigma) = (-1)^{|\sigma|}$, 这里 $|\sigma|$ 是指置换 σ 的对换乘积表达式中对换的个数.

练习 5.13 验证下列等式

$$\text{sign}(\sigma\tau) = \text{sign}(\sigma) \cdot \text{sign}(\tau), \quad \forall \sigma, \tau \in S_n.$$

注记 5.14 一般用 A_n 表示对称群 S_n 中的所有偶置换构成的子群, 它在 S_n 中的指数为 2, 从而它是 S_n 的正规子群. 另外, 群 $A_n(n \geqslant 5)$ 本身没有非平凡的正规子群. 即, 它是一个单群. 这种单群是所有四种有限单群的类型之一, 称为交错单群.

关于单群的研究不仅是群论中的重要研究内容, 它也和许多其他数学分支有着紧密的联系. 例如, 最大的有限单群 (也称为魔群) 可以实现为某个顶点算子代数的对称群, 详见文献 [4].

练习 5.15 设 H 是有限群 G 的子群, 左陪集空间 G/H 包含元素的个数, 称为子群 H 在 G 中的指数. 证明: 若子群 H 在群 G 中的指数为 2, 则 H 是 G 的正规子群.

引理 5.16 置换群 S_n 的共轭类的个数为 $p(n)$, 这里 $p(n)$ 是正整数 n 的所有划分的个数. 正整数 n 的一个划分是指: 它表示为正整数之和的一个有序分解式

$$n = n_1 + n_2 + \cdots + n_r, \quad n_1 \geqslant n_2 \geqslant \cdots \geqslant n_r \geqslant 1.$$

特别地, $p(3) = 3$. 因此, 置换群 S_3 共有三个共轭类.

证明 对任意置换 $\beta \in S_n$ 及任意 r-循环 $(i_1 \cdots i_r)$, 由定义直接看出等式

$$\beta(i_1 \cdots i_r)\beta^{-1} = (\beta(i_1) \cdots \beta(i_r)).$$

若 $\alpha = (i_1 \cdots i_{n_1}) \cdots (j_1 \cdots j_{n_r})$ 是一些不相交循环的乘积, 由上式可以推出

$$\beta\alpha\beta^{-1} = (\beta(i_1) \cdots \beta(i_{n_1})) \cdots (\beta(j_1) \cdots \beta(j_{n_r})).$$

由此不难说明: 两个置换是共轭的当且仅当它们分解为不相交的循环的乘积的"形状"一致. 由于这种"形状"对应于正整数 n 的划分, 共轭类的个数与 n 的划分的个数相等, 引理结论成立.

在本讲的最后, 我们利用前面的一般性讨论, 证明一个单性的结论 (关于这个结论及其相关问题的深入讨论, 可参考文献 [5]).

定理 5.17 交错群 A_5 是单群.

证明 设 H 是 A_5 的正规子群, 且 $H \neq \{1\}$, 下面证明 $H = A_5$.

断言 1. H 含有一个 3-循环.

事实上, 设 $\sigma \in H$ 不是单位元, 由 σ 生成的循环子群 (σ) 自然作用在集合 $\{1,2,3,4,5\}$ 上. 根据作用的具体情况, 分别讨论如下:

若作用可迁, 不妨假设 $\sigma = (12345)$ 是一个 5-循环. 此时, 令 $\rho = (132)$, 则 $\rho\sigma\rho^{-1}\sigma^{-1} = (134)$ 是 H 中的一个 3-循环.

若作用有两个轨道, 不妨假设 $\sigma = (123)(45)$, 或者 $\sigma = (1234)$. 此时, 元素 σ 是奇置换, 与假设矛盾.

若作用有三个轨道, 不妨假设 $\sigma = (12)(34)$, 或者 $\sigma = (123)$. 对第一种情况, 令 $\tau = (12)(35)$, 则 $\tau\sigma\tau^{-1}\sigma^{-1} = (354) \in H$. 而第二种情况, σ 本身就是一个 3-循环.

若作用有四个或五个轨道, 均与 σ 的假设相矛盾. 断言 1 成立.

断言 2. 置换群 S_5 中的任何两个 3-循环都是共轭的.

这是因为对任意置换 τ, 都有等式: $\tau(123) = (\tau(1)\tau(2)\tau(3))\tau$.

断言 3. 交错群 A_5 中的任何两个 3-循环都是共轭的.

对 $G = S_5, \alpha = (123)$, 考虑 G 在它本身上的共轭作用. 利用定理 5.8 的结论, 可以得到 $|G \cdot \alpha| = |G|/|G_\alpha| = 20$. 由于 $|G| = 120$, 子群 G_α 包含 6 个元素, 不难验证

$$G_\alpha = \{(1), (123), (132), (45), (45)(123), (45)(132)\}.$$

由此推出: $(A_5)_\alpha = 3, |A_5 \cdot \alpha| = |A_5|/|(A_5)_\alpha| = 60/3 = 20$. 即, 所有 3-循环在 A_5 中都共轭于 $\alpha = (123)$. 断言 3 成立.

断言 4. A_5 中的任何元素都是一些 3-循环的乘积.

事实上, A_5 中的元素都可以表示成偶数个对换的乘积, 只要说明任何两个对换的乘积一定是 3-循环的乘积. 下面的两种情形本质上包括了所有可能的情况:

(a) $(12)(34)=(12)(23)(23)(34)=(123)(234)$;

(b) $(12)(23)=(123)$.

因此, 断言 4 成立.

由上述四个断言立即得出, $H = A_5$. 即, 交错群 A_5 是单群.

练习 5.18 证明: 任何群必同构于某个对称群的子群; 任何有限群必同构于某个置换群的子群.

第6讲　向量空间基的存在性

我们所处的现实空间是一个三维欧氏空间. 在空间中选定一点, 作为原点, 建立直角坐标系. 于是, 空间中任意一点到三个坐标轴的距离是三个实数, 再按照某种方式确定正负, 即可得到该点的坐标, 这三个坐标构成一个实向量. 把空间中的点和它的坐标实向量等同起来, 得到一个三维向量空间, 它就是现实空间的数学模型.

为了描述向量之间的关系, 需要定义向量的加法与数乘运算. 向量的加法: 对应分量相加; 实数乘向量: 乘到每个分量. 不难验证: 关于加法运算满足结合律、交换律、零元素、负元素; 关于数乘运算满足结合律、单位元、两个分配律. 即, 由此可以得到一个实数域上的模, 称为一个实向量空间.

这个向量空间是一般的域上的向量空间的特例, 在讨论一般向量空间的性质时, 都可以回到这个具体的三维向量空间作为直观模型. 在这个向量空间中再定义内积运算: 对应分量乘积之和, 得到一个欧氏空间, 这是一般欧氏空间的特例 (关于欧氏空间的定义, 见定义 8.20).

定义 6.1　设 $\mathbb{F}$ 是一个域, V 是一个非空集合. 若定义了 V 上的加法运算, 使其成为一个可换群; 还定义了 $\mathbb{F}$ 在可换群 V 上的作用, 使其成为一个 $\mathbb{F}$-模. 则称 V 是域 $\mathbb{F}$ 上的一个向量空间.

一般的向量空间也叫线性空间, 它涉及两个集合: 一个向量的集合, 另一个域 (系数范围); 两个运算: 向量的加法及数与向量的乘法; 八条运算规则. 向量空间也叫线性空间, 其原因在于两个运算是线性运算: 加法、数乘和直线密切相关.

一般来说, 向量空间 V 包含无限多个向量, 向量之间的关系可以并只可能由两个运算来描述. 例如, 给定有限个向量, 对它们施行加法、数乘运算可以得到新的向量, 这个向量称为原来给定向量的线性组合. 一个自然的问题是: 向量空间 V 中是否存在有限个向量, 使得任何向量都可以表示成它们的线性组合? 若 V 中确实存在有限个向量, 用它们做线性组合可以表示出任意向量 (这时, 也称这有限个向量张成整个空间, 这些向量也称为 V 的张成向量组), 则称 V 是有限维的, 否则称 V 是无限维的.

对有限维向量空间 V, 若存在 n 个向量构成 V 的张成向量组, 但不存在更少个数的张成向量组, 则称这 n 个向量的张成向量组为 V 的一组基, 称 V 为 n 维向量空间. V 的一组基中的向量不可能由其余的向量线性组合表示出来, 否则, 可以找到更少个数的张成向量组, 基的这种性质称为线性无关性.

定义 6.2　设 V 是域 $\mathbb{F}$ 上的向量空间, $\alpha_1, \alpha_2, \cdots, \alpha_r, \beta$ 是 V 中的一些向量. 称向量 β 是向量组 $\alpha_1, \alpha_2, \cdots, \alpha_r$ 的线性组合, 如果存在元素 $k_i \in \mathbb{F}, 1 \leqslant i \leqslant r$, 使得

$$\beta = k_1\alpha_1 + k_2\alpha_2 + \cdots + k_r\alpha_r.$$

此时, 也称向量 β 可由 $\alpha_1, \alpha_2, \cdots, \alpha_r$ 线性表出, 记为 $\beta \to \alpha_1, \alpha_2, \cdots, \alpha_r$.

称向量组 $\alpha_1, \alpha_2, \cdots, \alpha_r$ 是线性相关的, 如果存在不全为零的元素 $k_1, k_2, \cdots, k_r \in \mathbb{F}$, 使得 $k_1\alpha_1 + k_2\alpha_2 + \cdots + k_r\alpha_r = \mathbf{0}$.

称向量组 $\alpha_1, \alpha_2, \cdots, \alpha_r$ 是线性无关的, 如果它不是线性相关的. 即, 由 $k_1\alpha_1 + k_2\alpha_2 + \cdots + k_r\alpha_r = \mathbf{0}, k_i \in \mathbb{F}$, 可以推出所有系数 k_i 全为零.

称 V 的子集 A 是线性相关的, 如果 A 中包含一个线性相关的有限子集; 否则称 A 是线性无关的.

练习 6.3　设 A 是向量空间 V 的线性无关子集, 且 β 不能由 A 中的任意有限子集线性表出, 则 $A \cup \{\beta\}$ 还是线性无关子集.

定义 6.4　设 B 是 V 的一个子集, 称 B 是 V 的基, 如果它满足下列条件:

(1) B 中任意有限个向量都是线性无关的. 即, B 是 V 的线性无关子集;

(2) V 中的任何向量都可以由 B 中的某有限个向量线性表出.

引理 6.5　设 V 是域 $\mathbb{F}$ 上的向量空间, $\alpha_1, \alpha_2, \cdots, \alpha_r, \beta_1, \beta_2, \cdots, \beta_s$ 是两个向量组. 若满足下面两个条件, 则向量组 $\alpha_1, \alpha_2, \cdots, \alpha_r$ 是线性相关的.

(1) $r > s$;

(2) $\alpha_1, \alpha_2, \cdots, \alpha_r \to \beta_1, \beta_2, \cdots, \beta_s$.

即, 每个向量 α_i 都可以通过向量组 $\beta_1, \beta_2, \cdots, \beta_s$ 线性表出.

证明　由引理条件, 可以得到如下表达式

$$\begin{cases} \alpha_1 = a_{11}\beta_1 + a_{21}\beta_2 + \cdots + a_{s1}\beta_s, \\ \alpha_2 = a_{12}\beta_1 + a_{22}\beta_2 + \cdots + a_{s2}\beta_s, \\ \qquad\qquad\cdots\cdots \\ \alpha_r = a_{1r}\beta_1 + a_{2r}\beta_2 + \cdots + a_{sr}\beta_s, \end{cases}$$

这里 $a_{ij} \in \mathbb{F}, 1 \leqslant i \leqslant s, 1 \leqslant j \leqslant r$. 考虑向量方程

$$x_1\alpha_1 + x_2\alpha_2 + \cdots + x_r\alpha_r = 0,$$

要证明它有非零解. 只要证明下列齐次线性方程组有非零解

$$\begin{cases} a_{11}x_1 + a_{12}x_2 + \cdots + a_{1r}x_r = 0, \\ a_{21}x_1 + a_{22}x_2 + \cdots + a_{2r}x_r = 0, \\ \qquad \cdots\cdots \\ a_{s1}x_1 + a_{s2}x_2 + \cdots + a_{sr}x_r = 0, \end{cases}$$

此时, 方程的个数小于未知量的个数, 由推论 3.15 可知, 它确实有非零解.

定理 6.6 设 V 是域 $\mathbb{F}$ 上的有限维向量空间, 则它的任何两组基必定包含相同个数的向量.

证明 如果存在两组基 $\alpha_1, \alpha_2, \cdots, \alpha_r$ 与 $\beta_1, \beta_2, \cdots, \beta_s$. 由定义可知它们都是线性无关的, 且可以互相线性表出

$$\alpha_1, \alpha_2, \cdots, \alpha_r \to \beta_1, \beta_2, \cdots, \beta_s,$$

$$\beta_1, \beta_2, \cdots, \beta_s \to \alpha_1, \alpha_2, \cdots, \alpha_r,$$

因此, 由引理 6.5 可知, $r = s$. 即, 它们包含元素的个数必定相等.

定理 6.7 域 $\mathbb{F}$ 上的任何向量空间 V 都有一组基.

由前面的讨论可知, 只需考虑无限维向量空间的情形. 此时, 需要引进偏序集的概念, 从而可以利用 Zorn 引理进行证明.

定义 6.8 集合 S 上的一个二元关系 $\preceq$, 称为偏序关系, 如果它满足下面三个条件:

(1) 反身性 $(x \preceq x, \forall x \in S)$;

(2) 反对称性 $(x \preceq y, y \preceq x \Rightarrow x = y, \forall x, y \in S)$;

(3) 传递性 $(x \preceq y, y \preceq z \Rightarrow x \preceq z, \forall x, y, z \in S)$.

此时, 称二元对 $(S, \preceq)$ 是一个偏序集, 也称 S 是一个偏序集.

例如, 实数集合 $\mathbb{R}$ 与实数的小于等于关系 $\leqslant$, 构成一个偏序集 $(\mathbb{R}, \leqslant)$; 非空集合 Y 的所有子集构成的集合 S 与子集之间的通常包含关系 $\subset$, 构成一个偏序集 $(S, \subset)$ (由定义不难看出: 集合 Y 的一部分子集关于子集的通常包含关系, 也构成一个偏序集).

定义 6.9 设 $(S, \preceq)$ 是一个偏序集, x, y 是 S 中的两个元素. 若有 $x \preceq y$ 或者 $y \preceq x$, 则称元素 x 与 y 可比较; 否则称它们不可比较. 设 T 是 S 的子集, 称其为 S 的链, 如果 T 中任何两个元素都可比较.

设 A 是 S 的任意子集, $b \in S$. 称元素 b 为 A 的一个上界, 如果对任意元素 $a \in A$, 都有 $a \preceq b$. 设 M 是 S 中的元素, 称 M 是 S 的一个极大元, 如果由 $M \preceq x, x \in S$, 必有 $M = x$(通俗来讲: 极大是指没有比它更大的; 最大是指它比所有的都大).

有了上面这些准备, 就可以介绍下面的引理, 并给出定理的证明.

引理 6.10 (Zorn 引理)　设 $(S, \preceq)$ 是一个偏序集, 如果 S 中的任意链在 S 中都有上界, 那么 S 中必有极大元.

这个引理是非常基本的数学事实, 它等价于关于实数集合的任何一个公理 (例如, 它等价于任何有上界的实数集合必有上确界等). 现在, 我们用它来证明任意域 $\mathbb{F}$ 上无限维向量空间基的存在性.

定理 6.7 的证明　设 Σ 是向量空间 V 的所有线性无关子集构成的集合, 按照子集之间通常的包含关系 $\subset$ 定义偏序. 即, 规定 $\preceq$ 为子集的包含关系 $\subset$. 于是, $(\Sigma, \preceq)$ 是一个偏序集.

下面验证 Zorn 引理的条件满足: 任何链都有上界.

设 T 是 Σ 的链, 由定义 T 中元素是线性无关子集, 且 T 中任何两个元素之间有包含关系. 令 M 为 T 中所有元素的并集, 容易验证: M 还是线性无关子集, 且为 T 的一个上界. 因此, 利用 Zorn 引理, Σ 中有极大元 B.

断言. B 是 V 的基.

首先, 由上述讨论可知, 子集 B 是线性无关的; 另外, 对 $V - B$ 中的任意向量 x, $B \cup \{x\}$ 比 B 大 (按照偏序关系: 子集包含关系). 由 B 的极大性, $B \cup \{x\}$ 不是线性无关的, 必有它的有限子集是线性相关的, 且这个子集包含着 x. 即, x 可以由 B 中的有限个向量线性组合表出. 从而, B 是 V 的基.

注记 6.11　利用 Zorn 引理还可以证明: 任何有单位元的交换环 R 必有极大理想. 事实上, 用 S 表示 R 的所有真理想构成的集合, 按照理想的包含关系定义 S 中的偏序关系, 使得 S 是一个偏序集.

设 T 是 S 中的一个链, 规定 J 为出现在链 T 中的所有真理想的并, 它还是 R 的一个真理想, 且是子集 T 的一个上界. 即, Zorn 引理的条件满足, 从而 S 中有极大元 I, 它就是 R 的一个极大理想.

再根据商环的理想与原来环的理想之间的对应关系 (命题 4.21), 又可以推出: 有单位元的交换环的任何理想必包含于某个极大理想中.

例 6.12　设 $\mathbb{F}[x]$ 是域 $\mathbb{F}$ 上的一元多项式环, 关于多项式的加法和常数多项式与多项式的乘法, 它是一个无限维的向量空间, 并带有一组可数无限基: $1, x, x^2, \cdots$, $x^n, \cdots$.

类似地, 由域 $\mathbb{F}$ 上的所有幂级数构成的集合 $\mathbb{F}[[x]]$ 关于自然的加法与数乘运算, 也是域 $\mathbb{F}$ 上的一个无限维向量空间. 当 $\mathbb{F}$ 是不可数集合时, 它是不可数无限维的. 事实上, 下列集合是 $\mathbb{F}[[x]]$ 的线性无关子集

$$\left\{ f_a(x) = \sum_{n=0}^{\infty} a^n x^n = \frac{1}{1 - ax}; a \in \mathbb{F} \right\} \subset \mathbb{F}[[x]].$$

现在讨论关于有限维向量空间的基的问题 (有多少基?). 假设 V 是域 $\mathbb{F}$ 上的

n 维向量空间, 取定 V 的一组基 $e_1, e_2, \cdots, e_n$. 若 $\alpha_1, \alpha_2, \cdots, \alpha_n$ 是 V 的另一组基, 则有如下等式组

$$
\begin{cases}
\alpha_1 = a_{11}e_1 + a_{21}e_2 + \cdots + a_{n1}e_n, \\
\alpha_2 = a_{12}e_1 + a_{22}e_2 + \cdots + a_{n2}e_n, \\
\qquad\qquad \cdots\cdots \\
\alpha_n = a_{1n}e_1 + a_{2n}e_2 + \cdots + a_{nn}e_n,
\end{cases}
$$

这里系数 $a_{ij} \in \mathbb{F}, 1 \leqslant i, j \leqslant n$. 上述由 n 个等式构成的等式组可以简写为: $(\alpha_1, \alpha_2, \cdots, \alpha_n) = (e_1, e_2, \cdots, e_n)A$, 其中 $A = (a_{ij}; 1 \leqslant i, j \leqslant n)$.

若还有一组基 $\beta_1, \beta_2, \cdots, \beta_n$, 使得 $(\beta_1, \beta_2, \cdots, \beta_n) = (\alpha_1, \alpha_2, \cdots, \alpha_n)B$, 其中 $B = (b_{ij}; 1 \leqslant i, j \leqslant n)$. 经过一些初等的推导可以求出基 $\beta_1, \beta_2, \cdots, \beta_n$ 与 $e_1, e_2, \cdots, e_n$ 之间的关系

$$(\beta_1, \beta_2, \cdots, \beta_n) = (e_1, e_2, \cdots, e_n)C,$$

这里 $C = (c_{ij}; 1 \leqslant i, j \leqslant n), c_{ij} = \sum_k a_{ik}b_{kj}$.

定义 6.13　称形如下述 A 的由 $\mathbb{F}$ 中的元素构成的 n 行、n 列的表格

$$
A = (a_{ij}; 1 \leqslant i, j \leqslant n) = \begin{pmatrix}
a_{11} & a_{12} & \cdots & a_{1n} \\
a_{21} & a_{22} & \cdots & a_{2n} \\
\vdots & \vdots & & \vdots \\
a_{n1} & a_{n2} & \cdots & a_{nn}
\end{pmatrix}
$$

为域 $\mathbb{F}$ 上的一个 $n \times n$ 矩阵, 域 $\mathbb{F}$ 上所有 $n \times n$ 矩阵的全体记为 $M_n(\mathbb{F})$.

称上述由矩阵 A, B 得到的矩阵 C 为矩阵 A 与 B 的乘积, 记为 $C = AB$. 称矩阵 $A \in M_n(\mathbb{F})$ 为可逆矩阵, 如果存在矩阵 B(记为 A^{-1}, 称为 A 的逆矩阵), 使得 $AB = BA = E$, 这里

$$
E = (\delta_{ij}; 1 \leqslant i, j \leqslant n) = \begin{pmatrix}
1 & 0 & \cdots & 0 \\
0 & 1 & \cdots & 0 \\
\vdots & \vdots & & \vdots \\
0 & 0 & \cdots & 1
\end{pmatrix}
$$

是关于上述乘法的单位元, 也称其为单位矩阵 (这里 δ_{ij} 是 Kronecker 符号, 当 $i = j$ 时, $\delta_{ij} = 1$, 否则它等于 0).

域 $\mathbb{F}$ 上所有 $n \times n$ 可逆矩阵的全体记为 $\mathrm{GL}_n(\mathbb{F})$.

定理 6.14　用 $\mathfrak{B}_n(\mathbb{F})$ 表示域 $\mathbb{F}$ 上 n 维向量空间 V 的基构成的集合, 则有一一对应: $\mathfrak{B}_n(\mathbb{F}) \to \mathrm{GL}_n(\mathbb{F})$. 即, 基的个数等于可逆矩阵的个数.

证明　首先固定 V 的一组基 $e_1, e_2, \cdots, e_n$. 根据上述讨论, 任何其他的基 $\alpha_1,$ $\alpha_2, \cdots, \alpha_n$ 都可以写成形式

$$(\alpha_1, \alpha_2, \cdots, \alpha_n) = (e_1, e_2, \cdots, e_n)A,$$

其中 $A = (a_{ij}; 1 \leqslant i, j \leqslant n) \in M_n(\mathbb{F})$.

断言. 矩阵 A 是可逆矩阵. 即, $A \in \mathrm{GL}_n(\mathbb{F})$.

事实上, 把 $e_1, e_2, \cdots, e_n$ 表示成 $\alpha_1, \alpha_2, \cdots, \alpha_n$ 的线性组合, 有矩阵 B, 使得

$$(e_1, e_2, \cdots, e_n) = (\alpha_1, \alpha_2, \cdots, \alpha_n)B,$$

$$(e_1, e_2, \cdots, e_n) = (e_1, e_2, \cdots, e_n)AB,$$

$$(\alpha_1, \alpha_2, \cdots, \alpha_n) = (\alpha_1, \alpha_2, \cdots, \alpha_n)BA.$$

利用基的线性无关性质, 必有 $AB = E, BA = E$. 即, $A \in \mathrm{GL}_n(\mathbb{F})$.

定义映射

$$\mathfrak{B}_n(\mathbb{F}) \to \mathrm{GL}_n(\mathbb{F}), \quad (\alpha_1, \alpha_2, \cdots, \alpha_n) \to A.$$

不难证明: 这是集合之间的一个单射对应. 它也是满射: $\forall A \in \mathrm{GL}_n(\mathbb{F})$, 通过下列式子定义向量组 $\alpha_1, \alpha_2, \cdots, \alpha_n$

$$(\alpha_1, \alpha_2, \cdots, \alpha_n) = (e_1, e_2, \cdots, e_n)A.$$

根据前面矩阵乘积的讨论, 不难推出下列等式

$$(\alpha_1, \alpha_2, \cdots, \alpha_n)A^{-1} = (e_1, e_2, \cdots, e_n).$$

从而, 向量组 $\alpha_1, \alpha_2, \cdots, \alpha_n$ 也是 V 的一组基, 且在上述映射下, 它对应到可逆矩阵 A. 因此, 定理结论成立.

注记 6.15　受上述讨论基的关系的方法启发, 我们现在定义一个映射 $\mathbb{A}: V \to V$, 它把基 $e_1, e_2, \cdots, e_n$ 映到基 $\alpha_1, \alpha_2, \cdots, \alpha_n$. 对一般的向量 $\beta \in V$, 有线性组合 $\beta = k_1 e_1 + k_2 e_2 + \cdots + k_n e_n, k_i \in \mathbb{F}, 1 \leqslant i \leqslant n$, 规定

$$\mathbb{A}(\beta) = k_1 \alpha_1 + k_2 \alpha_2 + \cdots + k_n \alpha_n.$$

不难验证: 映射 $\mathbb{A}$ 保持向量的加法与数乘运算. 按照环的模同态的语言, 这是一个 $\mathbb{F}$-模同态. 对向量空间的这种特殊情形, 模同态通常称为线性映射. 特别地, 向量空间 V 到 V 本身的线性映射也称为线性变换.

按照前面术语, 有 $\mathbb{A}(e_1, e_2, \cdots, e_n) = (e_1, e_2, \cdots, e_n)A$, 称 A 是线性变换 $\mathbb{A}$ 的矩阵. 此时, A 是可逆矩阵, $\mathbb{A}$ 是可逆的线性变换. 对一般线性变换、一般矩阵及线性映射的讨论, 将在第 7 讲中展开.

第 7 讲　线性映射与矩阵

域上的向量空间是一种最基本的代数结构, 许多其他的代数结构都是在这个结构的基础上建立起来的, 后面将会给出一些典型的复杂代数结构的实例. 第 6 讲主要证明了无限维向量空间基的存在性, 还讨论了有限维向量空间基的计数问题, 并由此引入了可逆矩阵的概念.

本讲继续讨论有限维向量空间的问题, 主要研究两个向量空间之间的关系. 更一般的 $m \times n$ 矩阵的概念将自然出现, 并最终成为研究向量空间与线性映射的基本工具.

设 V, W 是域 $\mathbb{F}$ 上的向量空间. 作为环的模同态的特例, 向量空间之间的 $\mathbb{F}$-模同态, 也称为线性映射 (保持加法与数乘运算的映射); 可逆线性映射也称为线性同构. 用 $\mathrm{Hom}_{\mathbb{F}}(V, W)$ 表示所有这种线性映射的全体, 于是映射 $f \in \mathrm{Hom}_{\mathbb{F}}(V, W)$ 当且仅当下列等式成立

$$f(v_1 + v_2) = f(v_1) + f(v_2), \quad \forall v_1, v_2 \in V;$$

$$f(av) = af(v), \quad \forall v \in V, \ \forall a \in \mathbb{F}.$$

引理 7.1　可按照自然的方式定义线性映射的加法与数乘运算, 使得 $\mathrm{Hom}_{\mathbb{F}}(V, W)$ 是域 $\mathbb{F}$ 上的一个向量空间. 当 V, W 分别是 n 维、m 维有限维向量空间时 (也分别记为 $\dim V = n, \dim W = m$), $\mathrm{Hom}_{\mathbb{F}}(V, W)$ 是 nm 维的有限维向量空间.

证明　$\forall f, g \in \mathrm{Hom}_{\mathbb{F}}(V, W)$, 定义它们的和与数乘如下

$$(f + g)(v) = f(v) + g(v), \quad \forall v \in V,$$

$$(af)(v) = a(f(v)), \quad \forall v \in V, \quad \forall a \in \mathbb{F}.$$

可以验证: $f + g, af$ 都是线性映射. 即, $f + g, af \in \mathrm{Hom}_{\mathbb{F}}(V, W)$. 由于线性映射的运算归结为向量空间 W 中向量的运算, 不难看出, 上述定义的线性映射的运算满足向量空间所要求的所有运算规则. 因此, 集合 $\mathrm{Hom}_{\mathbb{F}}(V, W)$ 是域 $\mathbb{F}$ 上的一个向量空间.

取 V 的一组基 $v_1, v_2, \cdots, v_n$ 及 W 的一组基 $w_1, w_2, \cdots, w_m$, 定义映射 f_{ij}: $f_{ij}(v_k) = \delta_{jk} w_i, 1 \leqslant i \leqslant m, 1 \leqslant j, k \leqslant n$. 这些 f_{ij} 可以线性扩充为 V 到 W 的线性映射. 即, $f_{ij} \in \mathrm{Hom}_{\mathbb{F}}(V, W), 1 \leqslant i \leqslant m, 1 \leqslant j \leqslant n$.

　　断言: $\{f_{ij}, 1 \leqslant i \leqslant m, 1 \leqslant j \leqslant n\}$ 构成向量空间 $\mathrm{Hom}_{\mathbb{F}}(V, W)$ 的一组基, 从而引理结论成立.

　　事实上, 若有线性组合式 $\sum_{i,j} a_{ij} f_{ij} = 0$, 则有 $\sum_{i,j} a_{ij} f_{ij}(v_k) = 0, \forall k$. 即, $\sum_i a_{ik} w_i = 0 \Rightarrow a_{ik} = 0, \forall i, k$. 于是, 向量组

$$\{f_{ij}, 1 \leqslant i \leqslant m, 1 \leqslant j \leqslant n\}$$

是线性无关的. 另一方面, 对 $f \in \mathrm{Hom}_{\mathbb{F}}(V, W)$, 不妨设 $f(v_k) = \sum_i a_{ik} w_i$, 则有 $f = \sum_{i,j} a_{ij} f_{ij}$. 即, 向量空间 $\mathrm{Hom}_{\mathbb{F}}(V, W)$ 中的任何向量均可以由此向量组线性表出. 因此, 断言成立, 引理得证.

　　练习 7.2　设 S 是任意集合, V 是域 $\mathbb{F}$ 上的向量空间. 用 $\mathrm{Hom}(S, V)$ 表示集合 S 到 V 的所有映射构成的集合, 定义 $\mathrm{Hom}(S, V)$ 中的加法与数乘运算, 使其成为域 $\mathbb{F}$ 上的一个向量空间.

　　注记 7.3　上述引理中映射 f 作用在基上的表达式可以写成形式:

$$\begin{cases} f(v_1) = a_{11} w_1 + a_{21} w_2 + \cdots + a_{m1} w_m, \\ f(v_2) = a_{12} w_1 + a_{22} w_2 + \cdots + a_{m2} w_m, \\ \qquad\qquad \cdots\cdots \\ f(v_n) = a_{1n} w_1 + a_{2n} w_2 + \cdots + a_{mn} w_m, \end{cases}$$

简写成矩阵乘积的形式如下

$$\begin{aligned} f(v_1, v_2, \cdots, v_n) &= (f(v_1), f(v_2), \cdots, f(v_n)) \\ &= (w_1, w_2, \cdots, w_m) A, \end{aligned}$$

这里 $A = (a_{ij})$ 是域 $\mathbb{F}$ 上的 $m \times n$ 矩阵

$$A = (a_{ij}; 1 \leqslant i \leqslant m, 1 \leqslant j \leqslant n) = \begin{pmatrix} a_{11} & a_{12} & \cdots & a_{1n} \\ a_{21} & a_{22} & \cdots & a_{2n} \\ \vdots & \vdots & & \vdots \\ a_{m1} & a_{m2} & \cdots & a_{mn} \end{pmatrix}.$$

它是由域 $\mathbb{F}$ 中的 mn 个元素构成的有 m 行、n 列的长方形表格.

　　域 $\mathbb{F}$ 上的所有 $m \times n$ 矩阵的全体, 记为 $M_{m,n}(\mathbb{F})$.

　　练习 7.4　对 $A = (a_{ij}), B = (b_{ij}) \in M_{m,n}(\mathbb{F}), a \in \mathbb{F}$, 定义 $A + B = (a_{ij} + b_{ij}), aA = (aa_{ij})$. 验证: $M_{m,n}(\mathbb{F})$ 是域 $\mathbb{F}$ 上的 mn 维向量空间, 并且它有一组基 $\{E_{ij}; 1 \leqslant i \leqslant m, 1 \leqslant j \leqslant n\}$, 其中 E_{ij} 表示 (i, j) 位置上为 1, 其余位置上为 0 的矩阵 (也称为矩阵单位).

推论 7.5   有向量空间的同构映射 $\sigma : \mathrm{Hom}_{\mathbb{F}}(V, W) \to M_{m,n}(\mathbb{F})$.

证明   取向量空间 V 的一组基 $v_1, v_2, \cdots, v_n$, W 的一组基 $w_1, w_2, \cdots, w_m$. 对任意线性映射 $f \in \mathrm{Hom}_{\mathbb{F}}(V, W)$, 有下列等式

$$f(v_1, v_2, \cdots, v_n) = (w_1, w_2, \cdots, w_m)A,$$

这里 $A \in M_{m,n}(\mathbb{F})$. 令 $\sigma(f) = A$, 下面验证: 映射 σ 保持线性映射的加法与数乘运算, 从而它本身也是线性映射.

事实上, 设有线性映射 $f, g \in \mathrm{Hom}_{\mathbb{F}}(V, W)$ 及矩阵 $A, B \in M_{m,n}(\mathbb{F})$, 使得: $\sigma(f) = A, \sigma(g) = B$. 即,

$$f(v_1, v_2, \cdots, v_n) = (w_1, w_2, \cdots, w_m)A,$$

$$g(v_1, v_2, \cdots, v_n) = (w_1, w_2, \cdots, w_m)B.$$

根据线性映射的加法及矩阵的加法的定义, 必有

$$(f + g)(v_1, v_2, \cdots, v_n) = (w_1, w_2, \cdots, w_m)(A + B).$$

于是, $\sigma(f + g) = A + B = \sigma(A) + \sigma(B)$. 类似有, $\sigma(af) = aA = a\sigma(A)$.

最后, 任何一个线性映射由它在一组基上的值所唯一确定, 并且在一组基上指定它的像元可线性扩充为一个线性映射. 因此, σ 也是双射, 它必是同构映射.

注记 7.6   在上述讨论中, 令 $W = \mathbb{F}$ 是一维向量空间, 可取基元素 $w_1 = 1$. 此时, 记 $V^* = \mathrm{Hom}_{\mathbb{F}}(V, \mathbb{F})$, 这是一个 n 维向量空间, 称其为 V 的对偶空间. 按照引理 7.1 证明中的讨论方式, 由基 $v_1, v_2, \cdots, v_n$ 确定的 V^* 的基, 也记为 $v^1, v^2, \cdots, v^n$, 并称其为对偶基. 它的具体定义是: $v^i(v_j) = \delta_{i,j}, \forall i, j$.

注记 7.7   在上述讨论中, 令 $W = V$, 记 $\mathrm{End}V = \mathrm{Hom}_{\mathbb{F}}(V, V)$, 这是一个 n^2 维向量空间, 其元素也称为 V 的线性变换. $\forall \mathbb{A}, \mathbb{B} \in \mathrm{End}V$, 定义它们的乘积, 使得 $(\mathbb{A}\mathbb{B})(v) = \mathbb{A}(\mathbb{B}(v)), \forall v \in V$. 此时, 集合 $\mathrm{End}V$ 关于线性变换的加法与乘法构成一个有单位元的环.

练习 7.8   验证上述注记中的结论.

命题 7.9   当向量空间 $W = V$ 时, 推论 7.5 中的线性同构映射

$$\sigma : \mathrm{Hom}_{\mathbb{F}}(V, V) \to M_{n,n}(\mathbb{F}) = M_n(\mathbb{F})$$

也是有单位元的环之间的同构映射 $\sigma : \mathrm{End}V \to M_n(\mathbb{F})$. 这里 $M_n(\mathbb{F})$ 中的乘法定义为矩阵的乘积: $(a_{ij})(b_{ij}) = (c_{ij}), c_{ij} = \sum_k a_{ik}b_{kj}$.

证明 $M_n(\mathbb{F})$ 是一个有单位元的环: 由前面讨论可知, 它关于矩阵的加法已经构成一个可换群, 还需验证矩阵的乘积满足结合律、有单位元 (单位矩阵), 且乘法关于加法满足两个分配律. 只验证乘法结合律, 其他的验证是类似的.

设 $A = (a_{ij}), B = (b_{ij}), C = (c_{ij}) \in M_n(\mathbb{F})$, 由乘积的定义, 有

$$(AB)C = (s_{ij})(c_{ij}) = (t_{ij}),$$

$$s_{ij} = \sum_k a_{ik}b_{kj}, \quad t_{ij} = \sum_r s_{ir}c_{rj} = \sum_{r,k} a_{ik}b_{kr}c_{rj};$$

$$A(BC) = (a_{ij})(u_{ij}) = (v_{ij}),$$

$$u_{ij} = \sum_r b_{ir}c_{rj}, \quad v_{ij} = \sum_k a_{ik}u_{kj} = \sum_{r,k} a_{ik}b_{kr}c_{rj}.$$

于是, $(AB)C = A(BC)$(这里用到域 $\mathbb{F}$ 中的乘法满足结合律).

取定 V 的一组基 $v_1, v_2, \cdots, v_n$, 对 $\mathbb{A}, \mathbb{B} \in \mathrm{End}V$, 它对应的矩阵为 A, B.

$$\mathbb{A}(v_1, v_2, \cdots, v_n) = (v_1, v_2, \cdots, v_n)A,$$

$$\mathbb{B}(v_1, v_2, \cdots, v_n) = (v_1, v_2, \cdots, v_n)B.$$

从而有

$$(\mathbb{AB})(v_1, v_2, \cdots, v_n) = \mathbb{A}((v_1, v_2, \cdots, v_n)B)$$
$$= (v_1, v_2, \cdots, v_n)(AB).$$

于是, $\sigma(\mathbb{AB}) = AB = \sigma(\mathbb{A})\sigma(\mathbb{B})$. 另外, 映射 σ 把恒等线性变换映到单位矩阵: $\sigma(\mathrm{Id}_V) = E$. 因此, 它是环的同构映射.

定义 7.10　设 V, W 是域 $\mathbb{F}$ 上的两个向量空间, $f \in \mathrm{Hom}_{\mathbb{F}}(V, W)$ 是线性映射. 定义映射 $f^*: W^* \to V^*, f^*(\alpha) = \alpha \circ f$ 为映射的合成, 则 f^* 也是线性映射, 称其为 f 的对偶映射或转置映射.

练习 7.11　证明: 线性映射 f 的对偶映射 f^* 还是线性映射.

引理 7.12　设 $f \in \mathrm{Hom}_{\mathbb{F}}(V, W)$, 取 V 的一组基 $v_1, v_2, \cdots, v_n$ 及 W 的一组基 $w_1, w_2, \cdots, w_m$, 使得映射 f 关于这两组基的矩阵为 A. 即, 有下列等式

$$f(v_1, v_2, \cdots, v_n) = (w_1, w_2, \cdots, w_m)A.$$

再假设有等式

$$f^*(w^1, w^2, \cdots, w^m) = (v^1, v^2, \cdots, v^n)B,$$

这里向量组 $w^1, w^2, \cdots, w^m$ 及向量组 $v^1, v^2, \cdots, v^n$ 分别表示对偶空间 W^*, V^* 的相应对偶基. 则 B 是由 A 经过交换它的行和列得到的矩阵, 称 B 是 A 的转置矩阵, 记为 $B = A^t$.

证明   由对偶映射及对偶基的定义可知, $\forall i, k$, 有等式

$$f^*(w^i)(v_k) = (w^i \circ f)(v_k) = w^i(f(v_k)) = w^i\left(\sum_j a_{jk}w_j\right) = a_{ik}.$$

另一方面, 还有

$$f^*(w^i)(v_k) = \sum_j b_{ji}v^j(v_k) = b_{ki}.$$

因此, $a_{ik} = b_{ki}, \forall i, k$. 即, 引理结论成立.

例 7.13   下面给出矩阵转置的两个例子: 第一个是三阶矩阵的具体例子, 第二个例子也可以作为矩阵转置的定义.

$$A = \begin{pmatrix} 5 & 8 & 22 \\ 4 & 0 & 6 \\ 3 & 7 & 9 \end{pmatrix}, \quad A^t = \begin{pmatrix} 5 & 4 & 3 \\ 8 & 0 & 7 \\ 22 & 6 & 9 \end{pmatrix}.$$

$$A = \begin{pmatrix} a_{11} & a_{12} & \cdots & a_{1n} \\ a_{21} & a_{22} & \cdots & a_{2n} \\ \vdots & \vdots & & \vdots \\ a_{m1} & a_{m2} & \cdots & a_{mn} \end{pmatrix}, \quad A^t = \begin{pmatrix} a_{11} & a_{21} & \cdots & a_{m1} \\ a_{12} & a_{22} & \cdots & a_{m2} \\ \vdots & \vdots & & \vdots \\ a_{1n} & a_{2n} & \cdots & a_{mn} \end{pmatrix}.$$

注记 7.14   关于模的子模、商模及同态基本定理都可以直接应用于向量空间的情形. 为了方便以后的运用, 具体描述如下.

向量空间 V 的子空间 W 是对两个运算封闭的非空子集; 对向量空间 V 的子空间 W, 可以定义商空间 V/W.

若 $f: V \to U$ 是线性映射, 则 $\mathrm{Ker}f = \{v \in V | f(v) = 0\}$ 是 V 的子空间, $\mathrm{Im}f = f(V) = \{f(v)|v \in V\}$ 是 U 的子空间. 称 $\mathrm{Ker}f$ 为线性映射 f 的核, 称 $\mathrm{Im}f$ 为线性映射 f 的像. 对 V 的子空间 $W \subset \mathrm{Ker}f$, 存在唯一的线性映射 $\tilde{f}: V/W \to U$, 使得 $\tilde{f}\pi = f$, 这里 $\pi: V \to V/W$ 是典范映射, 它把任何一个向量 $v \in V$ 对应到它所在的等价类 $[v] \in V/W$.

特别地, 当 $W = \mathrm{Ker}f$, 且 f 是满射时, $\tilde{f}$ 是向量空间的同构映射. 这就是向量空间与线性映射的同态基本定理.

向量空间的子空间的和与交的概念也可以如下所述.

设 V 是域 $\mathbb{F}$ 上的向量空间, V_1, V_2 是 V 的子空间. 定义它们的和与交

$$V_1 + V_2 = \{v_1 + v_2 | v_1 \in V_1, v_2 \in V_2\},$$

$$V_1 \cap V_2 = \{v \in V | v \in V_1, v \in V_2\}.$$

特别地, 若 $V_1 + V_2$ 中的每个元素的分解表达式是唯一的, 则称 $V_1 + V_2$ 为直和, 记为 $V_1 \oplus V_2$. 类似地, 可以定义任意多个子空间的和与交.

练习 7.15　证明: 子空间的和 $V_1 + V_2$ 是直和当且仅当零向量的分解式是唯一的. 即, 由 $v_1 + v_2 = 0, v_1 \in V_1, v_2 \in V_2$, 可以推出: $v_1 = v_2 = 0$.

练习 7.16　(1) 设 V 是域 $\mathbb{F}$ 上的 n 维向量空间, W 是 V 的 m 维子空间, 则商空间 V/W 是 $n - m$ 维向量空间 (提示: 取子空间 W 的一组基, 把它扩充成 V 的一组基, 再取等价类就可以找到商空间 V/W 的一组合适的基).

(2) 设 V_1, V_2 是 n 维向量空间 V 的子空间, 则有维数公式

$$\dim(V_1 + V_2) + \dim(V_1 \cap V_2) = \dim V_1 + \dim V_2$$

(提示: 取子空间 $V_1 \cap V_2$ 的一组基, 分别扩充为 V_1, V_2 的基. 在此基础上, 可以找到 $V_1 + V_2$ 的一组合适的基).

第8讲 多线性映射与行列式

本讲先给出一般的多线性映射的定义, 然后通过多线性映射定义线性变换和矩阵的行列式, 并讨论行列式的一些初等性质. 最后, 作为多线性映射的特例, 介绍实数域上向量空间的内积与欧氏空间的概念; 在复数域上做类似的考虑, 得到正定 Hermite 型与酉空间的概念.

关于这部分内容的深入讨论及相关问题的研究, 可以参考文献 [6].

定义 8.1 设 $V_1, V_2, \cdots, V_m, W$ 是域 $\mathbb{F}$ 上的 $m+1$ 个向量空间, 称映射

$$f : V_1 \times V_2 \times \cdots \times V_m \to W,$$

$$(x_1, x_2, \cdots, x_m) \to f(x_1, x_2, \cdots, x_m)$$

为 m-线性映射, 如果它关于每个分量都是线性的. 即, $\forall i$, 有

$$f(x_1, \cdots, x_i + y_i, \cdots, x_m) = f(x_1, \cdots, x_i, \cdots, x_m) + f(x_1, \cdots, y_i, \cdots, x_m),$$

$$f(x_1, \cdots, ax_i, \cdots, x_m) = af(x_1, \cdots, x_i, \cdots, x_m).$$

这里, $x_i, y_i \in V_i, 1 \leqslant i \leqslant m, a \in \mathbb{F}$.

特别地, 当 $V_1 = \cdots = V_m = V$ 时, 称 f 为 V 到 W 的 m-线性映射;

当 $W = \mathbb{F}$ 时, 称 f 为 m-线性函数;

当 $V_1 = V_2 = \cdots = V_m = V$, 且 $W = \mathbb{F}$ 时, 称 f 为 V 上的 m-线性函数.

定义 8.2 称 m-线性映射 $f : V_1 \times V_2 \times \cdots \times V_m \to W$ 为反对称的, 如果 $\forall \sigma \in S_m$, 都有下列等式

$$f(x_{\sigma(1)}, \cdots, x_{\sigma(m)}) = \text{sign}(\sigma) f(x_1, \cdots, x_m).$$

这里 S_m 表示集合 $\{1, 2, \cdots, m\}$ 的置换群. 当 σ 是偶置换时, $\text{sign}(\sigma) = 1$; 当 σ 是奇置换时, $\text{sign}(\sigma) = -1$.

记 $(\sigma f)(x_1, \cdots, x_m) = f(x_{\sigma^{-1}(1)}, \cdots, x_{\sigma^{-1}(m)})$, 则上式变为

$$\sigma f = \text{sign}(\sigma^{-1}) f = \text{sign}(\sigma) f.$$

此时, 上式定义了置换群 S_m 在相应的 m-线性映射的集合上的一个作用.

练习 8.3 设 $f : V_1 \times \cdots \times V_m \to W$ 是 m-线性映射, $V_1 = \cdots = V_m$, 则 f 是反对称的 $\Leftrightarrow$ 当 $x_1, \cdots, x_m$ 线性相关时, 必有 $f(x_1, \cdots, x_m) = 0$.

定义 8.4　设 V 是域 $\mathbb{F}$ 上的 n 维向量空间, f 是 V 上的 n-线性函数. 若 f 是反对称的, 则称 f 是 V 上的行列式函数.

定理 8.5　(1) 设 V 是域 $\mathbb{F}$ 上 n 维向量空间, 则 V 上存在非零行列式函数.

(2) n-维向量空间 V 到向量空间 W 的任何反对称 n-线性映射必形如: $g = \Delta w$, 这里 $w \in W$ 由 g 所唯一确定, Δ 是 V 上的行列式函数. 特别地, 任何两个行列式函数都是成比例的.

证明　(1) 取 n 维向量空间 V 的一组基: $v_1, v_2, \cdots, v_n$ 及对偶空间 V^* 中相应的对偶基 $v^1, v^2, \cdots, v^n$. 定义映射

$$f : V \times V \times \cdots \times V \to \mathbb{F},$$

$$(x_1, x_2, \cdots, x_n) \to v^1(x_1) v^2(x_2) \cdots v^n(x_n).$$

由于对偶基中的每个 v^i 都是线性函数, 不难看出: 映射 f 是 n-线性函数, 且 $f(v_1, v_2, \cdots, v_n) = 1$. 即, f 是非零的 n-线性函数.

令 $\Delta = \sum_{\sigma \in S_n} \text{sign}(\sigma)(\sigma f)$. 由于 f 是 n-线性函数, σf 也是 n-线性函数. 于是, 作为 n-线性函数的线性组合, Δ 也是 n-线性函数. 容易看出: $\sigma \Delta = \text{sign}(\sigma)\Delta$. 即, Δ 还是反对称的, 且 $\Delta(v_1, v_2, \cdots, v_n) = 1$. 因此, 它是非零的行列式函数.

(2) 设 g 是任意给定的 V 到 W 的反对称 n-线性映射, $w = g(v_1, v_2, \cdots, v_n)$, 其中 $v_1, v_2, \cdots, v_n$ 是 V 的基, 它满足: $\Delta(v_1, v_2, \cdots, v_n) = 1$(见 (1) 中的结论). 因映射 g 是 n-线性的, 它由其在 V 的基上的值所唯一确定, 由此不难验证等式: $g = \Delta w$. 即, 定理结论成立.

引理 8.6　设 Δ 是 n 维向量空间 V 上的行列式函数, 则有下列等式

$$\sum_{j=1}^{n} (-1)^{j-1} \Delta(x, x_1, \cdots, \hat{x}_j, \cdots, x_n) x_j = \Delta(x_1, \cdots, x_n) x, \quad \forall x_j, x \in V,$$

这里 $\hat{x}_j$ 表示去掉这个分量.

证明　若 $x_1, x_2, \cdots, x_n$ 线性相关, 其中的某个向量可以通过剩余的向量线性组合表出. 不妨设 $x_n = a_1 x_1 + \cdots + a_{n-1} x_{n-1}, a_i \in \mathbb{F}, 1 \leqslant i \leqslant n - 1$. 从而, 有下列等式

$$\sum_{j=1}^{n} (-1)^{j-1} \Delta(x, x_1, \cdots, \hat{x}_j, \cdots, x_n) x_j$$

$$= \sum_{j=1}^{n-1} (-1)^{j-1} \Delta(x, x_1, \cdots, \hat{x}_j, \cdots, x_n) x_j + (-1)^{n-1} \Delta(x, x_1, \cdots, \hat{x}_n) x_n$$

$$= \sum_{j=1}^{n-1} (-1)^{j-1} \Delta(x, x_1, \cdots, \hat{x}_j, \cdots, a_j x_j) x_j$$

$$+ \sum_{j=1}^{n-1} (-1)^{n-1} \Delta(x, x_1, \cdots, \hat{x}_n) a_j x_j = 0.$$

若 $x_1, x_2, \cdots, x_n$ 线性无关, 它们构成 V 的一组基. 不妨设

$$x = b_1 x_1 + b_2 x_2 + \cdots + b_n x_n, \quad b_i \in \mathbb{F}, \ 1 \leqslant i \leqslant n.$$

此时, 得到下列式子

$$
\begin{aligned}
&\sum_{j=1}^{n} (-1)^{j-1} \Delta\left(\sum_i b_i x_i, x_1, \cdots, \hat{x}_j, \cdots, x_n\right) x_j \\
&= \sum_{j=1}^{n} (-1)^{j-1} \Delta(b_j x_j, x_1, \cdots, \hat{x}_j, \cdots, x_n) x_j \\
&= \sum_{j=1}^{n} \Delta(x_1, \cdots, x_j, \cdots, x_n) b_j x_j \\
&= \Delta(x_1, x_2, \cdots, x_n) x.
\end{aligned}
$$

有了上述准备工作, 我们就可以给出线性变换的行列式的概念如下.

定义 8.7 设 $\mathbb{A} : V \to V$ 是 n 维向量空间 V 的线性变换. 取 V 的一组基 $v_1, v_2, \cdots, v_n$, 相应有行列式函数 Δ, 它满足: $\Delta(v_1, v_2, \cdots, v_n) = 1$. 定义映射 $\Delta_{\mathbb{A}} : V \times V \times \cdots \times V \to \mathbb{F}$, 使得

$$\Delta_{\mathbb{A}}(x_1, x_2, \cdots, x_n) = \Delta(\mathbb{A}x_1, \mathbb{A}x_2, \cdots, \mathbb{A}x_n), \quad x_i \in V, \forall i.$$

不难看出: 它也是行列式函数. 从而利用定理 8.5 的结论 (2), 必有 $\alpha \in \mathbb{F}$, 使得 $\Delta_{\mathbb{A}} = \alpha \Delta$. 称 α 为 $\mathbb{A}$ 的行列式, 记为 $\alpha = \det \mathbb{A}$.

注记 8.8 上述定义是合理的: 与基 $v_1, v_2, \cdots, v_n$ 的具体取法无关. 事实上, 若还有另外一组基 $v_1', v_2', \cdots, v_n'$, Δ' 是相应的行列式函数, 使得 $\Delta'(v_1', v_2', \cdots, v_n') = 1$. 不妨设 $\Delta' = \lambda \Delta$. 于是,

$$
\begin{aligned}
&\Delta_{\mathbb{A}}'(x_1, x_2, \cdots, x_n) \\
&= \Delta'(\mathbb{A}x_1, \mathbb{A}x_2, \cdots, \mathbb{A}x_n) \\
&= \lambda \Delta(\mathbb{A}x_1, \mathbb{A}x_2, \cdots, \mathbb{A}x_n) \\
&= \lambda \Delta_{\mathbb{A}}(x_1, x_2, \cdots, x_n).
\end{aligned}
$$

从而有, $\Delta_{\mathbb{A}}' = \lambda \Delta_{\mathbb{A}} = \lambda \alpha \Delta = \alpha \Delta'$.

引理 8.9 线性变换 $\mathbb{A} : V \to V$ 是可逆的 $\Leftrightarrow \det \mathbb{A} \neq 0$.

证明　设 $\mathbb{A}$ 是可逆线性变换, $v_1, v_2, \cdots, v_n$ 是 V 的一组基, Δ 是行列式函数, 使得 $\Delta(v_1, v_2, \cdots, v_n) = 1$. 此时, $\mathbb{A}v_1, \mathbb{A}v_2, \cdots, \mathbb{A}v_n$ 也是 V 的一组基. 因此, $\Delta(\mathbb{A}v_1, \mathbb{A}v_2, \cdots, \mathbb{A}v_n) \neq 0$. 从而,

$$\det\mathbb{A}\Delta(v_1, v_2, \cdots, v_n) = \det\mathbb{A} \neq 0.$$

反之, 若 $\det\mathbb{A} \neq 0$, 则 $\Delta(\mathbb{A}v_1, \mathbb{A}v_2, \cdots, \mathbb{A}v_n) \neq 0$. 由练习 8.3 可知, 向量组 $\mathbb{A}v_1, \mathbb{A}v_2, \cdots, \mathbb{A}v_n$ 是线性无关的, 且包含 n 个向量, 它构成 V 的一组基. 即, $\mathbb{A}$ 是可逆线性变换.

引理 8.10　设 $\mathbb{A}, \mathbb{B}$ 是 V 的线性变换, 则有 $\det(\mathbb{A}\mathbb{B}) = \det\mathbb{A} \cdot \det\mathbb{B}$.

证明　由行列式的定义, 不难看出

$$\Delta(\mathbb{A}\mathbb{B}x_1, \cdots, \mathbb{A}\mathbb{B}x_n) = \det\mathbb{A}\Delta(\mathbb{B}x_1, \cdots, \mathbb{B}x_n)$$
$$= \det\mathbb{A} \cdot \det\mathbb{B}\Delta(x_1, \cdots, x_n) = \det(\mathbb{A}\mathbb{B})\Delta(x_1, \cdots, x_n).$$

$\forall x_1, \cdots, x_n \in V$ 都成立. 因此, $\det(\mathbb{A}\mathbb{B}) = \det\mathbb{A} \cdot \det\mathbb{B}$.

注记 8.11　设 $\mathbb{A} : V \to V$ 是一个线性变换, $v_1, v_2, \cdots, v_n$ 是 V 的一组基, 使得 $\mathbb{A}(v_1, v_2, \cdots, v_n) = (v_1, v_2, \cdots, v_n)A$, 这里 $A = (a_{ij}) \in M_n(\mathbb{F})$. 取相应的行列式函数 Δ, 它满足 $\Delta(v_1, v_2, \cdots, v_n) = 1$. 从而有

$$\det\mathbb{A} = \det\mathbb{A}\Delta(v_1, v_2, \cdots, v_n) = \Delta(\mathbb{A}v_1, \mathbb{A}v_2, \cdots, \mathbb{A}v_n).$$

但是, $\mathbb{A}v_i = \sum_{k_i} a_{k_i i} v_{k_i}$, 代入上式得到 $\det\mathbb{A}$ 的值为

$$\sum_{k_1, \cdots, k_n} a_{k_1 1} \cdots a_{k_n n}\Delta(v_{k_1}, \cdots, v_{k_n}) = \sum_{\sigma \in S_n} \text{sign}(\sigma)a_{\sigma(1)1} \cdots a_{\sigma(n)n}.$$

定义 $\det A = \sum_{\sigma \in S_n} \text{sign}(\sigma)a_{\sigma(1)1} \cdots a_{\sigma(n)n}$, 称其为矩阵 A 的行列式.

引理 8.12　$\forall A, B \in M_n(\mathbb{F})$, 有 $\det(AB) = \det A \cdot \det B$.

证明　设 V 是域 $\mathbb{F}$ 上的 n 维向量空间, $v_1, v_2, \cdots, v_n$ 是 V 的一组基. 定义 V 的线性变换 $\mathbb{A}, \mathbb{B}$, 使得

$$\mathbb{A}(v_1, v_2, \cdots, v_n) = (v_1, v_2, \cdots, v_n)A,$$

$$\mathbb{B}(v_1, v_2, \cdots, v_n) = (v_1, v_2, \cdots, v_n)B.$$

则有

$$(\mathbb{A}\mathbb{B})(v_1, v_2, \cdots, v_n) = (v_1, v_2, \cdots, v_n)AB.$$

因此,

$$\det(AB) = \det(\mathbb{A}\mathbb{B}) = \det\mathbb{A} \cdot \det\mathbb{B} = \det A \cdot \det B.$$

定义 8.13 设 V 是域 $\mathbb{F}$ 上的 n-维向量空间, Δ 是 V 上的行列式函数, 且 $\varphi \in \mathrm{End}V$. 定义 n-线性映射 $\Phi : V^n \to \mathrm{End}V$, 使得

$$\Phi(x_1, \cdots, x_n)x = \sum_{j=1}^{n} (-1)^{j-1} \Delta(x, \varphi x_1, \cdots, \varphi \hat{x}_j, \cdots, \varphi x_n)x_j,$$

其中 $x, x_i \in V, \forall i$. 可以验证: Φ 是合理定义的映射, 也是反对称的 n-线性映射. 从而, 由定理 8.5 可知, 存在唯一的线性变换 $ad\varphi \in \mathrm{End}V$, 使得 $\Phi(x_1, \cdots, x_n) = \Delta(x_1, \cdots, x_n)ad\varphi, \forall x_i \in V$. 即

$$\sum_{j=1}^{n} (-1)^{j-1} \Delta(x, \varphi x_1, \cdots, \varphi \hat{x}_j, \cdots, \varphi x_n)x_j = \Delta(x_1, \cdots, x_n)ad\varphi(x),$$

其中 $x, x_i \in V, \forall i$. 此式说明, $ad\varphi$ 与 Δ 的选取无关, 称其为 φ 的伴随变换.

引理 8.14 线性变换 φ 与其伴随变换 $\mathrm{ad}\varphi$, 满足下列两个等式

$$\mathrm{ad}\varphi \cdot \varphi = \det\varphi \cdot \mathrm{Id}_V, \quad \varphi \cdot \mathrm{ad}\varphi = \det\varphi \cdot \mathrm{Id}_V.$$

证明 由上述等式, 用 $\varphi(x)$ 代替 x, 得到

$$\sum_{j=1}^{n} (-1)^{j-1} \Delta(\varphi x, \varphi x_1, \cdots, \varphi \hat{x}_j, \cdots, \varphi x_n)x_j$$
$$= \Delta(x_1, \cdots, x_n)\mathrm{ad}\varphi(\varphi(x)).$$

另外, 由行列式的定义及前面结论, 有

$$\sum_{j=1}^{n} (-1)^{j-1} \Delta(\varphi x, \varphi x_1, \cdots, \varphi \hat{x}_j, \cdots, \varphi x_n)x_j$$
$$= \det\varphi \sum_{j=1}^{n} (-1)^{j-1} \Delta(x, x_1, \cdots, \hat{x}_j, \cdots, x_n)x_j$$
$$= \det\varphi \Delta(x_1, \cdots, x_n)x, \quad \forall x, x_i \in V.$$

于是, $\Delta(x_1, \cdots, x_n)\mathrm{ad}\varphi(\varphi(x)) = \det\varphi\Delta(x_1, \cdots x_n)x$. 因此, 引理的第一式成立. 第二式的证明是类似的.

注记 8.15 取向量空间 V 的行列式函数 Δ 及 V 的一组基 $v_1, v_2, \cdots, v_n$, 使得 $\Delta(v_1, v_2, \cdots, v_n) = 1$. 再假设线性变换 φ 与 $\mathrm{ad}\varphi$ 在这组基下的矩阵分别为 A, B. 即, 有下列等式

$$\varphi(v_1, v_2, \cdots, v_n) = (v_1, v_2, \cdots, v_n)A,$$

$$\mathrm{ad}\varphi(v_1, v_2, \cdots, v_n) = (v_1, v_2, \cdots, v_n)B,$$

其中 $A = (a_{ij}), B = (b_{ij}) \in M_n(\mathbb{F})$. 从而有下列式子

$$\sum_{i=1}^{n} (-1)^{i-1} \Delta(v_j, \varphi v_1, \cdots, \varphi \hat{v}_i, \cdots, \varphi v_n) v_i$$

$$= ad\varphi(v_j) = \sum_i b_{ij} v_i,$$

$$b_{ij} = (-1)^{i-1} \Delta(v_j, \varphi v_1, \cdots, \varphi \hat{v}_i, \cdots, \varphi v_n)$$

$$= \Delta(\varphi v_1, \cdots, \varphi v_{i-1}, v_j, \varphi v_{i+1}, \cdots, \varphi v_n)$$

$$= \det \varphi_{ij}.$$

这里 $\varphi_{ij} : V \to V$ 是线性变换, 使得 $\varphi_{ij}(v_i) = v_j, \varphi_{ij}(v_k) = \varphi(v_k), k \neq i$. 假设 $\varphi_{ij}(v_1, v_2, \cdots, v_n) = (v_1, v_2, \cdots, v_n) C_{ji}$, 有 $b_{ij} = \det C_{ji}$. 称 C_{ij} 为 a_{ij} 的代数余子阵, 称矩阵 B 为矩阵 A 的伴随矩阵.

推论 8.16 (Cramer 公式)　设矩阵 $B = (b_{ij})$ 是矩阵 $A = (a_{ij})$ 的伴随矩阵, 则有等式

$$\sum_j b_{kj} a_{ji} = \delta_{ki} \det A, \quad \sum_j a_{kj} b_{ji} = \delta_{ki} \det A.$$

即, 有等式: $BA = \det A \cdot E, AB = \det A \cdot E$.

证明　这是线性变换的伴随变换性质的矩阵表现形式.

注记 8.17　对任意有单位元的交换环 R, 可以定义 R 上的 n 阶矩阵的概念, 还可以按照上述方式直接地定义矩阵的伴随矩阵, 直接地定义矩阵的行列式, 并有类似于上述 Cramer 公式的结果, 这个结论将在讨论 Hilbert 零点定理时用到.

例 8.18　设 $V = \mathbb{F}^n = \{\alpha = (a_1, a_2, \cdots, a_n) | a_i \in \mathbb{F}, 1 \leqslant i \leqslant n\}$. 定义 V 的两个运算, 加法: 对应分量相加; 数乘: 乘到每个分量. 可以验证: 这是域 $\mathbb{F}$ 上的一个 n-维向量空间. 令

$$e_1 = (1, 0, \cdots, 0), \quad e_2 = (0, 1, \cdots, 0), \quad \cdots, \quad e_n = (0, 0, \cdots, 1),$$

它是 V 的一组基, 称为标准基. 若有 V 中的向量 $v_1, v_2, \cdots, v_n$ 及分量表达式

$$v_1 = (v_{11}, v_{21}, \cdots, v_{n1}),$$

$$v_2 = (v_{12}, v_{22}, \cdots, v_{n2}),$$

$$\cdots\cdots$$

$$v_n = (v_{1n}, v_{2n}, \cdots, v_{nn}),$$

则 $(v_1, v_2, \cdots, v_n) = (e_1, e_2, \cdots, e_n) A$, 这里 $A = (v_{ij}) \in M_n(\mathbb{F})$. 根据前面的结论可以推出: A 是可逆矩阵 $\Leftrightarrow v_1, v_2, \cdots, v_n$ 是 V 的一组基 $\Leftrightarrow \det A \neq 0$. 事实上, 取合

适的行列式函数 Δ, 并对下列等式讨论即可

$$\Delta(v_1, v_2, \cdots, v_n) = \Delta(\mathbb{A}e_1, \mathbb{A}e_2, \cdots, \mathbb{A}e_n) = \det\mathbb{A}\Delta(e_1, e_2, \cdots, e_n).$$

练习 8.19　设 A 是下列形式的准对角矩阵, 其中 A_1, A_2 分别是 m 阶、n 阶的矩阵. 证明: $\det(A) = \det(A_1)\det(A_2)$.

$$\begin{pmatrix} A_1 & 0 \\ 0 & A_2 \end{pmatrix}.$$

定义 8.20　设 $\mathbb{F} = \mathbb{R}$ 为实数域, V 是 $\mathbb{F}$ 上的一个向量空间, $f : V \times V \to \mathbb{F}$ 是一个双线性映射. 称映射 f 是向量空间 V 上的一个内积, 如果它满足下面两个条件:

(1) 对称性: $f(x, y) = f(y, x), \forall x, y \in V$;

(2) 正定性: $f(x, x) \geqslant 0, \forall x \in V$, 且等号成立当且仅当 $x = 0$.

带有内积的实数域 $\mathbb{F}$ 上的向量空间 V, 称为一个欧氏空间.

定义 8.21　设 $\mathbb{F} = \mathbb{C}$ 为复数域, V 是 $\mathbb{F}$ 上的一个向量空间, $f : V \times V \to \mathbb{F}$ 是一个映射, 它关于第一个变量是共轭线性的: $f(ax, y) = \bar{a}f(x, y), a \in \mathbb{F}, x, y \in V$; 关于第二个变量是线性的. 称映射 f 是向量空间 V 上的一个正定 Hermite 型, 如果它满足下面两个条件:

(1) 共轭对称性: $f(x, y) = \overline{f(y, x)}, \forall x, y \in V$;

(2) 正定性: $f(x, x)(x \in V)$ 是非负实数, 且 $f(x, x) = 0$ 当且仅当 $x = 0$.

带有正定 Hermite 型的复数域 $\mathbb{F}$ 上的向量空间 V, 称为一个酉空间.

例 8.22　实数域 $\mathbb{R}$ 上的 n-维向量空间 $\mathbb{R}^n$, 关于它的标准内积是一个欧氏空间; 复数域 $\mathbb{C}$ 上的 n 维向量空间 $\mathbb{C}^n$, 关于它的标准正定 Hermite 型是一个酉空间. 这里标准的含义是指按下列方式定义

$$f((a_1, \cdots, a_n), (b_1, \cdots, b_n)) = \bar{a}_1 b_1 + \cdots + \bar{a}_n b_n,$$

其中 n 维向量 $(a_1, \cdots, a_n), (b_1, \cdots, b_n)$ 同时属于实空间 $\mathbb{R}^n$ 或复空间 $\mathbb{C}^n$.

第9讲　线性变换的特征值与特征向量

本讲和第 10 讲, 要对有限维向量空间的线性变换进行深入研究. 特别是, 要讨论线性变换的矩阵的化简问题. 在整个讨论过程中, 要涉及域 $\mathbb{F}$ 上的一元多项式求根的问题. 因此, 假定域 $\mathbb{F}$ 是一个代数闭域, 以保证任何非常数多项式根的存在性.

设 V 是域 $\mathbb{F}$ 上的向量空间, 哪种线性变换是 V 的最简单的变换? 直观上看, 恒等变换、零变换、数乘变换是最简单的变换. 若线性变换 $\mathbb{A}$ 不是数乘变换, 但它在小的范围内 (某个子空间) 是数乘变换, 也可以认为它是比较简单的线性变换. 数乘变换的形式: $\mathbb{A}(v) = \lambda v$, 这里 $v \in V$(可以假定 v 是非零向量), 且 $\lambda \in \mathbb{F}$.

定义 9.1　对向量空间 V 的线性变换 $\mathbb{A}$, 满足等式 $\mathbb{A}(v) = \lambda v$ 的非零向量 $v \in V$, 称为 $\mathbb{A}$ 的特征向量, 域的元素 λ 称为 $\mathbb{A}$ 的相应于 v 的特征值.

引理 9.2　设 V 是域 $\mathbb{F}$ 上的 n-维向量空间, $v_1, \cdots, v_n$ 是 V 的一组基. $\mathbb{A}$ 是 V 的线性变换, 它在这组基下的矩阵为 A. 则 $\mathbb{A}(v) = \lambda v \Leftrightarrow A\alpha = \lambda\alpha$, 这里 α 表示向量 v 在基 $v_1, \cdots, v_n$ 下的表示系数构成的列向量.

此时, 也称 α 为向量 v 在基 $v_1, \cdots, v_n$ 下的坐标向量, 或矩阵 A 的特征向量; 也称 λ 是矩阵 A 的特征值.

证明　线性变换 $\mathbb{A}$ 在基 $v_1, \cdots, v_n$ 下的矩阵是 A, 从而有等式

$$\mathbb{A}(v_1, \cdots, v_n) = (v_1, \cdots, v_n)A.$$

令 $v = a_1 v_1 + a_2 v_2 + \cdots + a_n v_n, a_i \in \mathbb{F}, 1 \leqslant i \leqslant n$, $\alpha = (a_1, a_2, \cdots, a_n)^t$ 是 $(a_1, a_2, \cdots, a_n)$ 的转置列向量. 于是,

$$\mathbb{A}(v) = \mathbb{A}(v_1, \cdots, v_n)\alpha = (v_1, \cdots, v_n)A\alpha.$$

因此, $\mathbb{A}v = \lambda v \Leftrightarrow A\alpha = \lambda\alpha$.

注记 9.3　利用上述引理, 要求线性变换的特征值与特征向量, 只需求出满足条件 $A\alpha = \lambda\alpha$ 的 λ 与 α. 把原式变形得到矩阵等式: $(\lambda E - A)\alpha = 0$, 这里 E 是 n 阶单位矩阵. 这相当于齐次线性方程组求非零解的问题, 其系数矩阵应是不可逆的. 因此, 必有 $\det(\lambda E - A) = 0$. 根据矩阵的行列式的讨论可知, 此时, 这个线性方程组的确有非零解.

令 $f(T) = \det(TE - A) \in \mathbb{F}[T]$, 称其为矩阵 A 或线性变换 $\mathbb{A}$ 的特征多项式. 按照上述讨论的结果, $\mathbb{A}$ 的特征值 λ 要满足方程: $f(\lambda) = 0$. 即, 特征值必是特征多项式的根.

定义 9.4 如果在 n 维向量空间 V 中存在一组基, 它由线性变换 $\mathbb{A}$ 的特征向量构成, 则称线性变换 $\mathbb{A}$ 是半单的或可对角化的. 此时, 线性变换 $\mathbb{A}$ 在这组基下的矩阵是对角矩阵.

练习 9.5 设 $v_1, v_2, \cdots, v_n, w_1, w_2, \cdots, w_n$ 是向量空间 V 的两组基, $\mathbb{A}$ 是 V 的线性变换, 使得 $(v_1, v_2, \cdots, v_n) = (w_1, w_2, \cdots, w_n)X$(也称 X 是这两组基的过渡矩阵), 且有

$$\mathbb{A}(v_1, v_2, \cdots, v_n) = (v_1, v_2, \cdots, v_n)A,$$

$$\mathbb{A}(w_1, w_2, \cdots, w_n) = (w_1, w_2, \cdots, w_n)B.$$

这里 $A, B \in M_n(\mathbb{F})$. 则有等式: $B = XAX^{-1}$. 此时, 称矩阵 A, B 是相似的. 即, 线性变换在不同基下的矩阵是相似的.

练习 9.6 证明: 相似的矩阵有相同的特征多项式. 从而, 线性变换的特征多项式就是它在任意一组基下的矩阵的特征多项式. 线性变换的特征值也是它的矩阵的特征值.

定义 9.7 设 V 是域 $\mathbb{F}$ 上的 n 维向量空间, $\mathbb{A}$ 是 V 的线性变换. 取定 V 的一组基 $v_1, v_2, \cdots, v_n$, 线性变换 $\mathbb{A}$ 在这组基下的矩阵为 $A = (a_{ij}) \in M_n(\mathbb{F})$. 定义线性变换 $\mathbb{A}$ 的迹为: $\mathrm{Tr}\mathbb{A} = \sum_i a_{ii}$.

注记 9.8 上述线性变换 $\mathbb{A}$ 的迹 (也称为矩阵 A 的迹) 的定义是合理的：与基的具体选取无关. 这是因为线性变换在不同基下的矩阵是相似的, 相似的矩阵有相同的特征多项式, 而 $\mathbb{A}$ 的迹由它的特征多项式所唯一确定. 事实上, 对 n 阶矩阵 A, 有下列等式

$$\det(TE - A) = (T - x_1) \cdots (T - x_n) = a_0 + a_1 T + \cdots + a_n T^n,$$

其中 $a_n = 1, a_{n-1} = -(x_1 + \cdots + x_n) = -\mathrm{Tr}(A)$.

另外, 还可以证明: 对 $\mathbb{A}, \mathbb{B} \in \mathrm{End}V$, 有 $\mathrm{Tr}(\mathbb{A}\mathbb{B}) = \mathrm{Tr}(\mathbb{B}\mathbb{A})$.

定义 9.9 设 $\mathbb{A}$ 是 V 的线性变换, λ 是 $\mathbb{A}$ 的特征值, 定义线性变换 $\mathbb{A}$ 的特征值 λ 的特征子空间为: $V_\lambda = \{v \in V | \mathbb{A}(v) = \lambda v\}$.

引理 9.10 线性变换 $\mathbb{A}$ 的不同特征值对应的特征子空间的和是直和. 即, 属于不同特征值的特征向量是线性无关的.

证明 设有特征子空间的和

$$V_{\lambda_1} + V_{\lambda_2} + \cdots + V_{\lambda_r}, \quad \lambda_i \neq \lambda_j, \ 1 \leqslant i \neq j \leqslant s.$$

现对 s 归纳证明这是子空间的直和. 要证明和中的每个向量的分解式是唯一的, 只要证明零向量的分解式唯一. 设有 $v_1 + v_2 + \cdots + v_s = 0$, 两边作用线性变换 $\mathbb{A}$, 得到

等式 $\lambda_1 v_1 + \lambda_2 v_2 + \cdots + \lambda_s v_s = 0$. 由此推出 $(\lambda_2 - \lambda_1)v_2 + \cdots + (\lambda_s - \lambda_1)v_s = 0$. 从而, 利用归纳法原理, 可以假设 $v_2 = \cdots = v_s = 0$. 进而, 有 $v_1 = v_2 = \cdots = v_s = 0$.

定义 9.11　设 $\mathbb{A}$ 是 V 的线性变换, W 是 V 的子空间. 若 $\mathbb{A}W \subset W$, 则称 W 是 $\mathbb{A}$ 的不变子空间, 也称 $\mathbb{A}$-不变子空间.

引理 9.12　设 $\mathbb{A}$ 是 V 的线性变换. 若有 V 的两个不变子空间 W_1, W_2, 使得 $V = W_1 \oplus W_2$, 则 $\mathbb{A}$ 在某组基下的矩阵具有形式

$$\begin{pmatrix} A_1 & 0 \\ 0 & A_2 \end{pmatrix}.$$

此时, 线性变换 $\mathbb{A}$ 的特征多项式为矩阵 A_1, A_2 的特征多项式的乘积.

证明　分别取 W_1, W_2 的基, 合并得到 V 的基. 在这组基下, $\mathbb{A}$ 的矩阵形如上式. 另外, 利用练习 8.19 的结论及特征多项式的定义可以推出: 矩阵 A 的特征多项式是 A_1, A_2 的特征多项式的乘积.

例 9.13　线性变换 $\mathbb{A}$ 的任意特征子空间 V_λ 是不变子空间. 特别地, 线性变换的核 $\mathbb{A}^{-1}(0) = \{v \in V | \mathbb{A}(v) = 0\}$ 是不变子空间. 线性变换的值域 $\mathbb{A}V = \{Av | v \in V\}$ 也是不变子空间.

命题 9.14　设 V 是 $\mathbb{F}$ 上的 n 维向量空间, $\mathbb{A}$ 是 V 的线性变换, 则有等式 $\dim \mathbb{A}^{-1}(0) + \dim \mathbb{A}V = n$(线性变换的核越大, 其值域越小).

证明　取子空间 $\mathbb{A}^{-1}(0)$ 的一组基 $e_1, e_2, \cdots, e_r$, 扩充成 V 的一组基 $e_1, e_2, \cdots, e_{r+1}, \cdots, e_n$. 由定义不难看出: $\mathbb{A}e_{r+1}, \cdots, \mathbb{A}e_n$ 是 $\mathbb{A}V$ 的张成向量组. 只要再证明它是线性无关的向量组. 设 $a_{r+1}\mathbb{A}e_{r+1} + \cdots + a_n\mathbb{A}e_n = 0$, 其中 $a_{r+1}, \cdots, a_n \in \mathbb{F}$, 必有 $a_{r+1}e_{r+1} + \cdots + a_n e_n \in \mathbb{A}^{-1}(0)$. 从而有 $a_1, \cdots, a_r \in \mathbb{F}$, 使得

$$a_{r+1}e_{r+1} + \cdots + a_n e_n = a_1 e_1 + \cdots + a_r e_r.$$

由假设 $e_1, e_2, \cdots, e_{r+1}, \cdots, e_n$ 是 V 的一组基, 从而所有的系数 $a_i = 0$. 特别地, $\mathbb{A}e_{r+1}, \cdots, \mathbb{A}e_n$ 是线性无关的. 命题结论成立.

定义 9.15　设 $\mathbb{A}$ 是 n 维向量空间 V 的线性变换, $f(T) \in \mathbb{F}[T]$. 称多项式 $f(T)$ 是 $\mathbb{A}$ 的零化多项式, 如果 $f(\mathbb{A}) = 0$. 称 $\mathbb{A}$ 的次数最低的首项系数为 1 的零化多项式 $m(T)$ 为 $\mathbb{A}$ 的极小多项式.

类似地, 可以定义矩阵 $A \in M_n(\mathbb{F})$ 的零化多项式与极小多项式.

引理 9.16　术语如上, n 维向量空间 V 的线性变换 $\mathbb{A}$ 或矩阵 A 的极小多项式存在, 并且它是唯一的.

证明　只需对线性变换的情形进行证明. 考虑 V 的线性变换的全体构成的向量空间 $\mathrm{End}V$, 这是一个 n^2 维的向量空间 (它同构于矩阵空间 $M_n(\mathbb{F})$). 从而, 任何 $n^2 + 1$ 个向量必定是线性相关的. 特别地, $\mathrm{Id}_V, \mathbb{A}, \cdots, \mathbb{A}^{n^2}$ 线性相关, 必存在非零多

项式 $f(T) \in \mathbb{F}[T]$, 使得 $f(\mathbb{A}) = 0$. 即, $\mathbb{A}$ 的零化多项式存在. 由此推出 $\mathbb{A}$ 的极小多项式存在.

唯一性: 若 $f(T), g(T)$ 都是 $\mathbb{A}$ 的极小多项式, 它们的次数相等, 且首项系数均为 1. 若 $f(T) \neq g(T)$, 则 $f(T) - g(T)$ 将是一个次数更低的非零零化多项式, 这与假设相矛盾.

定义 9.17　对 $\lambda \in \mathbb{F}$, 令

$$V^\lambda = \{v \in V | (\mathbb{A} - \lambda \mathrm{Id}_V)^r v = 0, \exists r \in \mathbb{N}\}.$$

由定义不难直接验证: V^λ 是 V 的一个子空间, 也是 $\mathbb{A}$-不变子空间. 当 $V^\lambda \neq 0$ 时, 称其为线性变换 $\mathbb{A}$ 的根子空间或广义特征子空间 (这是因为有包含关系: $V_\lambda \subset V^\lambda$).

定理 9.18　设 V 是域 $\mathbb{F}$ 上的 n 维向量空间, $\mathbb{F}$ 是代数闭域, $\mathbb{A}$ 是 V 的线性变换, $f(T) \in \mathbb{F}[T]$ 是 $\mathbb{A}$ 的零化多项式, 且

$$f(T) = (T - \lambda_1)^{r_1}(T - \lambda_2)^{r_2} \cdots (T - \lambda_s)^{r_s} \in \mathbb{F}[T].$$

这里 $\lambda_1, \lambda_2, \cdots, \lambda_s$ 互不相同, $r_1, r_2, \cdots, r_s$ 是正整数. 则有 $\mathbb{A}$-不变子空间的直和分解: $V = V_1 \oplus V_2 \oplus \cdots \oplus V_s$, 其中

$$V_i = \{v \in V | (\mathbb{A} - \lambda_i \mathrm{Id}_V)^{r_i} v = 0\}.$$

从而, 线性变换 $\mathbb{A}$ 在适当基下的矩阵为 s 阶准对角矩阵.

证明　令 $f_i(T) = \dfrac{f(T)}{(T - \lambda_i)^{r_i}}, W_i = f_i(\mathbb{A})V, 1 \leqslant i \leqslant s$. 此时,

$$(\mathbb{A} - \lambda_i \mathrm{Id}_V)^{r_i} W_i = f(\mathbb{A})V = 0 \Rightarrow W_i \subset V_i, \quad i = 1, 2, \cdots, s.$$

由 $(f_1(T), f_2(T), \cdots, f_s(T)) = 1$, 存在 $u_i(T) \in \mathbb{F}[T], 1 \leqslant i \leqslant s$, 使得

$$u_1(T)f_1(T) + \cdots + u_s(T)f_s(T) = 1 \quad (\text{见练习 } 9.22).$$

从而, $\forall \alpha \in V$, 有

$$\alpha = u_1(\mathbb{A})f_1(\mathbb{A})\alpha + \cdots + u_s(\mathbb{A})f_s(\mathbb{A})\alpha \in W_1 + \cdots + W_s.$$

于是, $V = W_1 + W_2 + \cdots + W_s = V_1 + V_2 + \cdots + V_s$. 下证它们是直和, 只要证明后一个分解式是直和. 设有零向量的分解式

$$\beta_1 + \beta_2 + \cdots + \beta_s = 0, \quad \beta_i \in V_i, \forall i.$$

即, $(\mathbb{A} - \lambda_i \mathrm{Id}_V)^{r_i} \beta_i = 0, \forall i$. 必有 $f_i(\mathbb{A})\beta_j = 0, j \neq i$. 进一步推出: $f_i(\mathbb{A})\beta_i = 0$. 再由 $(f_i(T), (T - \lambda_i)^{r_i}) = 1$, 存在 $u(T), v(T) \in \mathbb{F}[T]$, 使得

$$u(T)f_i(T) + v(T)(T - \lambda_i)^{r_i} = 1.$$

因此, 有等式

$$\beta_i = u(\mathbb{A})f_i(\mathbb{A})\beta_i + v(\mathbb{A})(\mathbb{A} - \lambda_i \mathrm{Id}_V)^{r_i}\beta_i = 0, \quad \forall i.$$

推论 9.19　线性变换 $\mathbb{A}$ 的极小多项式无重根当且仅当 $\mathbb{A}$ 是可对角化的.

证明　设 $\mathbb{A}$ 的极小多项式为: $m(T) = (T - \lambda_1)(T - \lambda_2) \cdots (T - \lambda_s)$, 其中 $\lambda_i \neq \lambda_j, i \neq j$. 由上述定理可知, $V = V_1 \oplus V_2 \oplus \cdots \oplus V_s$. 此时, 广义特征子空间 $V_i = \{v \in V | (\mathbb{A} - \lambda_i \mathrm{Id}_V)(v) = 0\}$. 即, V_i 是相应于特征值 λ_i 的特征子空间. 从而, $\mathbb{A}$ 是可对角化的.

反之, 设 $\mathbb{A}$ 是可对角化的, 则有特征子空间的直和分解式

$$V = V_1 \oplus V_2 \oplus \cdots \oplus V_s,$$

V_i 是相应于特征值 λ_i 的特征子空间. 令 $m(T) = (T - \lambda_1)(T - \lambda_2) \cdots (T - \lambda_s)$. $\forall v_i \in V_i$, 有 $(\mathbb{A} - \lambda_i \mathrm{Id}_V)(v_i) = 0$. 从而有 $m(\mathbb{A})(v_i) = 0$. 即, $m(\mathbb{A}) = 0$. 因此, $\mathbb{A}$ 的极小多项式无重根.

推论 9.20　术语如上. 设 $\dim V_i = n_i$, 构造线性变换 $\mathbb{A}$ 的不变子空间

$$U_i = \{v \in V | (\mathbb{A} - \lambda_i \mathrm{Id}_V)^{n_i}(v) = 0\}.$$

则有等式: $V_i = U_i$. 即, 广义特征子空间定义中的方幂 r 是确定的.

证明　分两种情形讨论如下:

(1) 若 $r_i \leqslant n_i$, 则有 $V_i \subset U_i$. 用 $(T - \lambda_i)^{n_i}$ 去替换上述定理中相应的因子, 再应用对应的结论得到直和分解式: $V = V_1 \oplus \cdots \oplus U_i \oplus \cdots \oplus V_s$. 必有等式: $V_i = U_i$.

(2) 若 $r_i > n_i$, 则有 $U_i \subset V_i$. 设有 $\beta \in V_i$, 使得 $(\mathbb{A} - \lambda_i \mathrm{Id}_V)^{r_i}\beta = 0$, 但 $(\mathbb{A} - \lambda_i \mathrm{Id}_V)^{n_i}\beta \neq 0$. 不难验证: 下面 $n_i + 1$ 个向量线性无关

$$\beta, (\mathbb{A} - \lambda_i \mathrm{Id}_V)\beta, \cdots, (\mathbb{A} - \lambda_i \mathrm{Id}_V)^{n_i}\beta.$$

这与子空间 V_i 的维数为 n_i 的假设相矛盾, 从而必有 $V_i = U_i$.

注记 9.21　作为上述讨论的应用, 我们现在可以给出 Cayley-Hamilton 定理的一个新证明, 它不同于文献 [7] 中给出的证明方法.

设 V 是代数闭域 $\mathbb{F}$ 上的 n 维向量空间, $\mathbb{A}$ 是 V 的线性变换, 利用上述结论得到 V 到其 $\mathbb{A}$-不变子空间的直和分解式: $V = V_1 \oplus V_2 \oplus \cdots \oplus V_s$, 这里

$$V_i = \{v \in V | (\mathbb{A} - \lambda_i \mathrm{Id}_V)^{n_i}(v) = 0\}, \quad \dim V_i = n_i.$$

不难看出, 线性变换 $\mathbb{A}$ 在 V_i 上只有特征值 λ_i, 其重数为 n_i. 于是, $\mathbb{A}$ 在 V 上的特征多项式为

$$f(T) = (T - \lambda_1)^{n_1} (T - \lambda_2)^{n_2} \cdots (T - \lambda_s)^{n_s},$$

并且有等式 $f(\mathbb{A})V = 0$. 即, $f(\mathbb{A}) = 0$.

练习 9.22 设 $f_1(T), f_2(T), \cdots, f_s(T)$ 是 $\mathbb{F}[T]$ 中互素的多项式, 证明: 存在多项式 $u_i(T) \in \mathbb{F}[T], 1 \leqslant i \leqslant s$, 使得

$$u_1(T)f_1(T) + u_2(T)f_2(T) + \cdots + u_s(T)f_s(T) = 1.$$

第10讲 Jordan-Chevalley 分解

若向量空间 V 的线性变换 $\mathbb{A}$ 是半单的, V 可以表示成 $\mathbb{A}$ 的特征子空间的直和, 且 $\mathbb{A}$ 在这些特征子空间上的限制是最简单的数乘变换. 对一般的线性变换 $\mathbb{A}$, 由前面关于根子空间的讨论可知, V 也可以写成一些 $\mathbb{A}$-不变子空间的直和, 这些不变子空间具有较低的维数. 从而, 可以把高维向量空间问题的研究转化为低维向量空间情形的讨论.

在这一讲我们换个角度考虑问题: 把一个线性变换分解为两个可交换的较简单的线性变换之和. 本讲的主要结果是证明这种分解的 Jordan-Chevalley 分解式的存在性, 并讨论一些相关的内容.

在这之前, 先给出几个关于线性变换的矩阵化简的简单结论.

引理 10.1 设 $\mathbb{A}: V \to V$ 是 n 维向量空间 V 的线性变换, 则存在一组基 $v_1, v_2, \cdots, v_n$, 使得 $\mathbb{A}$ 在这组基下的矩阵是一个上三角矩阵 (对角线以下全为零的矩阵). 从而, $\mathbb{A}$ 可以分解为 $\mathbb{A}_1 + \mathbb{A}_2$, 其中 $\mathbb{A}_1$ 是半单的 (对应于对角矩阵); $\mathbb{A}_2$ 是幂零的 (对应于严格上三角矩阵: 对角线上元素全为零的上三角矩阵).

证明 对向量空间的维数 n 归纳. 当 $n = 1$ 时, 结论自然成立. 假设对维数 $n-1$ 的情形结论成立, 现证明 n 的情形. $\mathbb{A}$ 的特征多项式是代数闭域 $\mathbb{F}$ 上的 n 次多项式, 必有根 λ. 即, $\mathbb{A}$ 有特征值 λ 及相应的特征向量 v_1. 令 $W = V/V_1$, 其中 $V_1 = \mathbb{F}v_1$ 是一维向量空间.

设线性变换 $\mathbb{A}$ 在 W 上诱导的线性变换为 $\mathbb{B}: W \to W, [v] \to [\mathbb{A}v]$. 但是, 商空间 W 的维数为 $n-1$, 由归纳假设, 必存在 W 的一组基 $[v_2], \cdots, [v_n]$, 使得 $\mathbb{B}$ 在这组基下的矩阵 $B = (b_{ij}; 2 \leqslant i, j \leqslant n)$ 是上三角矩阵. 由等式

$$\mathbb{B}([v_2], \cdots, [v_n]) = ([v_2], \cdots, [v_n])B$$

推出: $\mathbb{B}[v_i] = b_{2i}[v_2] + \cdots + b_{ii}[v_i]$. 即, $\mathbb{A}(v_i) = b_{1i}v_1 + b_{2i}v_2 + \cdots + b_{ii}v_i$, 这里 $b_{1i} \in \mathbb{F}$. 于是, 线性变换 $\mathbb{A}$ 在基 $v_1, v_2, \cdots, v_n$ 下的矩阵是上三角矩阵.

通过把上三角矩阵分解为一个对角矩阵与一个严格上三角矩阵的和, 相应的线性变换的分解满足引理的要求.

定义 10.2 称线性变换 $\mathbb{A}: V \to V$ 是幂零的, 如果存在自然数 r, 使得 $\mathbb{A}^r = 0$. 类似地, 可以定义 n 阶矩阵 $A \in M_n(\mathbb{F})$ 的幂零性.

练习 10.3 设 $\mathbb{A}$ 是有限维向量空间 V 的线性变换. 证明: $\mathbb{A}$ 是幂零的当且仅当 $\forall v \in V$, 必存在自然数 r, 使得 $\mathbb{A}^r(v) = 0$.

注记 10.4 对无限维的向量空间, 上述练习的结论一般不成立. 例如, 设 $V = \mathbb{F}[x]$ 是域 $\mathbb{F}$ 上的一元多项式空间, $D = \dfrac{d}{dx} : V \to V$ 是对多项式求形式导数的映射: 对 $f(x) = a_0 + a_1 x + \cdots + a_n x^n$, 定义

$$D(f(x)) = a_1 + 2a_2 x + \cdots + n a_n x^{n-1}.$$

由上述定义, 可以直接验证下列结论:

(1) D 是一个线性变换;

(2) 对 n 次多项式 $f(x)$, 有 $D^{n+1}(f(x)) = 0$;

(3) D 不是 V 的幂零的线性变换;

(4) D 满足导数规则: $D(f(x)g(x)) = D(f(x))g(x) + f(x)D(g(x))$.

引理 10.5 设 $\mathbb{A} : V \to V$ 是 n-维向量空间 V 的幂零的线性变换, 则存在一组基 $v_1, v_2, \cdots, v_n$, 使得 $\mathbb{A}$ 在这组基下的矩阵是一个严格上三角矩阵.

证明 证法 1: 模仿上述引理的证明.

证法 2: 利用上述引理的结果, 得到向量空间 V 的一组基 $v_1, v_2, \cdots, v_n$, 使得 $\mathbb{A}$ 在这组基下的矩阵是一个上三角矩阵. 只要说明: 这个上三角矩阵的对角线上的元素全为零. 不难看出: 上三角矩阵的对角线上的元素为该矩阵的特征值. 只需验证: 幂零矩阵的特征值全为零 (读者练习).

引理 10.6 半单的线性变换限制在它的不变子空间上, 还是半单的.

证明 设 $\mathbb{A}$ 是 n-维向量空间 V 的半单的线性变换, W 是 $\mathbb{A}$-不变子空间. 要证明 $\mathbb{A}$ 在 W 上的限制 $\mathbb{A}|_W : W \to W$ 是 W 的半单的线性变换. 取 W 的一组基 $e_1, \cdots, e_r$, 扩充成 V 的一组基 $e_1, \cdots, e_r, e_{r+1}, \cdots, e_n$. 则有

$$\mathbb{A}(e_1, \cdots, e_n) = (e_1, \cdots, e_n)A.$$

这里 A 是 n 阶矩阵, 它有下列分块形式

$$\begin{pmatrix} A_1 & B \\ 0 & A_2 \end{pmatrix},$$

其中 A_1 是 r 阶矩阵, 它是线性变换 $\mathbb{A}|_W$ 在基 $e_1, \cdots, e_r$ 下的矩阵.

对任意多项式 $f(T) \in \mathbb{F}[T]$, 通过初等的演算可以证明 $f(A)$ 形如下式

$$\begin{pmatrix} f(A_1) & C \\ 0 & f(A_2) \end{pmatrix},$$

其中 C 是某个 $r \times (n-r)$ 矩阵. 特别地, 由 $f(A) = 0$, 必有 $f(A_1) = 0$.

因为 $\mathbb{A}$ 是半单的线性变换, 它的极小多项式 $m(T)$ 无重根. 利用上一段讨论的结论, $m(T)$ 是 $\mathbb{A}|_W$ 的零化多项式. 因此, $\mathbb{A}|_W$ 的极小多项式也无重根. 即, 线性变换 $\mathbb{A}|_W$ 也是半单的.

引理 10.7　设 V 是域 $\mathbb{F}$ 上的有限维向量空间, 则 V 的两个可交换的半单线性变换的和、差与乘积都是半单的.

证明　只需证明: 对两个可交换的半单的线性变换 $\mathbb{A}, \mathbb{B}$, 必存在 V 的一组基, 使得 $\mathbb{A}, \mathbb{B}$ 在这组基下的矩阵都是对角矩阵. 假设 V 有如下 $\mathbb{A}$ 的特征子空间的直和分解

$$V = V_{\lambda_1} \oplus \cdots \oplus V_{\lambda_s},$$

其中 $\lambda_1, \cdots, \lambda_s$ 是互不相同的特征值. 利用 $\mathbb{A}, \mathbb{B}$ 的可换性可以推出, 每个 V_{λ_i} 都是 $\mathbb{B}$ 的不变子空间. 由上述引理, $\mathbb{B}$ 在这些不变子空间上的限制还是半单的线性变换. 因此, 每个这种不变子空间上都可以取到由 $\mathbb{B}$ 的特征向量构成的基, 合并所有这些基得到整个空间 V 的基, 它满足引理的要求.

练习 10.8　设 V 是域 $\mathbb{F}$ 上的有限维向量空间, 则 V 的两个可交换的幂零线性变换的和、差与乘积都是幂零的.

定理 10.9　设 V 是域 $\mathbb{F}$ 上的 n-维向量空间, $x \in \mathrm{End}V$.

(1) 存在唯一的元素 $x_s, x_n \in \mathrm{End}V$, 使得 $x = x_s + x_n, x_s x_n = x_n x_s$, 且 x_s 是半单的, x_n 是幂零的;

(2) 存在常数项为零的多项式 $p(T), q(T) \in \mathbb{F}[T]$, 使得 $x_s = p(x), x_n = q(x)$. 特别地, x_s, x_n 与所有同 x 可交换的线性变换可交换.

称 $x = x_s + x_n$ 为 x 的 (加性)Jordan-Chevalley 分解, x_s 为 x 的半单部分, x_n 为 x 的幂零部分.

证明　设 x 的特征多项式为 $f(T)$, 它有如下分解式

$$f(T) = (T - a_1)^{n_1}(T - a_2)^{n_2} \cdots (T - a_s)^{n_s}.$$

这里 $a_1, a_2, \cdots, a_s$ 是互不相同的特征值, $n_1, n_2, \cdots, n_s$ 为相应的重数. 由 Cayley-Hamilton 定理可知, $f(T)$ 是线性变换 x 的零化多项式. 从而, 可以利用定理 9.18 的结论, 得到 V 的直和分解式

$$V = V_1 \oplus V_2 \oplus \cdots \oplus V_s.$$

这里 $V_i = \mathrm{Ker}(x - a_i 1)^{n_i}$, 且 $x(V_i) \subset V_i, 1 \leqslant i \leqslant s$. 令 $I_i = ((T - a_i)^{n_i})$ 为由多项式 $(T - a_i)^{n_i}$ 生成的 $\mathbb{F}[T]$ 的主理想, 不难看出: I_i 是两两互素的理想, $1 \leqslant i \leqslant s$. 即, $I_i + I_j = \mathbb{F}[T], i \neq j$. 再令 $I_0 = (T)$(当所有特征值非零时, 否则不需要 I_0). 由中国剩余定理, 存在环的满同态

$$\theta : \mathbb{F}[T] \to \mathbb{F}[T]/I_0 \times \cdots \times \mathbb{F}[T]/I_s, \quad h(T) \to ([h(T)], \cdots, [h(T)]).$$

从而有 $p(T)$, 使得 $\theta(p(T)) = ([0], [a_1], \cdots, [a_s])$. 即, $p(T) \equiv 0 (\operatorname{mod} T), p(T) \equiv a_i (\operatorname{mod}$ $(T - a_i)^{n_i}), 1 \leqslant i \leqslant s$. 令 $q(T) = T - p(T)$, 则 $p(T), q(T)$ 是常数项为零的多项式. 定义 $x_s = p(x), x_n = q(x)$, 于是有 $x = x_s + x_n$.

断言. $x = x_s + x_n$ 满足定理的要求.

事实上, 由 $x(V_i) \subset V_i$, 且 x_s, x_n 都是关于 x 的常数项为零的多项式, 有 $x_s(V_i) \subset V_i, x_n(V_i) \subset V_i$. 由于, $V = V_1 \oplus V_2 \oplus \cdots \oplus V_s$, 只要证明: x_s, x_n 限制在 V_i 上分别是半单与幂零的. 此时, 有等式

$$x_s - a_i 1 = p(x) - a_i 1 = u(x)(x - a_i 1)^{n_i}, \quad \exists u(T) \in \mathbb{F}[T].$$

由此推出: $x_s - a_i 1$ 在 V_i 上恒为零. 即, x_s 在 V_i 上的限制是用 a_i 做数乘变换. 而 $x_n|_{V_i} = x|_{V_i} - x_s|_{V_i} = (x - a_i 1)_{V_i}$, 即, x_n 是幂零的.

唯一性: 若还有 $x = s + n$ 满足 (1) 中的条件, 由上述引理及练习可知, 线性变换 $x_s - s = n - x_n$ 既是半单的又是幂零的, 必有 $x_s = s, x_n = n$.

推论 10.10 设 V 是域 $\mathbb{F}$ 上的 n-维向量空间, $x \in \operatorname{End} V$ 是可逆的线性变换. 则存在唯一的元素 $x_s, x_u \in \operatorname{End} V$, 使得 $x = x_s \cdot x_u, x_s x_u = x_u x_s$, 且 x_s 是半单的, $x_u - 1$ 是幂零的.

称 $x = x_s \cdot x_u$ 为 x 的 (乘性)Jordan-Chevalley 分解, x_s 为 x 的半单部分, x_u 为 x 的幂幺部分.

证明 设 $x = x_s + x_n$ 是 x 的 (加性)Jordan-Chevalley 分解. 令 $x_u = (1 + x_s^{-1} x_n)$, 则 $x_u - 1 = x_s^{-1} x_n$ 是幂零的. 此时, $x = x_s \cdot x_u$ 满足要求.

注记 10.11 用 $\operatorname{GL}(V) \subset \operatorname{End} V$ 表示向量空间 V 的所有可逆线性变换的全体, 关于线性变换的合成运算, 它构成一个群. 当 V 是 n 维向量空间时, $\operatorname{GL}(V)$ 同构于所有 n 阶可逆矩阵构成的群 $\operatorname{GL}_n(\mathbb{F}) \subset M_n(\mathbb{F})$, 这个群也称为一般线性群. 因此, 上述乘性 Jordan-Chevalley 分解是群 $\operatorname{GL}(V)$ 中元素的分解式.

$\operatorname{GL}(V)$ 中所有行列式为 1 的矩阵, 构成它的一个子群, 称为特殊线性群, 记为 $\operatorname{SL}(V)$. 一般线性群与特殊线性群都是线性代数群的重要例子, 它们在线性代数群的研究中起着基本的作用. 在第 21 讲, 我们将说明一般线性群 $\operatorname{GL}(V)$ 与特殊线性群 $\operatorname{SL}(V)$ 符合线性代数群的定义. 关于线性代数群的详细讨论, 见参考文献 [8, 9].

根据定义, 一个半单的线性变换在向量空间上的作用 "局部" 是数乘变换. 前面的引理 10.7 讨论了两个可换的半单线性变换的情形, 其结论是它们可以同时对角化. 下面的命题是更一般的形式, 两两可换的半单线性变换构成的子空间也可以同时对角化. 这个结论在李代数的结构与表示理论的研究中都起着非常基本的作用.

命题 10.12 (权空间分解) 设 V 是域 $\mathbb{F}$ 上的 n 维向量空间, H 是线性变换空间 $\operatorname{End} V$ 的子空间, 它由 V 的两两可交换的可对角化的线性变换构成. 则 V 可

以分解成一些 H-不变子空间 V_λ 的直和 (当 $V_\lambda \neq 0$ 时, 称其为关于 H 的权空间)

$$V = \bigoplus_{\lambda \in H^*} V_\lambda, \quad V_\lambda = \{v \in V | h(v) = \lambda(h)v, \forall h \in H\}.$$

证明　对本命题的结论, 分三步进行证明如下:

(1) 有限维向量空间 H 的有限个真子空间 H_i 的并是 H 的真子集. 反证: 利用归纳法, 不妨假设可以取到向量 $h_1 \in H_1 - \bigcup_{i \neq 1} H_i, h_2 \in H_2 - \bigcup_{i \neq 2} H_i$. 此时 h_1, h_2 线性无关. 由于 $\mathbb{F}$ 是代数闭域, 它是无限域, 必存在 $a \neq b \in \mathbb{F}$, 使得 $h_1 + ah_2, h_1 + bh_2$ 属于同一个子空间 H_i, 且 $i \neq 2, i \neq 1$. 从而推出, $(a - b)h_2 \in H_i$, 矛盾.

(2) H 上的有限个两两不同的线性函数在 H 的某一点取两两不同的值. 设 $\lambda_1, \lambda_2, \cdots, \lambda_r \in H^*$ 是两两不同的线性函数. 令 $H_{ij} = \mathrm{Ker}(\lambda_i - \lambda_j), i \neq j$, 它们是 H 的真子空间. 从而由 (1) 可知, $H - \bigcup_{i,j} H_{ij} \neq \varnothing$. 取其中的非零元素 h, 则有 $\lambda_i(h) \neq \lambda_j(h), i \neq j$.

(3) 对子空间 H 的维数归纳. 当 $\dim H = 1$ 时, 不妨设 $H = \mathbb{F}\mathbb{A}$. 由半单线性变换的定义, 向量空间 V 是 $\mathbb{A}$ 的特征子空间的直和

$$V = V_{a_1} \oplus \cdots \oplus V_{a_s}.$$

其中 $a_1, \cdots, a_s$ 是互不相同的特征值. 定义线性函数 $\lambda_i : H \to \mathbb{F}$, 使得 $\lambda_i(\mathbb{A}) = a_i, 1 \leqslant i \leqslant s$. 不难验证: $V_{\lambda_i} = V_{a_i}$. 即, 此时命题结论成立.

设 $\dim H > 1$. 令 $H = \mathbb{F}\mathbb{A} \oplus H_1$ 是子空间 H 的直和分解式, 这里线性变换 $\mathbb{A} \in H$ 是非零的、半单的, H_1 是 H 的子空间. 不妨假定关于线性变换 $\mathbb{A}$, 向量空间 V 有如上的直和分解式. 利用可换性条件容易证明: 所有上述特征子空间都是 H_1-不变的.

但 $\dim H_1 = \dim H - 1$, 由归纳假定, H_1 在所有这些特征子空间上都可以同时对角化. 因此, H 在整个空间 V 上可以同时对角化. 由此可以得到向量空间 V 的分解式

$$V = \sum_{\lambda \in H^*} V_\lambda.$$

再利用 (2) 的结果, 并按照类似于引理 9.10 的证明方法可以证明: 这是一个子空间的直和分解式.

第11讲　向量空间的典范构造

本讲中的向量空间是指一般域 $\mathbb{F}$ 上的向量空间 (不再要求 $\mathbb{F}$ 是代数闭域, 也不假定向量空间的维数有限, 除非特别说明). 将主要讨论向量空间的直和、直积, 以及向量空间张量积的概念与性质, 这些基本的构造方法在以后的代数学研究中起着非常重要的作用.

定义 11.1　设 $\mathbb{F}$ 是给定的域, $\{V_i, i \in I\}$ 是 $\mathbb{F}$ 上的一些向量空间, 定义新的集合: $\bigoplus_{i \in I} V_i = \{$有限和式 $\sum_{i \in I} x_i | x_i \in V_i, \forall i \in I\}$, 其中的元素可以看成是形式表达式. 即, 两个元素相等可以描述如下

$$\sum_{i \in I} x_i = \sum_{i \in I} y_i \Leftrightarrow x_i = y_i, \quad \forall i \in I, x_i, y_i \in V_i.$$

定义集合 $\bigoplus_{i \in I} V_i$ 中的加法与数乘运算

$$\sum_{i \in I} x_i + \sum_{i \in I} y_i = \sum_{i \in I} (x_i + y_i);$$

$$a \sum_{i \in I} x_i = \sum_{i \in I} a x_i, \quad \forall a \in \mathbb{F}.$$

即, 两个元素相加定义为其对应分量相加; 数乘乘到它的每个分量. 不难看出: $\bigoplus_{i \in I} V_i$ 也是一个向量空间, 称其为向量空间 $V_i (i \in I)$ 的直和.

向量空间 $\{V_i, i \in I\}$ 的直积定义为集合: $\prod_{i \in I} V_i = \{(x_i)_{i \in I} | x_i \in V_i, \forall i\}$, 并带有加法与数乘运算, 这两个运算的定义方式同直和的情形完全一样. 称向量空间 $\prod_{i \in I} V_i$ 为向量空间 $V_i (i \in I)$ 的直积.

注记 11.2　当 I 是有限指标集时, 直和与直积可以等同起来 (同构意义下). 例如, 对 $I = \{1, 2\}, V_1 \oplus V_2 \simeq V_1 \times V_2, v_1 + v_2 \to (v_1, v_2)$. 直和中的向量写成形式表达式的方式, 使得每个向量空间 V_i 都可以看成直和空间的子空间, 这种观点在讨论复杂问题时, 非常方便.

注记 11.3　把域 $\mathbb{F}$ 看成它本身上的一维向量空间, 向量空间 $\mathbb{F}^n$ 可以看成 n 个一维向量空间的直和: $\mathbb{F}^n = \mathbb{F} \oplus \mathbb{F} \oplus \cdots \oplus \mathbb{F}$. 域 $\mathbb{F}$ 上的任何 n 维向量空间都可以看成 n 个一维向量空间的直和: 取定 V 的一组基 $v_1, v_2, \cdots, v_n$, 令 $V_1 = \mathbb{F} v_1, V_2 = \mathbb{F} v_2, \cdots, V_n = \mathbb{F} v_n$, 它们是由基元素 v_i 张成的一维子空间. 这时, 有下列向量空间的同构映射

$$V \to V_1 \oplus V_2 \oplus \cdots \oplus V_n, \quad \sum_i a_i v_i \to \sum_i a_i v_i, \quad a_i \in \mathbb{F}, \forall i.$$

由此推出: 域 $\mathbb{F}$ 上的任何两个 n 维向量空间都是同构的. 反之, 同构的向量空间必有相同的维数. 因此, 两个向量空间同构当且仅当它们维数相同.

域上的向量空间是一种非常简单的代数结构, 构造一般的向量空间也非常容易: 任意给定一个集合 X, 都可以构造域 $\mathbb{F}$ 上的一个向量空间 $V(X)$, 使得集合 X 成为向量空间 $V(X)$ 的一组基. 要做到这一点, 只需考虑由 X 中的元素 “张成” 的形式表达式: 有限和 $\sum_i a_i x_i, a_i \in \mathbb{F}, x_i \in X$, 并定义自然的加法与数乘运算即可.

定义两个向量空间之间的线性映射也很容易: 先取定一组基, 定义基中元素的像元素, 再做线性扩充即可.

本讲要讨论的典范构造是指在给定向量空间的基础上, 构造新的向量空间, 这种新的向量空间和原来的空间有一些自然的内在联系, 就像上面定义的向量空间的直和与直积那样.

下面给出另一种比较复杂的典范构造: 向量空间的张量积.

注记 11.4　我们曾经给出向量空间的多线性映射的定义.

设 $V_1, V_2, \cdots, V_m, W$ 是域 $\mathbb{F}$ 上的 $m + 1$ 个向量空间, 称一个 m-元的映射 $f : V_1 \times V_2 \times \cdots \times V_m \to W$ 是 m-线性映射, 如果 f 关于每个分量都是线性映射. 即, $\forall x_i, y_i \in V_i, i = 1, 2, \cdots, m, \forall a \in \mathbb{F}$, 均有

$$f(x_1, \cdots, x_i + y_i, \cdots, x_m)$$
$$= f(x_1, \cdots, x_i, \cdots, x_m) + f(x_1, \cdots, y_i, \cdots, x_m),$$

$$f(x_1, \cdots, ax_i, \cdots, x_m) = af(x_1, \cdots, x_i, \cdots, x_m).$$

定义 11.5　术语如上, 设有域 $\mathbb{F}$ 上的向量空间 $V_1, V_2, \cdots, V_m, T$ 及 m-线性映射 $t : V_1 \times V_2 \times \cdots \times V_m \to T$, 并满足下列泛性质, 则称二元对 (T, t) 或 T 为向量空间 $V_1, V_2, \cdots, V_m$ 的张量积:

对任意的向量空间 W 及 m-线性映射 $f : V_1 \times V_2 \times \cdots \times V_m \to W$, 必存在唯一的线性映射 $\tilde{f} : T \to W$, 使得 $\tilde{f} \cdot t = f$.

引理 11.6　对域 $\mathbb{F}$ 上的任意向量空间 $V_1, V_2, \cdots, V_m$, 其张量积空间必定存在, 并且在同构的意义下它是唯一的.

证明　存在性: 构造域 $\mathbb{F}$ 上的向量空间 M, 它以下列集合为基

$$\{(x_1, \cdots, x_m) | x_i \in V_i, 1 \leqslant i \leqslant m\}.$$

定义向量空间 M 的子空间 N, 它由下列元素的所有可能的线性组合构成 (即, 它们是子空间 N 的张成元集)

$$(x_1, \cdots, x_i + y_i, \cdots, x_m) - (x_1, \cdots, x_i, \cdots, x_m) - (x_1, \cdots, y_i, \cdots, x_m),$$

$$(x_1, \cdots, ax_i, \cdots, x_m) - a(x_1, \cdots, x_i, \cdots, x_m).$$

这里 $x_i, y_i \in V_i, 1 \leqslant i \leqslant m, a \in \mathbb{F}$.

构造商向量空间 $T = M/N$, 并定义 m-线性映射 $t : V_1 \times \cdots \times V_m \to T$, 使得 $t(x_1, \cdots, x_m) = [(x_1, \cdots, x_m)]$, 这里 $x_i \in V_i, 1 \leqslant i \leqslant m$. 下面验证: 二元对 (T, t) 就是向量空间 $V_1, \cdots, V_m$ 的张量积.

首先, 由子空间 N 的定义不难看出: t 是 m-线性映射.

另外, 对任意向量空间 W 及 m-线性映射 $f : V_1 \times \cdots \times V_m \to W$. 构造线性映射 $\bar{f} : M \to W$, 使得 $\bar{f}(v_1, \cdots, v_m) = f(v_1, \cdots, v_m), v_i \in V_i, \forall i$. 由条件 f 是 m-线性映射, 必有 $N \subset \mathrm{Ker}\bar{f}$. 再应用同态基本定理, 得到线性映射 $\tilde{f} : M/N \to W$, 使得 $\tilde{f}t = f$.

最后, 此式也说明线性映射 $\tilde{f}$ 在单项式张成元 $[(v_1, \cdots, v_m)]$ 上的值由 f 所唯一确定. 因此, 满足该等式的线性映射 $\tilde{f}$ 是唯一的.

唯一性: 若还有二元对 (T_1, t_1) 也满足泛性质的要求, 根据张量积的泛性质, 存在线性映射 $\varphi : T \to T_1$, 使得 $\varphi \circ t = t_1$; 存在线性映射 $\psi : T_1 \to T$, 使得 $\psi \circ t_1 = t$. 此时, 得到下列两个等式

$$\psi \circ \varphi \circ t = t, \quad \varphi \circ \psi \circ t_1 = t_1.$$

再次利用张量积的泛性质, 得到 $\varphi \circ \psi = \mathrm{id}_{T_1}, \psi \circ \varphi = \mathrm{id}_T$. 即, $T \simeq T_1$.

注记 11.7　　按照标准的术语, 上述张量积空间 T 记为 $V_1 \otimes \cdots \otimes V_m$, 多线性映射 t 记为 $\otimes$. 向量 $\otimes(x_1, \cdots, x_m)$ 记为 $x_1 \otimes \cdots \otimes x_m$. 另外, 由张量积的构造过程不难看出, 向量空间 $V_1 \otimes \cdots \otimes V_m$ 由所有形如 $x_1 \otimes \cdots \otimes x_m$ 的单项式向量所张成.

引理 11.8　　存在向量空间的典范同构

$$V_1 \otimes V_2 \otimes V_3 \simeq (V_1 \otimes V_2) \otimes V_3 \simeq V_1 \otimes (V_2 \otimes V_3),$$

$$V_1 \otimes V_2 \simeq V_2 \otimes V_1,$$

$$\mathbb{F} \otimes V \simeq V \otimes \mathbb{F} \simeq V.$$

即, 向量空间的张量积运算满足结合律、交换律、有单位元 (同构意义下).

证明　　只证明同构式: $V_1 \otimes V_2 \otimes V_3 \simeq (V_1 \otimes V_2) \otimes V_3$, 另外的几个式子可以类似证明. 首先, 定义 3-线性映射 φ 如下

$$\varphi : V_1 \times V_2 \times V_3 \to (V_1 \otimes V_2) \otimes V_3,$$

$$(x_1, x_2, x_3) \to (x_1 \otimes x_2) \otimes x_3.$$

这里 $x_i \in V_i, 1 \leqslant i \leqslant 3$(下同). 从而, 由张量积的泛性质, 存在线性映射

$$\tilde{\varphi} : V_1 \otimes V_2 \otimes V_3 \to (V_1 \otimes V_2) \otimes V_3,$$

$$x_1 \otimes x_2 \otimes x_3 \to (x_1 \otimes x_2) \otimes x_3.$$

下面证明: 必存在线性映射 $\tilde{\psi} : (V_1 \otimes V_2) \otimes V_3 \to V_1 \otimes V_2 \otimes V_3$, 使得 $\tilde{\psi}((x_1 \otimes x_2) \otimes x_3) = x_1 \otimes x_2 \otimes x_3$. 即, $\tilde{\varphi}$ 与 $\tilde{\psi}$ 是互逆的线性映射. 从而映射 $\tilde{\varphi}$ 是线性同构, 结论成立.

取定向量 $z \in V_3$, 考虑带参数 z 的映射 $\varphi_z : V_1 \times V_2 \to V_1 \otimes V_2 \otimes V_3$, 使得 $\varphi_z(x_1, x_2) = x_1 \otimes x_2 \otimes z$. 易知, φ_z 是双线性映射. 从而有线性映射

$$\tilde{\varphi}_z : V_1 \otimes V_2 \to V_1 \otimes V_2 \otimes V_3, \quad \varphi_z(x_1 \otimes x_2) = x_1 \otimes x_2 \otimes z.$$

定义双线性映射 $\psi : (V_1 \otimes V_2) \times V_3 \to V_1 \otimes V_2 \otimes V_3$, 使得

$$\psi(\alpha, z) = \tilde{\varphi}_z(\alpha), \quad \forall \alpha \in V_1 \otimes V_2, \forall z \in V_3.$$

不难验证: ψ 是合理定义的. 再利用张量积的泛性质, 必存在线性映射

$$\tilde{\psi} : (V_1 \otimes V_2) \otimes V_3 \to V_1 \otimes V_2 \otimes V_3,$$

使得, $\tilde{\psi}((x_1 \otimes x_2) \otimes x_3) = x_1 \otimes x_2 \otimes x_3$. 即, 它满足要求.

练习 11.9　验证上述引理中的其他典范同构映射的存在性.

推论 11.10　设有 $\mathbb{F}$ 上的向量空间 $V_1, \cdots, V_m, \cdots, V_{m+n}$, 则有典范同构

$$(V_1 \otimes \cdots \otimes V_m) \otimes (V_{m+1} \otimes \cdots \otimes V_{m+n}) \simeq V_1 \otimes \cdots \otimes V_{m+n}.$$

证明　若 $n = 1$ 或 $m = 1$, 利用上述引理中的证明方法, 可以说明推论的结论成立. 一般情况, 可对 $m + n$ 归纳进行证明如下

$$(V_1 \otimes \cdots \otimes V_m) \otimes (V_{m+1} \otimes \cdots \otimes V_{m+n})$$
$$\simeq (V_1 \otimes (V_2 \otimes \cdots \otimes V_m)) \otimes (V_{m+1} \otimes \cdots \otimes V_{m+n})$$
$$\simeq V_1 \otimes ((V_2 \otimes \cdots \otimes V_m) \otimes (V_{m+1} \otimes \cdots \otimes V_{m+n}))$$
$$\simeq V_1 \otimes (V_2 \otimes \cdots \otimes V_m \otimes V_{m+1} \otimes \cdots \otimes V_{m+n})$$
$$\simeq V_1 \otimes \cdots \otimes V_{m+n}.$$

命题 11.11　设 $f_1 : V_1 \to W_1, f_2 : V_2 \to W_2$ 是相应的向量空间之间的线性映射, 则有线性映射 $f_1 \otimes f_2 : V_1 \otimes V_2 \to W_1 \otimes W_2$, 使得

$$(f_1 \otimes f_2)(x_1 \otimes x_2) = f_1(x_1) \otimes f_2(x_2), \quad \forall x_1 \in V_1, \ \forall x_2 \in V_2.$$

此时, 称线性映射 $f_1 \otimes f_2$ 为线性映射 f_1, f_2 的张量积.

证明 定义映射 $\varphi : V_1 \times V_2 \to W_1 \otimes W_2, (x_1, x_2) \to f_1(x_1) \otimes f_2(x_2)$. 由于 f_1, f_2 都是线性映射, 从而 φ 是双线性映射. 再利用张量积的泛性质, 必存在线性映射 $f_1 \otimes f_2 : V_1 \otimes V_2 \to W_1 \otimes W_2$, 使得

$$(f_1 \otimes f_2)(x_1 \otimes x_2) = f_1(x_1) \otimes f_2(x_2), \quad \forall x_1 \in V_1, \forall x_2 \in V_2.$$

即, 命题的结论成立.

推论 11.12 设 $\{v_i; i \in I\}$ 是向量空间 V 的一组基, $\{w_j; j \in J\}$ 是向量空间 W 的一组基, 则 $\{v_i \otimes w_j; i \in I, j \in J\}$ 是张量积空间 $V \otimes W$ 的一组基.

特别地, 当 V, W 都是域 $\mathbb{F}$ 上的有限维向量空间时, 张量积空间 $V \otimes W$ 也是有限维的, 并且有下列维数公式

$$\dim(V \otimes W) = \dim V \cdot \dim W.$$

证明 由张量积映射 $\otimes$ 的双线性性, $V \otimes W$ 中的任何向量都可以写成

$$\{v_i \otimes w_j; i \in I, j \in J\}$$

中元素的线性组合的形式. 即, 它们构成张量积空间 $V \otimes W$ 的张成向量组. 下面证明: 向量组 $\{v_i \otimes w_j; i \in I, j \in J\}$ 是线性无关的.

假设 $\sum_{ij} a_{ij} v_i \otimes w_j = 0, a_{ij} \in \mathbb{F}$. 令 $\{v^i; i \in I\}$ 是对偶空间 V^* 中的与 $\{v_i; i \in I\}$ 对应的线性函数集合. 即, $v^i(v_j) = \delta_{ij}, \forall i, j \in I$(当 V 的维数有限时, 它们构成向量空间 V^* 对偶基, 见第 7 讲关于对偶空间的讨论). 类似地, 定义对偶空间 W^* 中的线性函数的集合 $\{w^j; j \in J\}$.

考虑线性函数的张量积 $v^k \otimes w^l$, 并利用上述命题, 不难看出,

$$0 = (v^k \otimes w^l) \sum_{ij} a_{ij} v_i \otimes w_j = a_{kl}, \quad \forall k, l.$$

因此, 向量组 $\{v_i \otimes w_j; i \in I, j \in J\}$ 构成向量空间 $V \otimes W$ 的一组基.

注记 11.13 域 $\mathbb{F}$ 上的向量空间的张量积与直和运算满足下列的分配律

$$(\oplus_{i \in I} V_i) \otimes W \simeq \oplus_{i \in I}(V_i \otimes W),$$

$$W \otimes (\oplus_{i \in I} V_i) \simeq \oplus_{i \in I}(W \otimes V_i).$$

利用这两个典范同构, 也可以推出上述推论中的结论 (读者练习).

进一步, 这个分配律还具有更一般的形式, 它在一般有单位元的环模的情形也是成立的, 详见第 19 讲的内容及练习 19.18.

命题 11.14　设 V, W 是域 $\mathbb{F}$ 上的有限维向量空间, W^* 是 W 的对偶空间, $\mathrm{Hom}_{\mathbb{F}}(W, V)$ 是线性映射空间, 则有典范同构映射

$$\theta : V \otimes W^* \to \mathrm{Hom}_{\mathbb{F}}(W, V), \quad v \otimes f \to \theta(v \otimes f),$$

其中 $\theta(v \otimes f)(w) = f(w)v, \forall v \in V, \forall f \in W^*, \forall w \in W$.

特别地, 对域 $\mathbb{F}$ 上的有限维向量空间 V, 有典范同构 $V \otimes V^* \simeq \mathrm{End}V$.

证明　定义如下映射

$$\tau : V \times W^* \to \mathrm{Hom}_{\mathbb{F}}(W, V), \quad \tau(v, f)(w) = f(w)v,$$

其中 $v \in V, f \in W^*, w \in W$. 由定义不难看出, $\tau(v, f) \in \mathrm{Hom}_{\mathbb{F}}(W, V)$, 并且 τ 是双线性映射. 从而, 有线性映射 $\theta : V \otimes W^* \to \mathrm{Hom}_{\mathbb{F}}(W, V)$ 使得 $\theta(v \otimes f)(w) = f(w)v, \forall v \in V, w \in W, f \in W^*$.

设 $\dim V = n, \dim W = m$, 取 V 的一组基 $v_1, \cdots, v_n$, W 的一组基 $w_1, \cdots, w_m$ 及 W^* 中的对偶基 $w^1, \cdots, w^m$. 于是有

$$\theta(v_i \otimes w^j)(w_k) = w^j(w_k)v_i = \delta_{jk}v_i = E_{ij}(w_k),$$

这里 $E_{ij} : W \to V$ 是线性映射, 它在基上这样定义: $E_{ij}(w_k) = \delta_{jk}v_i, \forall k$. 从而有等式, $\theta(v_i \otimes w^j) = E_{ij}, \forall i, \forall j$.

最后, 由引理 7.1 的证明过程可知, $\{E_{ij}; 1 \leqslant i \leqslant n, 1 \leqslant j \leqslant m\}$ 是向量空间 $\mathrm{Hom}_{\mathbb{F}}(W, V)$ 的一组基. 于是, 线性映射 τ 把向量空间的张成向量组映到向量空间的一组基, 它必是线性同构映射. 命题结论成立.

练习 11.15　设 V, W 是域 $\mathbb{F}$ 上的向量空间, V_1 是 V 的子空间. 证明:

(1) $V_1 \otimes W$ 可以看成 $V \otimes W$ 的子空间;

(2) 有向量空间的典范同构映射: $(V/V_1) \otimes W \simeq (V \otimes W)/(V_1 \otimes W)$.

提示　利用命题 11.11 及推论 11.12, 构造合适的映射; 同态基本定理.

注记 11.16　通过域 $\mathbb{F}$ 上的向量空间张量积的概念与性质, 可以构造张量代数. 在此基础上可以构造许多常见的代数结构, 详见第 15 讲的内容.

第 12 讲　群在向量空间上的线性作用

第 5 讲讨论了群在任意集合上的作用, 每个群元素可以看成该集合的一个可逆变换. 模的概念本质上是一个环在可换群上的作用, 每个环元素对应于一个可换群的同态. 特别地, 向量空间是域上的模.

在已经讨论的向量空间知识的基础上, 本讲主要介绍群在向量空间上的线性作用, 它是指每个群元素实现为相应的向量空间的一个可逆线性变换. 群的这种线性作用也称为群的线性表示.

定义 12.1　设 G 是一个群, V 是域 $\mathbb{F}$ 上的向量空间, $\mathrm{GL}(V)$ 是由 V 的所有可逆线性变换构成的一般线性群. 任何群同态 $\rho : G \to \mathrm{GL}(V)$, 称为群 G 的一个线性表示 (简称为表示).

引理 12.2　设 $\rho : G \to \mathrm{GL}(V)$ 是群 G 的一个表示. 定义二元映射

$$G \times V \to V, \quad (g, v) \to g \cdot v = gv = \rho(g)(v), \quad \forall g \in G, \forall v \in V.$$

它具有下面的性质:

(1) $1 \cdot v = v, \forall v \in V$, 这里 $1 \in G$ 是单位元;

(2) $(gh) \cdot v = g \cdot (h \cdot v), \forall g, h \in G, \forall v \in V$;

(3) $g \cdot (av + bw) = a(g \cdot v) + b(g \cdot w), \forall a, b \in \mathbb{F}, \forall g \in G, \forall v, w \in V$.

此时, 也称 G 线性作用在 V 上, 称 V 是一个 G-模.

反之, 给定群 G 在向量空间 V 上的线性作用, 定义映射 $\rho : G \to \mathrm{GL}(V)$, 使得 $\rho(g)(v) = g \cdot v, \forall g \in G, \forall v \in V$, 则 ρ 是 G 的一个表示. 因此, 群 G 的表示与 G 在向量空间上的线性作用 (或 G-模) 是两个等价的概念.

证明　若 $\rho : G \to \mathrm{GL}(V)$ 是 G 的一个表示, 则有

(1) $1 \cdot v = \rho(1)(v) = id_V(v) = v, \forall v \in V$;

(2) $(gh) \cdot v = \rho(gh)(v) = \rho(g)\rho(h)(v) = g \cdot (h \cdot v), \forall g, h \in G, v \in V$;

(3) $g \cdot (av + bw) = \rho(g)(av + bw) = a\rho(g)(v) + b\rho(g)(w)$

$$= a(g \cdot v) + b(g \cdot w), \quad \forall a, b \in \mathbb{F}, \forall g \in G, \forall v, w \in V.$$

即, 群 G 在向量空间 V 上有一个线性作用.

反之, 给定群 G 在向量空间 V 上的线性作用:

$$G \times V \to V, \quad (g, v) \to g \cdot v.$$

令 $\rho(g)(v) = g \cdot v, \forall g \in G, \forall v \in V$. 不难验证: 映射 ρ 的定义合理. 即, 它是从抽象群 G 到一般线性群 $\mathrm{GL}(V)$ 的一个映射, $\rho(g) \in \mathrm{GL}(V), \forall g \in G$. 另外, ρ 也是一个群同态. 从而, 映射 ρ 是群 G 的一个表示.

定义 12.3　设 G 是一个群, V 是一个 G-模, V 的子模是指 V 的一个子空间 W, 它在 G 的作用下不变. 即, $\forall w \in W, \forall g \in G$, 必有 $g \cdot w \in W$. 此时, 也称 W 是模 V 的 G-不变子空间.

例 12.4　任何 G-模 V 至少有两个子模: 0 与 V, 称它们为 V 的平凡子模, 其他的子模称为 V 的非平凡子模.

定义 12.5　设向量空间 V 是域 $\mathbb{F}$ 上的 G-模, W 是 V 的 G-子模. 在商空间 V/W 上定义群 G 的作用如下

$$G \times V/W \to V/W, \quad (g, [v]) \to g[v] = [gv], \quad \forall g \in G, \forall v \in V.$$

则 V/W 也是一个 G-模, 称其为 G-模 V 关于子模 W 的商模.

设 V, W 是两个 G-模, 称线性映射 $f: V \to W$ 是 G-模的同态, 如果它保持群 G 的作用. 即, $f(g \cdot v) = g \cdot f(v), \forall g \in G, \forall v \in V$.

进一步, 当 f 是单射时, 称其为 G-模的单同态; 当 f 是满射时, 称其为 G-模的满同态; 当 f 是双射时, 称其为 G-模的同构映射. 此时, 也称 f 是 G-模的等价, 称 V, W 是等价的 G-模.

注记 12.6　类似于其他代数结构的讨论, 也有 G-模与 G-模同态的基本定理: 设 $f: V \to W$ 是两个 G-模的同态, 则有 G-模的同构映射 $V/\mathrm{Ker}f \to \mathrm{Im}f$, 这里 $\mathrm{Ker}f$ 是作为线性映射 f 的核, $\mathrm{Im}f$ 是作为线性映射 f 的像, 它们分别是 V 与 W 的 G-子模.

练习 12.7　验证上述注记中关于同态基本定理的论断.

定义 12.8　若非零 G-模 V 只有两个平凡的子模, 则称 G-模 V 是不可约模. 若 G-模 V 可以表示成一些不可约子模的直和 (作为子空间的直和), 则称 V 是完全可约模(特别地, 0 是完全可约模).

引理 12.9　设 V 是有限维 G-模. 即, 作为向量空间 V 是域 $\mathbb{F}$ 上的有限维空间, 则 V 是完全可约模当且仅当对 V 的任意子模 W, 必存在 V 的子模 W', 使得 $V = W \oplus W'$. 此时, 也称 W' 为 W 的补子模.

证明　设 V 是完全可约模, 不妨设 W 是 V 的非平凡子模. 此时, 存在 V 的不可约子模 K, 使得 $K \not\subseteq W$. 但是, K 是不可约子模, 必有 $K \cap W = 0$. 即, 有子模的直和: $W \oplus K$. 它比 W 有较大的维数, 可以归纳假设其补子模 K' 存在. 令 $W' = K \oplus K'$, 则 W' 即为所求.

反之, 若 V 的任何子模都有补子模, 要证 V 是完全可约模. 若 V 本身是不可约的, 结论自然成立. 否则, V 有非平凡的子模 W 及补子模 W', 使得 $V = W \oplus W'$.

再对维数归纳可知, W, W' 都是不可约子模的直和. 因此, V 也是不可约子模的直和 (此时, 子模 W 也满足 V 的要求: 读者思考).

下面我们证明有限群表示的 Maschke 定理: 对任何有限群 G, 某种域 $\mathbb{F}$ 上的任何有限维 G-模都是完全可约模, 这里的域要满足一定的条件. 先做些准备工作, 然后我们叙述并严格证明 Maschke 定理.

定义 12.10   对域 $\mathbb{F}$, 若存在最小的正整数 p, 使得 $p \cdot 1 = 0$, 这里 1 是域 $\mathbb{F}$ 的单位元, 则称 p 是域 $\mathbb{F}$ 的特征. 若这种正整数不存在, 则称域 $\mathbb{F}$ 的特征为零. 域 $\mathbb{F}$ 的特征通常记为 $\mathrm{char}\mathbb{F}$.

例 12.11   所有数域 (即, 复数域的子域) 的特征都为零; 对素数 p, 剩余类环 $\mathbb{Z}/(p)$ 是一个域 (也称为剩余类域), 它的特征为 p.

练习 12.12   证明: 对任意非零特征的域, 其特征一定是素数.

命题 12.13   若域 $\mathbb{F}$ 的特征为零, 则有理数域 $\mathbb{Q}$ 可以看成 $\mathbb{F}$ 的子域; 若域 $\mathbb{F}$ 的特征为素数 p, 则剩余类域 $\mathbb{Z}/(p)$ 可以看成 $\mathbb{F}$ 的子域.

证明   定义映射 $\sigma : \mathbb{Z} \to \mathbb{F}, n \to n \cdot 1$, 这里 1 是域 $\mathbb{F}$ 的单位元. 不难验证: 映射 σ 是有单位元的环之间的同态.

若域 $\mathbb{F}$ 的特征为零, 它是单同态. 从而, σ 可以扩充为有理数域 $\mathbb{Q}$ 到 $\mathbb{F}$ 的单同态: 对 $n/m \in \mathbb{Q}, m \neq 0$, 令 $\sigma(n/m) = \sigma(n)\sigma(m)^{-1}$. 可以验证, 映射 σ 定义合理, 且保持加法、乘法运算及单位元, 它是域的单同态. 即, $\mathbb{Q}$ 可以看成 $\mathbb{F}$ 的子域.

若域 $\mathbb{F}$ 的特征为素数 p, 则 $\mathrm{Ker}\sigma = (p)$. 由同态基本定理可知, 有单射同态: $\mathbb{Z}/(p) \to \mathbb{F}$. 即, 剩余类域 $\mathbb{Z}/(p)$ 可以看成 $\mathbb{F}$ 的子域.

定理 12.14 (Maschke 定理)   设有限群 G 的阶 m 不是域 $\mathbb{F}$ 的特征的倍数, 则 G 的任何有限维模 V 都是完全可约模.

证明   根据上述引理, 只需证明 V 的任何子模 W 都有补子模 W'. 取 W 的一组基 $v_1, v_2, \cdots, v_r$, 把它扩充成整个空间 V 的一组基 $v_1, \cdots, v_r, \cdots, v_n$. 令 $U = \mathrm{span}(v_{r+1}, \cdots, v_n)$ 为由向量组 $v_{r+1}, \cdots, v_n$ 张成的子空间. 此时, 有子空间的直和分解式: $V = W \oplus U$ 及典范投影

$$p : V \to W, \quad w + u \to w, \quad w \in W, u \in U.$$

假设 $\rho : G \to \mathrm{GL}(V)$ 是相应的表示, 定义 V 的线性变换

$$q : V \to V, \quad q(v) = \frac{1}{m} \sum_{g \in G} \rho(g)^{-1} p \rho(g)(v), \quad \forall v \in V.$$

$\forall h \in G$, 有

$$\rho(h)^{-1} q \rho(h) = \frac{1}{m} \sum_{g \in G} \rho(h)^{-1} \rho(g)^{-1} p \rho(g) \rho(h)$$

$$= \frac{1}{m} \sum_{g \in G} \rho(gh)^{-1} p \rho(gh) = q.$$

即, $\rho(h)q = q\rho(h), \forall h \in G.$ 因此, q 是 G-模 V 的模同态.

　　断言. 映射 q 限制在子模 W 上是恒等映射, 且 $q^2 = q$ 在整个 V 上成立.

　　事实上, $\forall y \in W$, 有 $p(y) = y.$ 此时, $\rho(g)y \in W, p\rho(g)y = \rho(g)y, \forall g \in G.$ 因此,

$$q(y) = \frac{1}{m} \sum_{g \in G} \rho(g)^{-1} p \rho(g)y = \frac{1}{m} \sum_{g \in G} y = y.$$

即, 断言的第一个结论成立. 第二个结论也成立: 这是因为

$$q(v) = \frac{1}{m} \sum_{g \in G} \rho(g)^{-1} p \rho(g)(v)$$

的每一项都属于 W. 从而, $q(v) \in W, q^2(v) = q(q(v)) = q(v), \forall v \in V.$

　　令 $W' = (1-q)V$ 是模同态 $1-q$ 的像, 它也是 V 的子模. 不难验证有直和分解式: $V = W \oplus W'$. 从而, 定理结论成立.

　　定义 12.15 (模的直和与张量积)　设 G 是任意给定的群, V, W 是域 $\mathbb{F}$ 上的 G-模, 相应的群同态分别为

$$\rho_1 : G \to \mathrm{GL}(V), \quad g \to \rho_1(g); \quad \rho_2 : G \to \mathrm{GL}(W), \quad g \to \rho_2(g).$$

定义映射 $\tau_1 : G \to \mathrm{GL}(V \oplus W)$ 及映射 $\tau_2 : G \to \mathrm{GL}(V \otimes W)$ 如下

$$\tau_1(g)(v_1 + v_2) = \rho_1(g)v_1 + \rho_2(g)v_2, \quad \forall g \in G, \forall v_1 \in V_1, \forall v_2 \in V_2;$$

$$\tau_2(g)(v_1 \otimes v_2) = \rho_1(g)v_1 \otimes \rho_2(g)v_2, \quad \forall g \in G, \forall v_1 \in V_1, \forall v_2 \in V_2.$$

则 τ_1, τ_2 也是群 G 的表示, 分别称为表示 ρ_1, ρ_2 的直和与张量积, 相应的 G-模 $V_1 \oplus V_2, V_1 \otimes V_2$ 分别称为 G-模 V_1, V_2 的直和与张量积.

　　练习 12.16　验证上述定义中关于映射 τ_1, τ_2 的论断.

　　注记 12.17　由上述模的直和与张量积的定义不难看出: 直和 $V_1 \oplus V_2$ 是域 $\mathbb{F}$ 上向量空间的直和, 且群 G 中的元素作用在 $V_1 \oplus V_2$ 的元素的每个分量上; 张量积 $V_1 \otimes V_2$ 是域 $\mathbb{F}$ 上向量空间的张量积, 且群 G 中的元素作用在 $V_1 \otimes V_2$ 的元素的每个因子上.

　　定义 12.18 (对偶模)　设 G 是任意给定的群, V 是域 $\mathbb{F}$ 上的 G-模, 相应的群同态为 $\rho : G \to \mathrm{GL}(V), g \to \rho(g)$. 定义群 G 在向量空间 V 的对偶空间 V^* 上的作用如下

$$G \times V^* \to V^*, \quad (g, f) \to g \cdot f, \quad \forall g \in G, \forall f \in V^*,$$

其中 $(g \cdot f)(v) = f(g^{-1} \cdot v), \forall v \in V$. 不难验证：在此作用下，$V^*$ 是域 $\mathbb{F}$ 上的 G-模，称其为 V 的对偶模.

练习 12.19 设 V, W 是域 $\mathbb{F}$ 上的有限维 G-模，则在向量空间 $\mathrm{Hom}_{\mathbb{F}}(W, V)$ 上存在唯一的 G-模结构，使得典范同构映射 $V \otimes W^* \to \mathrm{Hom}_{\mathbb{F}}(W, V)$ 是 G-模的同构 (见命题 11.14)，这里 $V \otimes W^*$ 带有 G-模的张量积结构.

例 12.20 设群 G 作用在集合 S 上. 令 $V = \mathbb{F}[S]$ 为域 $\mathbb{F}$ 上的向量空间，它以集合 S 为基. 从而，V 中的一般元素可以表示成下列形式

$$a_1 s_1 + \cdots + a_m s_m, \quad a_i \in \mathbb{F}, s_i \in S, \quad 1 \leqslant i \leqslant m, m \geqslant 0.$$

定义映射 $\rho : G \to \mathrm{GL}(V)$，使得

$$\rho(g)(a_1 s_1 + \cdots + a_m s_m) = a_1(gs_1) + \cdots + a_m(gs_m).$$

则 $\rho(g)$ 是 V 的线性变换，$\forall g \in G$. 容易看出；映射 ρ 是一个群同态. 从而 V 是一个 G-模.

特别地，取集合 $S = G$，群 G 在 S 上的作用为左乘作用，$V = \mathbb{F}[G]$ 是域 $\mathbb{F}$ 上的向量空间，它以 G 为基. 按照上述方式，$\mathbb{F}[G]$ 是一个 G-模，相应的表示也称为群 G 的正则表示，可以具体描述如下

$$g \cdot (a_1 g_1 + \cdots + a_m g_m) = a_1(gg_1) + \cdots + a_m(gg_m), \quad \forall g, g_i \in G, a_i \in \mathbb{F}.$$

例 12.21 对称群 S_3 的有限维不可约表示.

设 V 是域 $\mathbb{F}$ 上的一维向量空间，定义两个映射 $\rho, \sigma : S_3 \to \mathrm{GL}(V)$，使得 $\rho(g) = \mathrm{Id}_V, \sigma(g) = \mathrm{sign}(g)\mathrm{Id}_V, \forall g \in S_3$；这里 $\mathrm{sign}(g)$ 表示置换 g 的符号. 不难看出：ρ, σ 都是群同态，它们确定了 S_3 的两个一维不可约表示.

设 $U = \mathbb{F}x_1 + \mathbb{F}x_2 + \mathbb{F}x_3$ 是域 $\mathbb{F}$ 上的三维向量空间，定义对称群 S_3 在 U 上的线性作用. 令 $\tau : S_3 \to \mathrm{GL}(U)$，使得

$$\tau(g)(a_1 x_1 + a_2 x_2 + a_3 x_3)$$
$$= a_1 x_{g^{-1}(1)} + a_2 x_{g^{-1}(2)} + a_3 x_{g^{-1}(3)}, \quad \forall g \in S_3, a_i \in \mathbb{F}.$$

不难验证：τ 是一个群同态，它确定了 S_3 的一个三维表示.

令 $U_1 = \mathbb{F}(x_1 + x_2 + x_3)$，它是 S_3-模 U 的一个子模. 根据 Maschke 定理，存在 U 的另一个子模 W，使得 $U = U_1 \oplus W$. 通过检验 S_3 的一维不可约模的形式可知，U 只有上述一维不可约子模 U_1. 由此可以说明：二维子空间 W 是不可约 S_3-模.

由模等价的定义直接看出，前面得到的 S_3 的这三个不可约表示是互不等价的. 下面的主要目的是要证明：当域 $\mathbb{F}$ 是复数域时，这三个不可约表示就是 S_3 的所有互不等价的有限维不可约表示.

定义 12.22 设 G 是有限群 (下同), V 是域 $\mathbb{F}$ 上的有限维 G-模, 相应地表示为 $\rho : G \to \mathrm{GL}(V)$. 定义群 G 上的函数 $\chi_V : G \to \mathbb{F}$, 使得 $\chi_V(g) = \mathrm{Tr}\rho(g), \forall g \in G$, 这里 Tr 是迹函数. 称 χ_V 为 G-模 V(或表示 ρ) 的特征标.

注记 12.23 由特征标的定义立即得到等式: $\chi_V(hgh^{-1}) = \chi_V(g)$. 即, χ_V 可以看成定义在群 G 的共轭类上的函数. 类似的理由还可以说明: 任意两个等价的有限维 G-模, 必有相同的特征标.

引理 12.24 对有限维 G-模 V 及其特征标 χ_V, 有下列等式

$$\chi_V(1) = \dim V, \quad \chi_V(g^{-1}) = \overline{\chi_V(g)}, \quad \forall g \in G.$$

证明 第一个等式显然成立. 关于第二个等式的证明, 不妨设 $g^r = 1$. 此时, 线性变换 $\rho(g)$ 的极小多项式是多项式 $T^r - 1$ 的因子. 从而, 存在 V 的一组基, 使得 $\rho(g)$ 的矩阵形如

$$\begin{pmatrix} \omega_1 & 0 & \cdots & 0 \\ 0 & \omega_2 & \cdots & 0 \\ \vdots & \vdots & & \vdots \\ 0 & 0 & \cdots & \omega_n \end{pmatrix}.$$

这里的 $\omega_i(1 \leqslant i \leqslant n)$ 是 r-次单位根, $n \in \mathbb{N}$. 根据共轭复数的性质不难推出等式: $\omega_i^{-1} = \overline{\omega_i}$. 因此, 有等式: $\chi_V(g^{-1}) = \overline{\chi_V(g)}, \forall g \in G$.

引理 12.25 设 G 是有限群, V, W 是任意有限维 G-模, 则有下列等式

$$\chi_{V \oplus W} = \chi_V + \chi_W, \quad \chi_{V \otimes W} = \chi_V \chi_W, \quad \chi_{V^*} = \overline{\chi_V}.$$

证明 设 G-模 V, W 对应的表示分别为下列群同态

$$\rho_1 : G \to \mathrm{GL}(V), \quad \rho_2 : G \to \mathrm{GL}(W).$$

它们在模的直和 $V \oplus W$、张量积 $V \otimes W$ 及对偶模 V^* 上诱导的表示如下

$$\tau : G \to \mathrm{GL}(V \oplus W), \quad \tau(g)(v + w) = \rho_1(g)v + \rho_2(g)w;$$

$$\sigma : G \to \mathrm{GL}(V \otimes W), \quad \sigma(g)(v \otimes w) = \rho_1(g)v \otimes \rho_2(g)w;$$

$$\theta : G \to \mathrm{GL}(V^*), \quad \theta(g)(f)(v) = f(\rho_1(g)^{-1}v).$$

这里 $v \in V, w \in W, f \in V^*, g \in G$. 由此可以推出: 第一个等式成立.

对 $g \in G$, 取 V 的一组基 $v_1, \cdots, v_n$, 使得 $\rho_1(g)(v_i) = \omega_i v_i, 1 \leqslant i \leqslant n$; 取 W 的一组基 $w_1, \cdots, w_m$, 使得 $\rho_2(g)(w_j) = \lambda_j w_j, 1 \leqslant j \leqslant m$, 这里 ω_i, λ_j 都是单位根. 于是, $\sigma(g)(v_i \otimes w_j) = \omega_i \lambda_j v_i \otimes w_j, \forall i, j$. 由此推出: 第二个等式成立.

取 V^* 的对偶基 $v^1, \cdots, v^n$, 使得 $v^i(v_j) = \delta_{ij}$. 此时, 有等式

$$\theta(g)(v^i)(v_j) = v^i(\rho_1(g)^{-1}v_j) = v^i(\omega_j^{-1}v_j) = \delta_{ij}\omega_j^{-1}.$$

因此, $\theta(g)(v^i) = \omega_i^{-1}v^i = \overline{\omega_i}v^i, \forall i.$ 由此推出: 第三个等式成立.

定义 12.26 设 G 是有限群, 用 $\mathbb{F}_{\text{class}}(G)$ 表示群 G 上的类函数的全体. 即, 函数 $f: G \to \mathbb{F}$ 属于集合 $\mathbb{F}_{\text{class}}(G)$ 当且仅当对任意的元素 $g, h \in G$, 有 $f(hgh^{-1}) = f(g)$. 按照函数通常的加法与数乘运算, $\mathbb{F}_{\text{class}}(G)$ 是复数域 $\mathbb{F}$ 上的一个向量空间.

$\forall \alpha, \beta \in \mathbb{F}_{\text{class}}(G)$, 定义一个复数如下

$$\langle \alpha, \beta \rangle = \frac{1}{|G|} \sum_{g \in G} \overline{\alpha(g)}\beta(g) \in \mathbb{F}.$$

则 $\langle, \rangle$ 是复向量空间 $\mathbb{F}_{\text{class}}(G)$ 上的正定 Hermite 型. 即, 它具有下列性质:

(1) $\langle \alpha, \beta_1 + \beta_2 \rangle = \langle \alpha, \beta_1 \rangle + \langle \alpha, \beta_2 \rangle$;

(2) $\langle \alpha, a\beta \rangle = a\langle \alpha, \beta \rangle$;

(3) $\langle \alpha, \beta \rangle = \overline{\langle \beta, \alpha \rangle}$;

(4) $\langle \alpha, \alpha \rangle \geqslant 0$ 且等号成立当且仅当 $\alpha = 0$.

这里 $\alpha, \beta \in \mathbb{F}_{\text{class}}(G), a \in \mathbb{F}, \overline{c}$ 表示复数 c 的共轭复数 (如前所记).

练习 12.27 验证上述定义中关于正定 Hermite 型的论断.

定理 12.28 设 G 是有限群, 则 G 的任意两个不等价的不可约表示的特征标关于上述正定 Hermite 型是正交的, 且每个不可约表示的特征标是向量空间 $\mathbb{F}_{\text{class}}(G)$ 中的单位向量.

证明 设 V, W 是 G 的有限维不可约模, 特征标分别为 χ_V, χ_W, 相应的不可约表示为下列群同态

$$\rho: G \to \text{GL}(V); \quad \tau: G \to \text{GL}(W).$$

由特征标的定义及引理 12.25, 并利用类似于练习 12.19 中的结论, 有等式

$$\langle \chi_V, \chi_W \rangle = \frac{1}{|G|} \sum_{g \in G} \overline{\chi_V(g)}\chi_W(g)$$

$$= \frac{1}{|G|} \sum_{g \in G} \chi_{V^* \otimes W}(g)$$

$$= \frac{1}{|G|} \sum_{g \in G} \chi_{\text{Hom}_{\mathbb{F}}(V,W)}(g)$$

$$= \frac{1}{|G|} \sum_{g \in G} \text{Tr}\rho_{\text{Hom}_{\mathbb{F}}(V,W)}(g)$$

$$= \dim\text{Hom}_{\mathbb{F}}(V,W)^G$$

$$= \dim\text{Hom}_G(V,W),$$

其中上面导数第二个等式用到引理 12.29, 而 $\mathrm{Hom}_G(V,W)$ 表示 V 到 W 的 G-模同态的向量空间. 再利用下面的 Schur 引理可知, 定理结论成立.

引理 12.29　设 V 是域 $\mathbb{F}$ 上的有限维 G-模, 相应的表示为 $\rho : G \to \mathrm{GL}(V)$. 令 $V^G = \{v \in V | gv = v, \forall g \in G\}$, 定义线性变换 $\varphi = \dfrac{1}{|G|} \sum_{g \in G} \rho(g) \in \mathrm{End}V$, 则有等式 $\mathrm{Tr}\varphi = \dim V^G$.

证明　首先, $\forall h \in G, \forall v \in V$, 有

$$h\varphi(v) = \frac{1}{|G|} \sum_{g \in G} \rho(h)\rho(g)(v) = \frac{1}{|G|} \sum_{g \in G} \rho(hg)(v) = \varphi(v).$$

即, $\varphi(V) \subset V^G$. 另外, $\forall v \in V^G$, 易知 $\varphi(v) = \dfrac{1}{|G|} \sum_{g \in G} \rho(g)(v) = v$. 由此可以计算线性变换 φ 的迹为: $\mathrm{Tr}\varphi = \dim V^G$.

引理 12.30 (Schur 引理)　设 G 是任意群, V, W 是复数域 $\mathbb{F}$ 上的有限维不可约 G-模. 若 V 与 W 等价, 则 $\dim \mathrm{Hom}_G(V,W) = 1$; 若 V 与 W 不等价, 则 $\dim \mathrm{Hom}_G(V,W) = 0$.

证明　设 $\varphi : V \to W$ 是一个 G-模同态, 则 $\mathrm{Ker}\varphi$ 是 V 的子模, $\mathrm{Im}\varphi$ 是 W 的子模. 由条件 V, W 是不可约 G-模, 这两个子模都是平凡子模. 因此, 当 φ 不为零时, 它是一个 G-模同构.

不妨设 $\dim \mathrm{Hom}_G(V,W) \neq 0$, 取非零元 $\varphi, \psi \in \mathrm{Hom}_G(V,W)$. 由上段讨论, φ, ψ 是 G-模同构. 令 $\phi = \psi^{-1}\varphi : V \to V$, 它是不可约模 V 的一个自同构, 且有非零的特征子空间 $V_\lambda, \lambda \in \mathbb{F}$. 不难验证: V_λ 是 V 的 G-模. 于是, $V_\lambda = V$, ϕ 是数乘变换 $\lambda \mathrm{Id}_V$. 因此, $\varphi = \lambda\psi$, 引理结论成立.

注记 12.31　不难看出: 两两正交的特征标构成类函数空间 $\mathbb{F}_{\mathrm{class}}(G)$ 的线性无关的子集. 从而, 利用上述定理可以推出, 有限群 G 的互不等价的有限维不可约表示的个数不超过群 G 的共轭类的个数.

特别地, 对置换群 S_3, 它共有三个共轭类 (引理 5.16). 因此, 前面例 12.21 中给出的三个不可约表示就是 S_3 的所有有限维不可约表示.

注记 12.32　向量空间 $\mathbb{F}[G]$ 不仅可以看成群 G 的模, 它本身也带有一个典范的代数结构: 由群 G 的乘法运算可以诱导 $\mathbb{F}[G]$ 中的乘法, 使其成为一个有单位元的环. 同时, 它又是域 $\mathbb{F}$ 上的一个向量空间, 并且 $\mathbb{F}[G]$ 中的乘法与数乘运算是相容的 (即, 乘法运算 $\mathbb{F}[G] \times \mathbb{F}[G] \to \mathbb{F}[G]$ 是双线性映射). 因此, $\mathbb{F}[G]$ 是域 $\mathbb{F}$ 上的一个结合代数, 这是第 13 讲要介绍的非结合代数的重要特例之一.

注记 12.33　关于群 G 的表示的研究可以转化为相应的结合代数 $\mathbb{F}[G]$ 的表示的研究. 事实上, 对群 G 的表示的深入讨论必须借助于 $\mathbb{F}[G]$ 这个重要工具. 例如, 通过对结合代数 $\mathbb{F}[S_n]$ 的描述, 可以完全解决对称群 S_n 的所有有限维不可约模的分类问题 (参见文献 [10, 11]).

第 13 讲　非结合代数

前面给出了域 $\mathbb{F}$ 上向量空间的一些知识, 包括基、线性映射与线性变换的讨论, 以及一些常见的构造方法: 直和、直积与张量积等. 现在我们把它和有单位元的环的概念相结合, 定义几类新的代数结构.

这些代数结构是在向量空间的基础上, 再定义一个双线性运算, 称之为乘积运算. 根据乘积运算所满足的运算规则的类型, 得到一些不同的代数结构. 首先给出最一般的非结合代数的定义.

定义 13.1　设 A 是域 $\mathbb{F}$ 上的向量空间, 在 A 上定义了一个双线性乘积运算. 即, 它的乘积运算满足下列等式

$$(ax_1 + by_1)(cx_2 + dy_2) = acx_1x_2 + adx_1y_2 + bcy_1x_2 + bdy_1y_2,$$

$\forall x_1, y_1, x_2, y_2 \in A, \forall a, b, c, d \in \mathbb{F}$, 则称 A 为域 $\mathbb{F}$ 上的一个非结合代数.

定义 13.2　设 A 是域 $\mathbb{F}$ 上的非结合代数, 如果它的乘法运算满足结合律, 且有乘法单位元 1

$$(ab)c = a(bc), \quad 1a = a1 = a, \quad \forall a, b, c \in A,$$

则称 A 为域 $\mathbb{F}$ 上的一个结合代数, 简称为结合代数.

进一步, 若乘法还满足交换律: $ab = ba, \forall a, b \in A$, 则称 A 为域 $\mathbb{F}$ 上的一个交换结合代数, 简称为交换代数.

定义 13.3　设 L 是域 $\mathbb{F}$ 上的一个非结合代数, 如果它的乘法运算 $[\cdot, \cdot]$(也称为括积), 满足如下两条运算规则, 则称其为域 $\mathbb{F}$ 上的一个李代数:

(1) 反对称性: $[x, y] = -[y, x], \forall x, y \in L$;

(2) Jacobi 恒等式: $[x, [y, z]] + [y, [z, x]] + [z, [x, y]] = 0, \forall x, y, z \in L$.

定义 13.4　非结合代数之间的同态是指保持三个运算的映射, 双射的同态称为同构. 结合代数之间的同态 (同构) 是指作为非结合代数之间的同态 (同构), 并且保持乘法单位元. 李代数之间的同态 (同构) 是指作为非结合代数之间的同态 (同构).

定义 13.5　非结合代数的子代数是指关于三个运算封闭的非空子集; 结合代数的子代数是指作为非结合代数的子代数, 且包含单位元; 李代数的子代数是指作为非结合代数的子代数.

类似地, 可以定义非结合代数的理想: 子空间且有类似于环的理想的封闭性质. 结合代数与李代数的理想都是指作为非结合代数的理想. 非结合代数关于它的理想可以做商代数, 它还是非结合代数. 类似地, 结合代数关于其理想做商得到结合代数; 李代数关于其理想做商得到李代数.

如果非结合代数 (或结合代数)A 只有两个平凡的理想: 0 与 A, 则称 A 为单非结合代数 (或单结合代数). 单李代数 L 是指作为非结合代数是单的, 且其维数至少为 2(技术性约定). 对这些代数结构及同态, 有相应的同态基本定理.

非结合代数的维数是指作为域 $\mathbb{F}$ 上的向量空间的维数.

练习 13.6　叙述并证明关于结合代数、李代数的同态基本定理.

注记 13.7　非结合代数是指未必满足结合律的代数结构, 结合代数与李代数是两类重要的非结合代数的例子. 前面已经遇到两类基本的结合代数的实例: 多项式代数与矩阵代数.

域 $\mathbb{F}$ 上的一元多项式环 $\mathbb{F}[T]$, 关于多项式的加法与数乘运算构成一个无限维向量空间; 多项式的乘法是一个双线性运算, 乘法满足结合律、交换律, 且有单位元. 因此, $\mathbb{F}[T]$ 是一个交换结合代数, 称为多项式代数.

域 $\mathbb{F}$ 上的所有 n 阶矩阵的全体 $M_n(\mathbb{F})$, 关于矩阵的加法与数乘构成一个向量空间, 矩阵的乘法是一个双线性运算, 乘法满足结合律, 且有单位元. 因此, $M_n(\mathbb{F})$ 是一个结合代数, 称为矩阵代数 (它同构于 n 维向量空间 V 的所有线性变换关于线性变换的加法、数乘及乘积构成的结合代数 $\mathrm{End}V$).

练习 13.8　验证: 对任意的域 $\mathbb{F}$, $M_n(\mathbb{F})$ 与 $\mathrm{End}V$ 是同构的结合代数, 并说明它们一般不是交换结合代数.

命题 13.9　作为域 $\mathbb{F}$ 上的 n 阶矩阵代数, $M_n(\mathbb{F})$ 是一个单结合代数.

证明　设 I 是 $M_n(\mathbb{F})$ 的非零理想, 取非零元素 $\sum_{kl} a_{kl} E_{kl} \in I$, 这里 E_{ij} 是矩阵单位. 由乘法的定义不难验证: $E_{ij} E_{kl} = \delta_{jk} E_{il}$. 从而有

$$E_{ij} \sum_{kl} a_{kl} E_{kl} E_{ij} = a_{ji} E_{ij}, \quad \forall i, j.$$

即, 理想 I 至少包含某个矩阵单位 E_{ij}. 再利用上述等式可以验证, 理想 I 包含所有的矩阵单位. 从而, $I = M_n(\mathbb{F})$.

定义 13.10　设 A 是域 $\mathbb{F}$ 上的非结合代数, 子集 S 生成的子代数 $\langle S \rangle$ 是指包含 S 的所有子代数的交. 若 $\langle S \rangle = A$, 则称 A 是由 S 生成的. 如果存在有限个元素 $a_1, a_2, \cdots, a_n$ 生成整个非结合代数 A, 则称 A 是有限生成的非结合代数. 有限生成的结合代数、有限生成的李代数的定义是类似的.

例 13.11　类似于域 $\mathbb{F}$ 上一元多项式空间的情形, 域 $\mathbb{F}$ 上的多元多项式空间 $\mathbb{F}[x_1, x_2, \cdots, x_n]$ 按照通常的多项式乘法构成一个交换结合代数. 它有有限生成元

集合 $\{x_1, x_2, \cdots, x_n\}$, 从而它是有限生成的交换代数, 称为域 $\mathbb{F}$ 上的 n 元多项式代数.

引理 13.12　域 $\mathbb{F}$ 上的任意有限生成的交换代数 A, 一定是某个多元多项式代数的商代数.

证明　设 A 有生成元的集合 $\{a_1, a_2, \cdots, a_n\}$, 定义域 $\mathbb{F}$ 上的 n 元多项式代数 $\mathbb{F}[x_1, x_2, \cdots, x_n]$ 到交换代数 A 的映射如下

$$\theta : \mathbb{F}[x_1, x_2, \cdots, x_n] \to A, \quad f(x_1, x_2, \cdots, x_n) \to f(a_1, a_2, \cdots, a_n).$$

不难验证: 映射 θ 保持加法、数乘、乘法及单位元. 因此, 它是结合代数的同态. 又根据条件, $\{a_1, a_2, \cdots, a_n\}$ 是结合代数 A 的生成元集合, 映射 θ 必是满同态. 再利用同态基本定理推出, $A \simeq \mathbb{F}[x_1, x_2, \cdots, x_n]/\mathrm{Ker}\theta$.

定义 13.13　设 A, B 是域 $\mathbb{F}$ 上的两个交换代数, $A \otimes B$ 为向量空间的张量积. 按照下面的方式定义单项式的乘积

$$(a_1 \otimes b_1) \cdot (a_2 \otimes b_2) = a_1 a_2 \otimes b_1 b_2, \quad \forall a_1, a_2 \in A, b_1, b_2 \in B,$$

再通过线性扩充定义到一般的元素上去, 则 $A \otimes B$ 也成为域 $\mathbb{F}$ 上的一个交换代数, 单位元为 $1 \otimes 1$. 称 $A \otimes B$ 为交换代数 A 与 B 的张量积.

注记 13.14　上述乘积的合理性, 可以根据张量积的运算规则得到

$$(A \otimes B) \times (A \otimes B) \to (A \otimes B) \otimes (A \otimes B)$$

$$\to (A \otimes A) \otimes (B \otimes B) \to A \otimes B.$$

这里第一个箭头是张量积的定义映射, 第二个是由张量积的结合律与交换律得到的典范映射, 第三个是由 A, B 中的乘法诱导的映射.

引理 13.15　设有交换代数的同态 $f : A \to C, g : B \to C$, 则有唯一的交换代数的同态 $f \otimes g : A \otimes B \to C$, 使得下列等式成立

$$(f \otimes g)(a \otimes b) = f(a)g(b), \quad \forall a \in A, \forall b \in B.$$

证明　定义映射 $f \times g : A \times B \to C, (a, b) \to f(a)g(b)$. 因 f, g 都是线性映射, $f \times g$ 必为双线性映射. 利用张量积的泛性质推出: 存在线性映射 $f \otimes g : A \otimes B \to C$, 使得 $(f \otimes g)(a \otimes b) = f(a)g(b)$, 并且有

$$(f \otimes g)(1 \otimes 1) = f(1)g(1) = 1,$$

$$(f \otimes g)((a \otimes b)(c \otimes d)) = (f \otimes g)(ac \otimes bd) = f(ac)g(bd)$$

$$= f(a)g(b)f(c)g(d) = (f \otimes g)(a \otimes b)(f \otimes g)(c \otimes d).$$

即, 线性映射 $f \otimes g$ 保持单位元与乘法运算. 从而, 引理结论成立.

练习 13.16 对域 $\mathbb{F}$ 上的任意交换代数 A 及多项式代数 $\mathbb{F}[x]$, 有交换代数的同构: $A \otimes \mathbb{F}[x] \simeq A[x]$. 特别地, $\mathbb{F}[x] \otimes \mathbb{F}[y] \simeq \mathbb{F}[x, y]$.

引理 13.17 设 A, B 是域 $\mathbb{F}$ 上的交换代数, I, J 分别是 A, B 的理想, 则有交换代数的典范同构

$$(A/I) \otimes (B/J) \simeq (A \otimes B)/(I \otimes B + A \otimes J).$$

证明 首先定义如下映射

$$\sigma : (A/I) \times (B/J) \to (A \otimes B)/(I \otimes B + A \otimes J), \quad ([a], [b]) \to [a \otimes b].$$

可以验证: 映射 σ 是定义合理的双线性映射, 必存在线性映射如下

$$\tilde{\sigma} : (A/I) \otimes (B/J) \to (A \otimes B)/(I \otimes B + A \otimes J), \quad [a] \otimes [b] \to [a \otimes b].$$

再定义映射

$$\tau : A \times B \to (A/I) \otimes (B/J), \quad (a, b) \to [a] \otimes [b].$$

可以验证: 映射 τ 是定义合理的双线性映射, 必存在线性映射如下

$$\tilde{\tau} : A \otimes B \to (A/I) \otimes (B/J), \quad a \otimes b \to [a] \otimes [b].$$

另外, 易知 $I \otimes B + A \otimes J \subset \operatorname{Ker}\tilde{\tau}$, 由同态基本定理, 必存在线性映射

$$\tilde{\tilde{\tau}} : (A \otimes B)/(I \otimes B + A \otimes J) \to (A/I) \otimes (B/J), \quad [a \otimes b] \to [a] \otimes [b].$$

最后, $\tilde{\sigma}$ 保持乘法运算及单位元, 并且 $\tilde{\tilde{\tau}}$ 是它的逆映射. 即, $\tilde{\sigma}$ 是交换代数的同构.

定义 13.18 设 G 是任意给定的群, $\mathbb{F}[G]$ 表示以 G 为基的域 $\mathbb{F}$ 上的向量空间. 按照群 G 中的乘积定义 $\mathbb{F}[G]$ 中的乘法运算. 此时, $\mathbb{F}[G]$ 是域 $\mathbb{F}$ 上的一个结合代数, 称为由群 G 定义的群代数.

前面我们介绍了群 G 的表示, 它是一个群同态 $\psi : G \to \operatorname{GL}(V)$, 这里 $\operatorname{GL}(V)$ 表示向量空间 V 的所有可逆线性变换构成的群 (称为一般线性群). 由于群 G 是群代数 $\mathbb{F}[G]$ 的一组基, 映射 ψ 可以唯一扩充为线性映射 $\Psi : \mathbb{F}[G] \to \operatorname{End}V$, 这个线性映射保持群的乘法及单位元, 从而它保持代数的乘法及单位元. 即, 它是一个结合代数的同态.

反之, 任何结合代数同态 $\Psi : \mathbb{F}[G] \to \operatorname{End}V$ 限制在 G 上得到群 G 的一个表示. 此时, 也称结合代数同态 Ψ 为群代数 $\mathbb{F}[G]$ 的表示.

定义 13.19   设 A 是域 $\mathbb{F}$ 上的结合代数, V 是域 $\mathbb{F}$ 上的一个向量空间. 任何结合代数同态 $\Psi : A \to \mathrm{End}V$ 称为结合代数 A 的一个表示. 此时, 也称向量空间 V 为结合代数 A 的模.

注记 13.20   域 $\mathbb{F}$ 上的任何结合代数 A 都可以看成一个李代数, 它和结合代数 A 有相同的向量空间结构, 其括积运算 $[\cdot, \cdot]$ 由 A 的乘法所诱导

$$[a, b] = ab - ba, \quad \forall a, b \in A.$$

由此得到域 $\mathbb{F}$ 上的李代数结构: 上述括积运算显然是双线性的, 它也满足反对称性, 只需再验证 Jacobi 恒等式. 事实上, $\forall a, b, c \in A$, 有

$$\begin{aligned}
&[a, [b, c]] + [b, [c, a]] + [c, [a, b]] \\
={}& [a, bc - cb] + [b, ca - ac] + [c, ab - ba] \\
={}& abc - bca - acb + cba + bca - cab \\
&- bac + acb + cab - abc - cba + bac \\
={}& 0.
\end{aligned}$$

通过改变结合代数 A 的乘法得到的这个李代数记为 A_-. 特别地, 由结合代数 $\mathrm{End}V$ 导出的李代数记为 $\mathrm{gl}(V)$, 称为一般线性李代数.

定义 13.21   设 A 是域 $\mathbb{F}$ 上的非结合代数, $D : A \to A$ 是一个线性映射. 称 D 是 A 的一个导子, 如果它满足下列等式

$$D(ab) = D(a)b + aD(b), \quad \forall a, b \in A.$$

用 $\mathrm{Der}(A)$ 表示非结合代数 A 的所有导子构成的集合. 不难验证: $\mathrm{Der}(A)$ 关于加法与数乘运算封闭. 从而, 它是结合代数 $\mathrm{End}A$ 的子空间.

引理 13.22 $\mathrm{Der}(A)$ 关于线性变换的括积运算封闭, 从而它是一般线性李代数 $\mathrm{gl}(A)$ 的一个李子代数, 称其为 A 的导子李代数.

证明   设 D_1, D_2 是非结合代数 A 的导子, 要证明: $[D_1, D_2]$ 也是 A 的导子. $\forall a, b \in A$, 有下列等式

$$\begin{aligned}
[D_1, D_2](ab) &= (D_1 D_2 - D_2 D_1)(ab) \\
&= D_1(D_2(ab)) - D_2(D_1(ab)) \\
&= D_1(D_2(a)b + aD_2(b)) - D_2(D_1(a)b + aD_1(b)) \\
&= D_1 D_2(a)b + D_2(a)D_1(b) + D_1(a)D_2(b) + aD_1 D_2(b) \\
&\quad - D_2 D_1(a)b - D_1(a)D_2(b) - D_2(a)D_1(b) - aD_2 D_1(b)
\end{aligned}$$

$$= D_1 D_2(a)b + a D_1 D_2(b) - D_2 D_1(a)b - a D_2 D_1(b)$$

$$= [D_1, D_2](ab).$$

于是, $[D_1, D_2]$ 是 A 的导子. 从而, 引理结论成立.

注记 13.23　根据上述引理, 对域 $\mathbb{F}$ 上的任何李代数 L, 它的导子全体也构成域 $\mathbb{F}$ 上的一个李代数 $L_1 = \mathrm{Der}(L)$. 继续这个过程, 可以得到域 $\mathbb{F}$ 上的一系列李代数如下

$$L_1, L_2 = \mathrm{Der}(L_1), L_3 = \mathrm{Der}(L_2), \cdots.$$

对域 $\mathbb{F}$ 上的结合代数 A, 有类似的情形. 用 $A_1 = \mathrm{End}(A)$ 表示向量空间 A 的所有线性变换构成的集合, 关于线性变换的加法、数乘与乘法运算它构成域 $\mathbb{F}$ 上的一个结合代数. 继续这个过程, 可以得到域 $\mathbb{F}$ 上的一系列结合代数如下

$$A_1, A_2 = \mathrm{End}(A_1), A_3 = \mathrm{End}(A_2), \cdots.$$

例 13.24　设 $A = \mathbb{F}[t, t^{-1}] = \mathbb{F}[t, s]/(ts - 1)$ 是域 $\mathbb{F}$ 上的变量 t 的 Laurent 多项式代数, 这是一个交换代数. 下面计算 A 的导子李代数 $\mathrm{Der}(A)$.

设 D 是 A 的一个导子, 对任意的 $f(t) \in A$, 根据导子的定义不难推出: $D(f(t)) = f'(t)D(t) = D(t)\dfrac{d}{dt}(f(t))$. 即, $D = D(t)\dfrac{d}{dt}$. 反之, 对任意元素 $g(t) \in A$, 必存在唯一确定的 A 的导子 D, 使得 $D(t) = g(t)$. 即

$$\mathrm{Der}(A) = \left\{ g(t)\frac{d}{dt} \,\middle|\, g(t) \in A \right\}.$$

容易验证, 导子李代数 $\mathrm{Der}(A)$ 是域 $\mathbb{F}$ 上的一个无限维李代数, 它有一组基 $\left\{ L_n = -t^{n+1}\dfrac{d}{dt}; n \in \mathbb{Z} \right\}$. 在这组基上, 括积可以具体描述如下

$$[L_m, L_n] = (m - n)L_{m+n}, \quad \forall m, n \in \mathbb{Z}.$$

例 13.25　设 L 是域 $\mathbb{F}$ 上的李代数, A 是域 $\mathbb{F}$ 上的交换代数, $L \otimes A$ 是向量空间的张量积. 按照下列自然方式确定它的一个运算

$$[x \otimes a, y \otimes b] = [x, y] \otimes ab, \quad \forall x, y \in L, a, b \in A.$$

由定义可以验证: 这个运算是合理的; 它是双线性的、反对称的; 它满足 Jacobi 恒等式. 因此, $L \otimes A$ 是域 $\mathbb{F}$ 上的一个李代数.

特别地, 取交换代数 $A = \mathbb{F}[t, t^{-1}]$ 为域 $\mathbb{F}$ 上的 Laurent 多项式代数, 所得到的李代数 $L \otimes \mathbb{F}[t, t^{-1}]$, 称为 Loop 代数.

定义 13.26   设 L 是域 $\mathbb{F}$ 上的李代数, V 是域 $\mathbb{F}$ 上的一个向量空间. 任何李代数同态 $\Phi: L \to \mathrm{gl}(V)$ 称为李代数 L 的一个表示. 此时, 也称向量空间 V 为李代数 L 的模 (也称李代数 L 作用在向量空间 V 上).

注记 13.27   对结合代数的模、李代数的模, 都可以定义它们的子模、商模. 还可以定义相应的模同态, 同态基本定理也成立.

至此, 我们介绍了群及其表示、结合代数及其表示以及李代数及其表示等概念, 关于这些内容及相关课题的深入讨论, 属于代数学表示理论的范畴, 感兴趣的读者可以参考进一步的专门文献.

在后面合适的地方, 我们将对这些内容的某些方面做进一步的讨论. 尤其是在第 16 讲, 我们对一个简单且重要的三维单李代数 sl_2, 研究它的表示理论, 并给出相对完整的分类结果.

第14讲　有限生成可换群的结构

关于群的结构及其表示的研究不仅仅属于群论的研究范畴, 它还和代数学的其他重要分支有着非常紧密的联系, 尤其是在李理论 (李代数、李群、代数群等的结构及其表示理论) 的相关讨论中, 群论已经成为一个基本且有效的研究工具.

本讲主要考虑一种相对简单的情形: 有限生成的可换群. 通过初等的方法给出有限生成可换群的分解定理; 然后利用结合代数的张量积的概念, 把有限生成可换群的群代数问题的研究, 转化成循环群的群代数的讨论; 最后, 对循环群的群代数给出它们的有限维不可约模的完整描述.

在讨论过程中, 将出现自由可换群的概念, 它是一般环上的自由模概念的特例. 关于一般自由群的研究, 情况将会变得异常复杂. 在第 15 讲将给出张量代数等相关知识后, 我们将讨论一般自由群的定义与构造.

定义 14.1　设 G 是可换群, 若 G 中的元素 $x_1, x_2, \cdots, x_n$ 满足下面条件:

(1) 张成性: 对任意元素 $y \in G$, 必存在 $a_1, a_2, \cdots, a_n \in \mathbb{Z}$, 使得

$$y = a_1 x_1 + a_2 x_2 + \cdots + a_n x_n;$$

(2) 无关性: 若线性组合 $a_1 x_1 + a_2 x_2 + \cdots + a_n x_n = 0, a_1, a_2, \cdots, a_n \in \mathbb{Z}$, 必有 $a_1 = a_2 = \cdots = a_n = 0$,

则称 $x_1, x_2, \cdots, x_n$ 是群 G 的一组基, 称 G 是一个有限秩自由可换群.

引理 14.2　设 G 是有限秩自由可换群, $x_1, x_2, \cdots, x_n$ 与 $y_1, y_2, \cdots, y_m$ 是 G 的两组基, 则必有 $n = m$. 此时, 也称 G 是秩为 n 的自由可换群.

证明　由定义, 群 G 可以表示成: $\{\sum_{i=1}^{n} a_i x_i | a_i \in \mathbb{Z}, 1 \leqslant i \leqslant n\}$. 令

$$2G = \left\{ \sum_{i=1}^{n} 2a_i x_i \,\middle|\, a_i \in \mathbb{Z}, 1 \leqslant i \leqslant n \right\}.$$

显然, 子集 $2G$ 是 G 的正规子群, 其商群为

$$G/2G = \{\varepsilon_1 x_1 + \cdots + \varepsilon_n x_n, \varepsilon_i = 1 \text{ 或 } 0, 1 \leqslant i \leqslant n\}.$$

类似有: $G/2G = \{\varepsilon_1 y_1 + \cdots + \varepsilon_m y_m, \varepsilon_i = 1 \text{ 或 } 0, 1 \leqslant i \leqslant m\}$. 这个集合包含元素的个数为: $2^n = 2^m$. 因此, 必有 $n = m$.

练习 14.3　(1) 设 G 是秩为 n 的自由可换群, $x_1, x_2, \cdots, x_n$ 是 G 的一组基. A 是任意可换群, $a_1, a_2, \cdots, a_n \in A$. 则有唯一的群同态 $f: G \to A$, 使得 $f(x_i) = a_i, 1 \leqslant i \leqslant n$.

(2) 取 $A = \mathbb{Z}^n$, 它是由 n 维整数向量构成的加法群, 这是一个秩为 n 的自由可换群, 其标准基为: $a_1 = (1, 0, \cdots, 0), \cdots, a_n = (0, 0, \cdots, 1)$. 利用上述 (1) 中的映射导出群的同构: $G \simeq \mathbb{Z}^n$, 这里 G 是任意秩为 n 的自由可换群.

定理 14.4　设 G 是秩为 n 的自由可换群, H 是 G 的非零子群. 则有 G 的一组基 $x_1, x_2, \cdots, x_n$ 及正整数 $d_1, d_2, \cdots, d_r (1 \leqslant r \leqslant n)$, 使得 $d_i | d_j, i \leqslant j$, 且 H 是秩为 r 的自由可换群, 它有基: $d_1 x_1, d_2 x_2, \cdots, d_r x_r$.

证明　对自由可换群 G 的秩 n 进行归纳. 当 $n = 1$ 时, $G = (x_1) \simeq \mathbb{Z}$ 是无限循环群, 子群 H 对应整数环 $\mathbb{Z}$ 的主理想, 必形如: $(d_1 x_1)$, 这里 d_1 是正整数. 即, 此时定理结论成立.

假设对秩小于 n 的自由可换群结论成立, 下面讨论秩 n 的情形. 令

$$S = \{s \in \mathbb{Z} | s y_1 + k_2 y_2 + \cdots + k_n y_n \in H, k_i \in \mathbb{Z}, y_1, \cdots, y_n \text{ 是 } G \text{ 的基}\}.$$

取 S 中的最小正整数 (S 显然是非空子集)d_1 及 G 的基 $y_1, y_2, \cdots, y_n$ 使得

$$v = d_1 y_1 + k_2 y_2 + \cdots + k_n y_n \in H, \quad k_i \in \mathbb{Z}, 2 \leqslant i \leqslant n.$$

断言 1. 若 $v' = d_1' y_1 + k_2' y_2 + \cdots + k_n' y_n \in H$, 则 $d_1 | d_1'$.

事实上, 利用整数的带余除法, 必存在唯一的整数 q_1, r_1, 使得 $d_1' = d_1 q_1 + r_1, 0 \leqslant r_1 < d_1$. 于是有

$$v' - q_1 v = r_1 y_1 + (k_2' - k_2 q_1) y_2 + \cdots + (k_n' - k_n q_1) y_n \in H.$$

由 d_1 的最小性, 必有 $r_1 = 0$. 即, $d_1 | d_1'$.

断言 2. 在上述 v 的表达式中, $d_1 | k_i, i = 2, \cdots, n$.

事实上, 由带余除法, 存在正整数 q_i, r_i, 使得

$$k_i = d_1 q_i + r_i, \quad 0 \leqslant r_i < d_1, \ i = 2, \cdots, n.$$

令 $x_1 = y_1 + q_2 y_2 + \cdots + q_n y_n$, 则 $W = \{x_1, y_2, \cdots, y_n\}$ 也是 G 的基, 且

$$v = d_1 x_1 + r_2 y_2 + \cdots + r_n y_n.$$

根据 d_1 的最小性条件推出: $r_i = 0, i = 2, \cdots, n$. 即, $d_1 | k_i, i = 2, \cdots, n$.

断言 3. 有子群 (作为 $\mathbb{Z}$-模) 的直和分解式: $H = (d_1 x_1) \oplus (H \cap G_1)$, 这里 $G_1 = \mathbb{Z} y_2 + \cdots + \mathbb{Z} y_n$ 是秩为 $n - 1$ 的自由可换群.

事实上, 首先由前两个断言的讨论, 必有 $v = d_1 x_1 \in H$, 且 G 有分解式: $G = (x_1) \oplus G_1$. 于是, $H \supset (d_1 x_1) \oplus (H \cap G_1)$. 另一方面, $\forall v' \in H$,

$$v' = d_1 q_1 y_1 + k_2' y_2 + \cdots + k_n' y_n$$
$$= d_1 q_1 x_1 + (k_2' - q_1 d_1 q_2) y_2 + \cdots + (k_n' - q_1 d_1 q_n) y_n.$$

于是, $v' \in (d_1 x_1) \oplus (H \cap G_1)$, 从而断言 3 成立.

由归纳假定, 存在 G_1 的基 $x_2, \cdots, x_n$, 使得 $H \cap G_1$ 是 G_1 的自由可换子群, 它有基 $d_2 x_2, \cdots, d_r x_r, d_i | d_j, i \leqslant j$. 又因为 $d_1 x_1 + \cdots + d_n x_n \in H$, 也有 $d_1 | d_2$. 因此, 定理结论成立.

定义 14.5　称群 G 是一个有限生成的可换群, 如果它是某个有限秩自由可换群的商群. 由一个元素 x 生成的可换群称为一个循环群, 也记为 (x).

练习 14.6　证明: 无限循环群同构于整数加法群 $\mathbb{Z}$; 包含 m 个元素的有限循环群同构于模 m 的剩余类加法群 $\mathbb{Z}/(m)$; 包含素数个元素的有限循环群只有平凡的 (正规) 子群, 它们都是有限单群.

引理 14.7　任何有限生成的可换群 G 必同构于下列循环群的直和

$$\bigoplus_{i=1}^{s} \mathbb{Z}/(m_i) \oplus \mathbb{Z}^t, \quad m_i | m_j, i < j, \ m_i \in \mathbb{Z}, \ 1 \leqslant i \leqslant s, \ t \geqslant 0.$$

证明　设 X 是群 G 的有限生成元集, $G(X)$ 是由集合 X 生成的自由可换群. 即, $G(X)$ 是以 X 为基的有限秩自由可换群, 它同构于某个 $\mathbb{Z}^n$. 于是, 存在群的满射同态 $\psi: G(X) \to G$. 同态的核 $\mathrm{Ker}\psi$ 是 $G(X)$ 的子群, 根据上述定理, 必存在它的一组基

$$d_1 x_1, d_2 x_2, \cdots, d_r x_r, \quad 1 \leqslant r \leqslant n, \quad d_i | d_j, \quad i \leqslant j,$$

这里 $x_1, x_2, \cdots, x_n$ 是 $G(X)$ 的一组基. 从而,

$$G \simeq G(X)/\mathrm{Ker}\psi \simeq \bigoplus_{i=1}^{r} \mathbb{Z}/(d_i) \oplus \mathbb{Z}^{n-r}.$$

当 $d_i = 1$ 时, $\mathbb{Z}/(d_i) = 0$, 去掉这些平凡项, 得到正整数 $m_1, m_2, \cdots, m_s$, 使得 $m_i | m_j, i < j$, 且 $G \simeq \bigoplus_{i=1}^{s} \mathbb{Z}/(m_i) \oplus \mathbb{Z}^t, t = n - r$.

引理 14.8　对任何自然数 $m \in \mathbb{N}$, 假设它的分解式为 $m = p_1^{n_1} p_2^{n_2} \cdots p_s^{n_s}$, 这里 $p_1, p_2, \cdots, p_s$ 是互不相同的素数, 且 $n_i \geqslant 1$ 是整数, $\forall i$. 则有群的同构

$$\mathbb{Z}/(m) = \mathbb{Z}/(p_1^{n_1}) \oplus \mathbb{Z}/(p_2^{n_2}) \oplus \cdots \oplus \mathbb{Z}/(p_s^{n_s}).$$

证明　对任意两个不同的素数 p, q, 必有 $(p, q) = 1$. 从而 $(p_1^{n_1}), \cdots, (p_s^{n_s})$ 是两两互素的理想, 由中国剩余定理可知, 引理结论成立.

定理 14.9 (有限生成可换群的结构定理)　任何有限生成的可换群 G 同构于下列循环群的直和

$$\bigoplus_{i=1}^{s} \mathbb{Z}/(p_i^{n_i}) \oplus \mathbb{Z}^t.$$

这里 $p_1, p_2, \cdots, p_s$ 是素数 (未必不同), $s \geqslant 0, n_i \geqslant 1, \forall i, t \geqslant 0$.

证明 由上述两个引理直接得到.

练习 14.10 给出一个非有限生成可换群的例子.

下面转向可换群代数的分解问题. 前面我们已经遇到可换群的直和, 它可以看成是环的模的直和之特例, 因为任何一个可换群都相当于整数环上的模. 对任意可换群 M, 其群代数 $\mathbb{F}[M]$ 是域 $\mathbb{F}$ 上的一个交换代数, 从而可以考虑它们的张量积上的代数结构.

引理 14.11 设 M, N 是两个可换群, 它们的直和为

$$M \oplus N = \{(m,n)|m \in M, n \in N\}.$$

则有交换代数的典范同构映射 $\sigma : \mathbb{F}[M \oplus N] \to \mathbb{F}[M] \otimes \mathbb{F}[N]$.

证明 作为域 $\mathbb{F}$ 上的向量空间, 群代数 $\mathbb{F}[M]$ 有基: $e(m), \forall m \in M$(这里由元素 $m \in M$ 到 $e(m) \in \mathbb{F}[M]$ 的切换是因为对群代数 $\mathbb{F}[M]$ 来说, 群的加法运算将诱导群代数 $\mathbb{F}[M]$ 的乘法运算. 即, 在 $\mathbb{F}[M]$ 中, 有 $e(m)e(n) = e(m+n)$). 此时, 张量积空间 $\mathbb{F}[M] \otimes \mathbb{F}[N]$ 有一组基

$$e(m) \otimes e(n), \quad \forall m \in M, \quad \forall n \in N.$$

类似地, 群代数 $\mathbb{F}[M \oplus N]$ 有一组基

$$e((m,n)), \quad \forall m \in M, \quad \forall n \in N.$$

现定义线性映射 $\sigma : \mathbb{F}[M \oplus N] \to \mathbb{F}[M] \otimes \mathbb{F}[N]$, 使得

$$\sigma(e((m,n))) = e(m) \otimes e(n), \quad \forall m \in M, \quad \forall n \in N.$$

不难验证: 映射 σ 保持单位元、保持乘法运算. 因此, 它是结合代数的同构映射, 引理结论得证.

根据引理 14.11 的结论, 要研究群的直和的群代数, 只要讨论每个群的群代数再做张量积即可. 再利用前面的结论, 要研究有限生成的可换群的群代数, 只要讨论循环群的群代数就足够了.

引理 14.12 (1) 设 M 是无限循环群, 则有结合代数的同构映射

$$\mathbb{F}[M] \to \mathbb{F}[x, x^{-1}],$$

这里 $\mathbb{F}[x, x^{-1}] = \mathbb{F}[x, y]/(xy - 1)$ 是域 $\mathbb{F}$ 上的 Laurent 多项式构成的结合代数.

(2) 设 M 是 m 阶有限循环群, 则有结合代数的同构映射

$$\mathbb{F}[M] \to \mathbb{F}[x]/(x^m - 1).$$

证明　(1) 不妨假设 $M = \mathbb{Z}$, 群代数 $\mathbb{F}[M]$ 有基: $e(n), n \in \mathbb{Z}$. 定义映射 $\theta : \mathbb{F}[M] \to \mathbb{F}[x, x^{-1}]$, 使得 $\theta(e(n)) = x^n$, 经过线性扩充得到一个线性映射. 它把 $\mathbb{F}[M]$ 的基映到 $\mathbb{F}[x, x^{-1}]$ 的基, 必是线性同构. 最后, 不难看出映射 θ 保持单位元及乘法运算. 因此, 它是一个结合代数的同构映射.

(2) 不妨设 $M = \mathbb{Z}/(m)$, 群代数 $\mathbb{F}[M]$ 有基: $e([n]), [n] \in \mathbb{Z}/(m)$. 定义映射 $\theta : \mathbb{F}[M] \to \mathbb{F}[x]/(x^m - 1)$, 使得 $\theta(e([n])) = [x]^n$, 经过线性扩充得到一个线性映射, 它也是结合代数的同构映射 (如 (1)).

例 14.13　设 $\mathbb{F}$ 是代数闭域, V 是域 $\mathbb{F}$ 上的有限维向量空间, $\mathbb{F}[x, x^{-1}]$ 是 Laurent 多项式代数. 令 $\rho : \mathbb{F}[x, x^{-1}] \to \mathrm{End} V$ 是结合代数 $\mathbb{F}[x, x^{-1}]$ 的表示, 向量空间 V 关于可逆线性变换 $\rho(x)$ 有如下根子空间分解

$$V = V^{\lambda_1} \oplus V^{\lambda_2} \oplus \cdots \oplus V^{\lambda_s},$$

$$V^{\lambda_i} = \{v \in V | (\rho(x) - \lambda_i Id_V)^{r_i} v = 0, \exists r_i \in \mathbb{N}\}.$$

这里 $\lambda_1, \cdots, \lambda_s$ 是 $\rho(x)$ 的互不相同的特征值, 且均不为零. 此时, 这些根子空间都是线性变换 $\rho(x)$ 的不变子空间, 也是线性变换 $\rho(x^{-1})$ 的不变子空间. 从而, 它们都是 V 的子模.

现在假设 V 是结合代数 $\mathbb{F}[x, x^{-1}]$ 的不可约模, 则 $V = V^{\lambda_1} = V_{\lambda_1}$ 也是 $\rho(x)$ 的特征子空间, 且 $\dim V_{\lambda_1} = 1$. 即, $\mathbb{F}[x, x^{-1}]$ 的有限维不可约模都是一维的, 它形如: $V_\lambda, \lambda \in \mathbb{F} - \{0\}$.

练习 14.14　证明: 结合代数 $\mathbb{F}[x, x^{-1}]$ 的上述不可约模 V_λ 与模 V_μ 同构当且仅当 $\lambda = \mu$. 因此, Laurent 多项式代数 $\mathbb{F}[x, x^{-1}]$ 的有限维不可约模的集合一一对应于域 $\mathbb{F}$ 中非零元素的全体.

例 14.15　假设 V 是代数闭域 $\mathbb{F}$ 上的有限维向量空间, 并有结合代数的同态 $\rho : \mathbb{F}[x]/(x^m - 1) \to \mathrm{End} V$, 使得 $[x] \to \rho([x])$. 由于 $\rho([x])^m = Id_V$, 线性变换 $\rho([x])$ 的极小多项式无重根, 从而它是半单的.

特别地, 若 V 是有限维不可约 $\mathbb{F}[x]/(x^m - 1)$-模. 它必形如: V_λ. 这里 V_λ 是一维向量空间 $\mathbb{F}$, 线性变换 $\rho([x])$ 通过 λ 倍乘作用在 $\mathbb{F}$ 上, λ 是 m 次单位根. 由此可以证明: 结合代数 $\mathbb{F}[x]/(x^m - 1)$ 的有限维不可约模的集合一一对应于 $\mathbb{F}$ 中 m 次单位根构成的集合.

注记 14.16　本讲关于有限生成的可换群的结构定理, 可以推广到主理想整环上有限生成模的情形: 设 R 是一个主理想整环, M 是任意给定的有限生成的 R-模, 则 M 可以分解为一些循环模的直和. 关于这方面的详细讨论, 见参考文献 [12].

第15讲 张量代数

域 $\mathbb{F}$ 上向量空间的张量代数是一类重要的结合代数. 在某种意义下, 张量代数可以看成是域 $\mathbb{F}$ 上自由的结合代数, 它是由某些元素 "自由" 生成的. 而一些常见的结合代数, 例如, 对称代数、外代数、李代数的泛包络代数等 (本讲给出详细定义), 都可以看成是它的商代数或同态像.

理论上, 通过向量空间的张量代数, 可以构造感兴趣的任何结合代数: 选取一组自由生成元集, 找到以此为基的向量空间, 构造相应的张量代数, 再选取合适的理想做商代数即可.

定义 15.1 设 V 是域 $\mathbb{F}$ 上的向量空间, $T^n(V) = V \otimes \cdots \otimes V$ 是向量空间 V 的 n 次张量积, $n > 0$, 并规定 $T^0(V) = \mathbb{F}$. 构造向量空间的直和

$$T(V) = \mathbb{F} \oplus V \oplus T^2(V) \oplus \cdots \oplus T^n(V) \oplus \cdots.$$

$T(V)$ 中的元素是形式表达式: $x_0 + x_1 + \cdots + x_n, x_i \in T^i(V), 0 \leqslant i \leqslant n$. 现定义向量空间 $T(V)$ 中的乘法运算如下

$$\sum_i x_i \cdot \sum_j y_j = \sum_{i,j} x_i \otimes y_j, \quad x_i \in T^i(V), \quad y_j \in T^j(V), \; \forall i, j.$$

这里 $x_i \otimes y_j$ 是 (x_i, y_j) 在张量积映射下的像 $(\otimes: T^i(V) \times T^j(V) \to T^{i+j}(V))$. 不难看出: 这个运算的定义合理, 它是双线性的, 结合律也成立, 域 $\mathbb{F}$ 中的单位元 1 是它的单位元. 从而, $T(V)$ 是域 $\mathbb{F}$ 上的一个结合代数, 称为向量空间 V 的张量代数.

引理 15.2 (泛性质) 术语如上. 对域 $\mathbb{F}$ 上的任意结合代数 A 及线性映射 $\varphi: V \to A$, 必存在唯一的结合代数同态 $\psi: T(V) \to A$, 使得 $\psi|_V = \varphi$ (这里 V 可以自然地看成 $T(V)$ 的子空间).

证明 取定向量空间 V 的一组基 $(v_i; i \in I)$, 利用推论 11.12 的结论可以推出, 向量空间 $T^n(V)$ 有下列形式的基

$$(v_{i_1} \otimes \cdots \otimes v_{i_n}; \forall i_1, \cdots, i_n \in I).$$

令 $\psi(v_{i_1} \otimes \cdots \otimes v_{i_n}) = \varphi(v_{i_1}) \cdots \varphi(v_{i_n})$, 并线性扩充到 $T^n(V)$ 上. 进一步, 线性扩充到整个 $T(V)$ 上, 使得 $\psi(1) = 1$. 由定义容易看出, ψ 是结合代数的同态, 它扩充了线性映射 φ.

唯一性: 由定义可知, V 是张量代数 $T(V)$ 的生成元集, 而结合代数的同态由其在生成元集上的值所确定. 从而, 满足条件的同态是唯一的.

注记 15.3   这条性质称为张量代数的泛性质, 它说明了从张量代数 $T(V)$ 出发的结合代数的同态在向量空间 V 的一组基上可事先任意给定其值. 或者说, V 的基可以看成是一些 "自由变量", 它们可以随意取值, 一旦取定后, 可唯一确定一个结合代数的同态.

练习 15.4   设 $V = \mathbb{F}v$ 是域 $\mathbb{F}$ 上的一维向量空间, 证明: 张量代数 TV 同构于域 $\mathbb{F}$ 上的一元多项式代数 $\mathbb{F}[x]$.

定义 15.5   设 $T(V)$ 是向量空间 V 的张量代数, I 是 $T(V)$ 的理想, 它有生成元集: $v \otimes w - w \otimes v, \forall v, w \in V$, 也记为

$$I = (v \otimes w - w \otimes v; \forall v, w \in V).$$

构造商代数 $S(V) = T(V)/I$, 这是一个交换结合代数, 称为 V 的对称代数.

引理 15.6 (泛性质)   术语如上. 对域 $\mathbb{F}$ 上的任意交换结合代数 A 及线性映射 $\varphi : V \to A$, 必存在唯一的结合代数同态 $\psi : S(V) \to A$, 使得 $\psi|_V = \varphi$ (这里 V 也可以看成 $S(V)$ 的子空间: $V \cap I = 0$).

证明   由张量代数 $T(V)$ 的泛性质, 必存在结合代数的同态 $\tilde{\varphi} : T(V) \to A$, 使得 $\tilde{\varphi}|_V = \varphi$. 现在证明: $I \subset \operatorname{Ker}\tilde{\varphi}$. 因为 I 与 $\operatorname{Ker}\tilde{\varphi}$ 都是 $T(V)$ 的理想, 只要证明 I 的生成元集包含于 $\operatorname{Ker}\tilde{\varphi}$. 对 $v \otimes w - w \otimes v \in I$, 不难看出: $\tilde{\varphi}(v \otimes w - w \otimes v) = 0$. 即, $I \subset \operatorname{Ker}\tilde{\varphi}$. 利用结合代数与同态的基本定理, 必存在结合代数同态 $\psi : S(V) \to A$, 使得 $\psi|_V = \tilde{\varphi}|_V = \varphi$.

唯一性: 因为 V 是 $T(V)$ 的生成元集, 对称代数 $S(V)$ 是 $T(V)$ 的商代数, 从而, V 也可以看成对称代数 $S(V)$ 的生成元集. 而结合代数的同态由其在生成元集上的值所确定, 故唯一性成立.

推论 15.7   设 V 是域 $\mathbb{F}$ 上的 n 维向量空间, $S(V)$ 是 V 的对称代数. 则有结合代数的同构映射 $\psi : S(V) \to \mathbb{F}[x_1, x_2, \cdots, x_n]$, 这里 $\mathbb{F}[x_1, x_2, \cdots, x_n]$ 是域 $\mathbb{F}$ 上的 n 元多项式代数.

证明   任取向量空间 V 的一组基 $v_1, v_2, \cdots, v_n$. 在上述泛性质中, 设 A 为域 $\mathbb{F}$ 上的 n 元多项式代数: $\mathbb{F}[x_1, x_2, \cdots, x_n], \varphi : V \to A$ 是线性映射, 使得 $\varphi(v_i) = x_i, 1 \leqslant i \leqslant n$. 从而有结合代数的同态 $\psi : S(V) \to A$, 它扩充了映射 φ. 由于 $x_1, x_2, \cdots, x_n$ 是代数 A 的生成元集, ψ 是满同态.

不难看出, 结合代数的同态 ψ 把 $S(V)$ 的张成元集

$$\{v_1^{i_1} v_2^{i_2} \cdots v_n^{i_n}; i_1, i_2, \cdots, i_n \in \mathbb{N}\}$$

对应到多项式代数 A 的基

$$\{x_1^{i_1} x_2^{i_2} \cdots x_n^{i_n}; i_1, i_2, \cdots, i_n \in \mathbb{N}\}.$$

因此, $S(V)$ 的这个张成元集也是线性无关的. 从而, ψ 是同构映射.

定义 15.8　设 $T(V)$ 是向量空间 V 的张量代数, J 是 $T(V)$ 的理想, 它有生成元集: $v \otimes w + w \otimes v, \forall v, w \in V$, 也记为

$$J = (v \otimes w + w \otimes v; \forall v, w \in V).$$

构造商代数 $\Lambda(V) = T(V)/J$, 这是一个结合代数, 称为 V 的外代数.

注记 15.9　当 V 是域 $\mathbb{F}$ 上的有限维向量空间时, 类似于上述对称代数 $S(V)$ 与 n 元多项式代数 $\mathbb{F}[x_1, x_2, \cdots, x_n]$ 同构的讨论, 对外代数 $\Lambda(V)$ 也有一个等价的描述, 这个具体的描述可以方便地求出 $\Lambda(V)$ 的一组基.

设 Λ 是域 $\mathbb{F}$ 上的一个向量空间, 它有一组基如下

$$u_\varnothing = 1, \quad u_S = u_{i_1} u_{i_2} \cdots u_{i_r}, \quad i_1 < i_2 < \cdots < i_r.$$

这里 $S = \{i_1, i_2, \cdots, i_r\}$ 是 n 个自然数的集合 $N = \{1, 2, \cdots, n\}$ 的一个子集. 适当准备之后, 下面将定义 Λ 的乘法运算, 使其成为域 $\mathbb{F}$ 上的一个结合代数, 并同构于上述构造的向量空间 V 的外代数 $\Lambda(V)$.

$\forall s, t \in N$, 定义

$$\varepsilon_{s,t} = \begin{cases} 1, & s < t, \\ 0, & s = t, \\ -1, & s > t. \end{cases}$$

若 S, T 是 N 的子集, 定义

$$\varepsilon_{S,T} = \begin{cases} \displaystyle\prod_{s \in S, t \in T} \varepsilon_{s,t}, & S \neq \varnothing, T \neq \varnothing, \\ 1, & S = \varnothing \text{ 或 } T = \varnothing \end{cases}$$

现在给出 Λ 中的乘法运算, 只需给出基元素的乘积. 定义 $u_S u_T = \varepsilon_{S,T} u_{S \cup T}$. 根据定义可以直接验证: $\varepsilon_{S_1 \cup S_2, T} = \varepsilon_{S_1, T} \varepsilon_{S_2, T}, \varepsilon_{S, T_1 \cup T_2} = \varepsilon_{S, T_1} \varepsilon_{S, T_2}$. 由此可以推出, 上述乘积在基元素上满足结合律:

$$(u_S u_T) u_W = \varepsilon_{S,T} u_{S \cup T} u_W = \varepsilon_{S,T} \varepsilon_{S \cup T, W} u_{S \cup T \cup W},$$

$$u_S (u_T u_W) = \varepsilon_{T,W} u_S u_{T \cup W} = \varepsilon_{T,W} \varepsilon_{S, T \cup W} u_{S \cup T \cup W}.$$

再线性扩充到整个空间 Λ 上去, 就得到向量空间 Λ 上的一个双线性运算, 使得 Λ 是域 $\mathbb{F}$ 上的一个结合代数.

推论 15.10　设 V 是域 $\mathbb{F}$ 上的 n 维向量空间, $v_1, v_2, \cdots, v_n$ 是它的一组基. 则外代数 $\Lambda(V)$ 是一个有限维结合代数, 它有一组基:

$$1, v_{i_1} \wedge v_{i_2} \wedge \cdots \wedge v_{i_r}; \quad 1 \leqslant i_1 < i_2 < \cdots < i_r \leqslant n.$$

特别地, 外代数 $\Lambda(V)$ 的维数为: $2^n = \binom{n}{0} + \binom{n}{1} + \cdots + \binom{n}{n}$.

证明　术语如前, 商代数 $\Lambda(V) = T(V)/J$ 的乘法运算记为 $\wedge$. 定义线性映射 $\varphi : V \to \Lambda$, 使得 $\varphi(v_i) = u_i, 1 \leqslant i \leqslant n$. 由张量代数 $T(V)$ 的泛性质, 存在结合代数的同态 $\tilde{\varphi} : T(V) \to \Lambda$, 使得 $\tilde{\varphi}(v_i) = u_i, 1 \leqslant i \leqslant n$.

现在证明: $J \subset \mathrm{Ker}\tilde{\varphi}$. 因为 J 与 $\mathrm{Ker}\tilde{\varphi}$ 都是 $T(V)$ 的理想, 只要证明 J 的生成元集包含于 $\mathrm{Ker}\tilde{\varphi}$. 对 $v \otimes w + w \otimes v \in J$, 不难看出: $\tilde{\varphi}(v \otimes w + w \otimes v) = 0$. 即, $J \subset \mathrm{Ker}\tilde{\varphi}$. 利用结合代数与同态的基本定理, 必存在结合代数的同态 $\psi : \Lambda(V) \to \Lambda$, 使得 $\psi|_V = \tilde{\varphi}|_V = \varphi$ (由于 $V \cap J = 0$, V 可以看成 $\Lambda(V)$ 的一个子空间). 此时, 同态 ψ 把 $\Lambda(V)$ 的张成元集

$$\{1, v_{i_1} \wedge v_{i_2} \wedge \cdots \wedge v_{i_r}; 1 \leqslant i_1 < i_2 < \cdots < i_r \leqslant n\}$$

映到向量空间 Λ 的基

$$\{u_\varnothing = 1, u_S = u_{i_1} u_{i_2} \cdots u_{i_r}, 1 \leqslant i_1 < i_2 < \cdots < i_r \leqslant n\}.$$

因此, 这个张成元集也是 $\Lambda(V)$ 的一组基, 推论结论成立.

例 15.11　设 V 是域 $\mathbb{F}$ 上的二维向量空间: $V = \mathbb{F}\xi_1 \oplus \mathbb{F}\xi_2$. 由定义直接得出: 外代数 $\Lambda(V)$ 是域 $\mathbb{F}$ 上的一个四维向量空间, 它有一组基如下

$$1, \xi_1, \xi_2, \xi_1 \xi_2 = -\xi_2 \xi_1.$$

定义 15.12　设 L 是域 $\mathbb{F}$ 上的李代数, $T(L)$ 是向量空间 L 的张量代数, K 是 $T(L)$ 的理想, 它有生成元集: $x \otimes y - y \otimes x - [x, y], \forall x, y \in L$, 也记为

$$K = (x \otimes y - y \otimes x - [x, y], \forall x, y \in L).$$

构造商代数 $U(L) = T(L)/K$, 这是域 $\mathbb{F}$ 上的一个结合代数, 称为李代数 L 的泛包络代数.

定理 15.13 (PBW 定理)　典范映射: $L \to U(L)(x \to [x])$ 是李代数的单射同态. 从而, L 可以看成作为李代数的 $U(L)$ 的子代数. 进一步, L 是 $U(L)$ 作为结合代数的生成元集.

若李代数 L 有有序基 $\{x_i; i \in I\}$, 则泛包络代数 $U(L)$ 有下列有序基

$$x_{i_1} x_{i_2} \cdots x_{i_r}, \quad i_1 \leqslant \cdots \leqslant i_r, i_j \in I, 1 \leqslant j \leqslant r, r \geqslant 0.$$

注记 15.14   关于这个定理的证明超出本书的讨论范围, 感兴趣的读者可以参考文献 [13]. 值得注意的是作为结合代数, $U(L)$ 是由 L 生成出来的. 而作为李代数, $L \subset U(L)$ 本身就是封闭的.

引理 15.15   术语如上. 对域 $\mathbb{F}$ 上的任意结合代数 A, 它关于诱导的括积运算也是一个李代数. 任给李代数同态 $\varphi : L \to A$, 必存在唯一的结合代数同态 $\psi : U(L) \to A$, 使得 $\psi|_L = \varphi$(这里 L 看成 $U(L)$ 的子代数).

证明   利用向量空间 L 的张量代数 $T(L)$ 的泛性质, 必存在结合代数的同态 $\tilde{\varphi} : T(L) \to A$, 使得 $\tilde{\varphi}|_L = \varphi$. 现在证明: $K \subset \mathrm{Ker}\tilde{\varphi}$. 因为 K 与 $\mathrm{Ker}\tilde{\varphi}$ 都是 $T(L)$ 的理想, 只要证明 K 的生成元集包含于 $\mathrm{Ker}\tilde{\varphi}$.

对 $x \otimes y - y \otimes x - [x, y] \in K$, 不难看出: $\tilde{\varphi}(x \otimes y - y \otimes x - [x, y]) = 0$. 即, $K \subset \mathrm{Ker}\tilde{\varphi}$. 利用结合代数与同态的基本定理, 必存在结合代数的同态 $\psi : U(L) \to A$, 使得 $\psi|_L = \tilde{\varphi}|_L = \varphi$.

唯一性: 李代数 L 是结合代数 $U(L)$ 的生成元集, 而结合代数同态由其在生成元集上的值所确定. 从而唯一性成立.

推论 15.16   术语如上. 对域 $\mathbb{F}$ 上的向量空间 V, 任何李代数的同态 $\varphi : L \to \mathrm{gl}(V)$, 都可以唯一地扩充为结合代数的同态 $\psi : U(L) \to \mathrm{End}V$(这里作为向量空间 V 的线性变换的集合 $\mathrm{gl}(V) = \mathrm{End}V$).

反之, 结合代数 $U(L)$ 到 $\mathrm{End}V$ 的同态限制在李代数 L 上, 得到李代数 L 到 $\mathrm{gl}(V)$ 的同态. 因此, 李代数 L 的表示等价于结合代数 $U(L)$ 的表示.

前面曾经提到, 张量代数 $T(V)$ 可以看成是某个集合 (向量空间 V 的一组基) 生成的自由结合代数. 类似地, 可以讨论自由李代数、自由群的相关概念, 它们也可以理解为由某个集合自由生成的代数结构.

定义 15.17   设 X 是一个非空集合, $L(X)$ 是域 $\mathbb{F}$ 上的李代数. 称 $L(X)$ 是由集合 X 生成的自由李代数, 如果它满足下面两个条件:

(1) $X \subset L(X)$;

(2) 对任意李代数 L' 及任意映射 $\varphi : X \to L'$, 必存在唯一的李代数同态 $\psi : L(X) \to L'$, 它扩充了 φ.

定理 15.18   对任意的非空集合 X, 域 $\mathbb{F}$ 上由 X 生成的自由李代数一定存在, 并且它是唯一的 (在同构的意义下).

证明   令 V 是以集合 X 为基的域 $\mathbb{F}$ 上的向量空间, $T(V)$ 是 V 的张量代数, 关于括积运算它也是一个李代数. 定义 $L(X)$ 为由 X 生成的 $T(V)$ 的李子代数, 下面证明: $L(X)$ 是由 X 生成的自由李代数.

首先, 由定义 $X \subset L(X)$. 另外, 对域 $\mathbb{F}$ 上的任意李代数 L' 及集合映射 $\varphi : X \to L'$, 存在唯一的线性映射: $V \to L'$(仍记为 φ), 它扩充了上述集合映射 φ. 再利用张量代数的泛性质, 存在唯一的结合代数同态 $\tilde{\varphi} : T(V) \to U(L')$, 使得

$\bar{\varphi}(x) = \varphi(x), \forall x \in X$, 这里 $U(L')$ 是李代数 L' 的泛包络代数. 此时, 不难看出, $\bar{\varphi}(L(X)) \subset L'$. 令 $\psi = \bar{\varphi}|_{L(X)}$, 则 $\psi : L(X) \to L'$ 是李代数的同态, 它扩充了 φ.

唯一性: 集合 X 是李代数 $L(X)$ 的生成元集, 李代数同态由其在生成元集上的值所确定, 故上述扩充映射 ψ 是唯一的.

自由李代数的唯一性: 若还有李代数 L', 它也满足泛性质. 按照自然的方式, 可以找到李代数的同态 $f : L(X) \to L'$ 及李代数的同态 $g : L' \to L(X)$, 并且这两个同态是互逆的. 因此, 它们都是李代数的同构.

练习 15.19   对单点集合 $X = \{x\}$, 具体描述由 X 生成的域 $\mathbb{F}$ 上的自由李代数 $L(X)$ 的结构.

定义 15.20   设 G 是群, X 是 G 的非空子集. 称 G 是由 X 生成的自由群, 如果它满足下列泛性质: 对任意群 H 及任意映射 $\varphi : X \to H$, 必存在唯一的群同态 $\psi : G \to H$, 它扩充了映射 φ. 此时, 也记 $G = G(X)$.

定理 15.21   对任意的非空集合 X, 存在由 X 生成的自由群, 并且在同构的意义下它是唯一的.

证明   存在性: 设 $X = \{x_i; i \in D\}$, $Y = \{y_i; i \in D\}$ 是和 X 对应的一个集合. V 是域 $\mathbb{F}$ 上的一个向量空间, 它以集合的并集 $X \cup Y$ 为基. 设 $T(V)$ 是 V 的张量代数, I 是它的理想, 它有生成元集: $x_i \otimes y_i - 1$, $\forall i \in D$. 构造商代数 $A = T(V)/I$, 令 $G(X)$ 为 A 中的元素 $[x_i] (i \in D)$ 生成的乘法子群. 下面证明: $G(X)$ 是由 X 生成的自由群.

首先, 元素 $x \in X$ 可以等同于它的像 $[x] \in G(X)$. 即, X 可以看成 $G(X)$ 的非空子集. 另外, 对任意群 H 及任意映射 $\varphi : X \to H$, 构造线性映射 $\varphi_1 : V \to \mathbb{F}[H]$, 使得 $\varphi_1(x_i) = \varphi(x_i), \varphi_1(y_i) = \varphi(x_i)^{-1}$, 这里 $\mathbb{F}[H]$ 是群 H 的群代数, 则有结合代数的同态 $\varphi_2 : T(V) \to \mathbb{F}[H]$.

不难验证: $I \subset \mathrm{Ker}\varphi_2$, 故有结合代数的同态 $\varphi_3 : T(V)/I \to \mathbb{F}[H]$. 令 $\psi = \varphi_3|_{G(X)}$, 则 $\psi : G(X) \to H$ 是群同态, 且满足定义的要求. 由于集合 X 是群 $G(X)$ 的生成元集, 这种同态 $\psi (\varphi$ 的扩充) 是唯一的.

唯一性: 若还有群 G', 它也满足泛性质. 按照自然的方式, 可以找到群的同态 $f : G(X) \to G'$ 及群的同态 $g : G' \to G(X)$, 并且这两个同态是互逆的. 因此, 它们都是群的同构映射.

练习 15.22   证明: 由单点集合 $\{x\}$ 生成的自由群 $G(x)$ 是无限循环群.

注记 15.23   前面介绍的域 $\mathbb{F}$ 上向量空间 V 的张量代数 $T(V)$ 有一个自然的分解式: $T(V) = \mathbb{F} \oplus V \oplus V \otimes V \oplus \cdots$. 通过此分解可以定义 $T(V)$ 中某些 (齐次) 元素的次数: 称 $T^n(V) = V \otimes \cdots \otimes V$ 为 $T(V)$ 的 n-次齐次子空间, 其中的元素 α 称为 n-次齐次向量, 记为 $\deg \alpha = n$. 对 $\alpha \in T^n(V), \beta \in T^m(V)$, 有 $\alpha\beta = \alpha \otimes \beta \in T^{n+m}(V)$. 这时, 称 $T(V)$ 是一个分次代数或阶化代数.

定义 15.24(阶化代数)   设 A 是域 $\mathbb{F}$ 上的非结合代数, 它有子空间的直和分解式: $A = \oplus_{n \in \mathbb{Z}} A_n$, 并且此分解与代数的乘法运算相容. 即, $A_n A_m \subset A_{n+m}, \forall n, m \in \mathbb{Z}$, 这里乘积 $A_n A_m$ 定义为

$$A_n A_m = \left\{ \sum_{i=1}^{r} a_{ni} a_{mi} \,\middle|\, a_{ni} \in A_n, a_{mi} \in A_m, 1 \leqslant i \leqslant r, r > 0 \right\}.$$

则称 A 是一个 $\mathbb{Z}$-分次的非结合代数或阶化非结合代数, 称 A_n 为 A 的 n-次齐次子空间, 其中的向量 α 称为 n-次齐次元素, 记为 $\deg \alpha = n$.

特别地, 当 A 是结合代数时, 称其为阶化结合代数 (此时, 约定单位元 $1 \in A_0$); 当 A 是李代数时, 称其为阶化李代数.

定义 15.25   设 A 是域 $\mathbb{F}$ 上的阶化非结合代数, W 是 A 的子空间. 称 W 是 A 的阶化子空间, 如果 W 中任意向量的齐次分量仍属于 W. 等价地, W 是 A 的阶化子空间当且仅当它有下列形式

$$W = \bigoplus_{n \in \mathbb{Z}} (W \cap A_n).$$

称 A 的子代数 B 是阶化子代数, 如果作为子空间它是阶化的; 称 A 的理想 I 是 A 的阶化理想或齐次理想, 如果作为子空间它是 A 的阶化子空间.

练习 15.26   设 A 是域 $\mathbb{F}$ 上的一个阶化的非结合代数, I 是 A 的理想. 证明: I 是 A 的齐次理想当且仅当它是由 A 的某些齐次元素生成的.

引理 15.27   设 A 是域 $\mathbb{F}$ 上的一个阶化的非结合代数, I 是 A 的齐次理想. 则商代数 A/I 也是阶化的非结合代数.

特别地, 任何阶化结合代数关于它的齐次理想的商代数是阶化结合代数; 任何阶化李代数关于它的齐次理想的商代数是阶化李代数.

证明   设 $A = \oplus_{n \in \mathbb{Z}} A_n$ 是域 $\mathbb{F}$ 上的阶化的非结合代数, I 是 A 的齐次理想. 由齐次理想的定义, I 有形式

$$I = \bigoplus_{n \in \mathbb{Z}} (I \cap A_n).$$

定义映射 $\varphi : A/I \to \oplus_{n \in \mathbb{Z}} A_n/(A_n \cap I), [\sum_n a_n] \to \sum_n [a_n], a_n \in A_n$. 不难验证: 这是向量空间的同构映射; 可以按照自然的方式定义右边向量空间的乘法运算, 使其成为一个阶化的非结合代数, 且它同构于 A/I.

注记 15.28   对域 $\mathbb{F}$ 上的两个阶化的非结合代数 A, B, 定义 A 到 B 的保持次数的非结合代数的同态为阶化代数的同态. 还可以定义阶化代数同态的核与像, 它们分别是 A 的齐次理想、B 的阶化子代数. 类似还有关于阶化代数的阶化同态

的同态基本定理, 这些结论的详细表述及其证明都是通常情形下相应结论的自然推广, 建议读者补充这些细节!

例 15.29　设 V 是域 $\mathbb{F}$ 上的向量空间, $T(V)$ 是 V 的张量代数, 则 $T(V)$ 是一个阶化的结合代数. 对称代数 $S(V)$、外代数 $\Lambda(V)$ 分别是张量代数 $T(V)$ 关于它的齐次理想 I、J 的商代数, 它们也是阶化的结合代数.

对域 $\mathbb{F}$ 上的李代数 L 来说, 其泛包络代数 $U(L) = T(L)/K$ 不是阶化结合代数, 这是因为它对应的理想 K 不是齐次理想.

注记 15.30　模仿域 $\mathbb{F}$ 上的阶化非结合代数的概念, 可以类似地定义有单位元的阶化环的概念. 特别地, 对有单位元的交换环 R, 如果它有一个 $\mathbb{Z}_+$-分次结构 $(R_m = 0, m < 0)$, 则称它是一个阶化环.

对任意有单位元的交换环 R, 用 $\mathrm{Spec}(R)$ 表示环 R 的所有素理想构成的集合; 对任意阶化环 S, 用 $\mathrm{Proj}(S)$ 表示 S 的所有齐次素理想构成的集合. 在这两个集合上可以定义拓扑结构, 使它们成为拓扑空间. 这两个拓扑空间分别对应几何中的仿射概型与射影概型, 关于它们的研究, 构成代数几何学最基础的内容, 见参考文献 [14].

第16讲 李代数 sl_2 及其表示

域 $\mathbb{F}$ 上的李代数 sl_2 是一个简单的低维李代数, 也是一个非常重要的李代数. 更一般的高维李代数的研究, 在某种意义下都可以转化为对 sl_2 的讨论. 本讲主要介绍一些相关的基本概念与方法, 并对 sl_2 的有限维模进行研究, 尤其是对 sl_2 的有限维不可约模进行完全分类.

本讲假定系数域 $\mathbb{F}$ 是特征为零的代数闭域, 不再每次说明.

定义 16.1 设 L 是域 $\mathbb{F}$ 上的李代数, V 是一个 L-模. 称 V 的子空间 W 是 V 的子模, 如果它关于 L 的作用是不变的. 称 V 是一个不可约 L-模, 如果 V 不等于零, 且它只含有平凡的子模: $0, V$.

引理 16.2 (Schur 引理) 设 L 是域 $\mathbb{F}$ 上的李代数, V 是 L 的有限维不可约模, $\phi: V \to V$ 是 L-模的同态. 则映射 ϕ 是数乘变换.

证明 由于 $\mathbb{F}$ 是代数闭域, 线性变换 ϕ 的特征多项式必有根 λ, 相应有特征子空间 $V_\lambda = \{v \in V | \phi(v) = \lambda v\}$. 从而, $\forall x \in L, \forall v \in V_\lambda$, 必有等式: $\phi(x.v) = x.\phi(v) = \lambda x.v$. 即, 子空间 V_λ 是 V 的非零子模. 利用不可约性条件, 推出 $V_\lambda = V$. 因此, ϕ 是数乘变换, 结论成立.

练习 16.3 设 L 是域 $\mathbb{F}$ 上的李代数, V, W 是 L 的不可约模, $\phi: V \to W$ 是非零的 L-模同态. 证明: ϕ 是一个同构映射. 进一步, 利用 Schur 引理证明: 当 V, W 是有限维模时, $\dim \mathrm{Hom}_L(V, W) = 1$, 这里 $\mathrm{Hom}_L(V, W)$ 表示从 V 到 W 的所有 L-模同态构成的域 $\mathbb{F}$ 上的向量空间.

注记 16.4 对域 $\mathbb{F}$ 上的李代数 L 及元素 $x \in L$, 定义映射 $\mathrm{ad}x$ 如下

$$\mathrm{ad}x: L \to L, \quad y \to [x, y].$$

根据李代数括积的定义性质, 不难看出: 下列等式成立

$$\mathrm{ad}x(y + z) = \mathrm{ad}x(y) + \mathrm{ad}x(z), \quad \forall y, z \in L,$$

$$\mathrm{ad}(ax) = a\mathrm{ad}(x), \quad \forall x \in L, \forall a \in \mathbb{F}.$$

于是, 映射 $\mathrm{ad}x$ 是一个线性变换. 再由此定义二元映射 κ 如下

$$\kappa(x, y) = \mathrm{Tr}(\mathrm{ad}x \cdot \mathrm{ad}y), \quad \forall x, y \in L,$$

这里 $\mathrm{Tr}\mathbb{A}$ 表示线性变换 $\mathbb{A}$ 的迹 (定义为相应矩阵的迹, 见定义 9.7). 不难验证, 映射 $\kappa: L \times L \to \mathbb{F}$ 是一个双线性映射, 称其为李代数 L 的 Killing 型.

引理 16.5 Killing 型 κ 具有下列性质:

(1) 对称性: $\kappa(x, y) = \kappa(y, x), \forall x, y \in L$;

(2) 不变性: $\kappa([x, y], z) = \kappa(x, [y, z]), \forall x, y, z \in L$(也称为结合性).

证明 (1) $\forall x, y \in L$, 利用线性变换迹的性质, 得到下列等式

$$\kappa(x, y) = \text{Tr}(\text{ad}x \cdot \text{ad}y) = \text{Tr}(\text{ad}y \cdot \text{ad}x) = \kappa(y, x).$$

(2) $\forall x, y, z \in L$, 不难看出, 也有下列等式

$$\kappa([x, y], z) = \text{Tr}(\text{ad}[x, y] \cdot \text{ad}z) = \text{Tr}(\text{ad}x \cdot \text{ad}y \cdot \text{ad}z - \text{ad}y \cdot \text{ad}x \cdot \text{ad}z),$$

$$\kappa(x, [y, z]) = \text{Tr}(\text{ad}x \cdot \text{ad}[y, z]) = \text{Tr}(\text{ad}x \cdot \text{ad}y \cdot \text{ad}z - \text{ad}x \cdot \text{ad}z \cdot \text{ad}y).$$

因此, $\kappa([x, y], z) = \kappa(x, [y, z])$. 即, 所要求的等式成立.

注记 16.6 (1) 我们在上述推导过程中, 用到关于线性变换迹的基本性质: $\text{Tr}(\mathbb{A}\mathbb{B}) = \text{Tr}(\mathbb{B}\mathbb{A})$;

(2) 映射 $\text{ad}: L \to \text{gl}(L)$ 是一个李代数同态. 即, 它是向量空间的线性映射, 且满足等式

$$\text{ad}[x, y] = [\text{ad}x, \text{ad}y], \quad \forall x, y \in L.$$

这个等式说明: 映射 ad 保持李代数的括积运算, 它是李代数定义中 Jacobi 恒等式的直接推论. 因此, $\text{ad}: L \to \text{gl}(L)$ 是李代数 L 的一个表示, 称其为 L 的伴随表示.

定义 16.7 设 V 是域 $\mathbb{F}$ 上的有限维向量空间, $\beta: V \times V \to \mathbb{F}$ 是一个双线性映射 (也称其为 V 上的双线性型). 称它是非退化的, 如果它满足条件: 对 $x \in V$, 由 $\beta(x, y) = 0, \forall y \in V$, 必有 $x = 0$.

此时, 由定义不难验证: 存在向量空间 V 到其对偶空间 V^* 的线性同构映射: $V \to V^*, v \to \beta(v, \cdot)$. 这里 $\beta(v, \cdot): V \to \mathbb{F}, w \to \beta(v, w)$ 是线性函数. 特别地, V 上的任何线性函数必有形式: $\beta(v, \cdot), v \in V$.

练习 16.8 设 V 是域 $\mathbb{F}$ 上的 n 维向量空间, $\beta: V \times V \to \mathbb{F}$ 是一个双线性型. 取 V 的一组基 $v_1, v_2, \cdots, v_n$, 定义 n 阶矩阵 $B = (b_{ij}) \in M_n(\mathbb{F})$, 这里 $b_{ij} = \beta(v_i, v_j), \forall i, j$, 称矩阵 B 为 β 的度量矩阵. 证明: 双线性型 β 是非退化的当且仅当矩阵 B 是可逆矩阵.

定义 16.9 设 L 是域 $\mathbb{F}$ 上的有限维李代数, 称 L 是半单李代数, 如果它的 Killing 型 $\kappa: L \times L \to \mathbb{F}$ 是非退化的.

引理 16.10 定义 $\text{sl}_2 = \{v \in M_2(\mathbb{F}) | \text{Tr}v = 0\}$ 为域 $\mathbb{F}$ 上所有迹为零的二阶矩阵构成的向量空间, 则 sl_2 是域 $\mathbb{F}$ 上的一个半单李代数.

证明 取 sl_2 的标准基: x, y, h, 它们具体定义如下

$$x = \begin{pmatrix} 0 & 1 \\ 0 & 0 \end{pmatrix}, \quad y = \begin{pmatrix} 0 & 0 \\ 1 & 0 \end{pmatrix}, \quad h = \begin{pmatrix} 1 & 0 \\ 0 & -1 \end{pmatrix}.$$

根据矩阵括积的定义, 不难证明: $[x,y]=h, [h,x]=2x, [h,y]=-2y.$ 从而可以计算出线性变换 $\mathrm{ad}x, \mathrm{ad}y, \mathrm{ad}h$ 的矩阵如下

$$\mathrm{ad}x(x,y,h)=(x,y,h)X,$$
$$\mathrm{ad}y(x,y,h)=(x,y,h)Y,$$
$$\mathrm{ad}h(x,y,h)=(x,y,h)H.$$

其中

$$X=\begin{pmatrix} 0 & 0 & -2 \\ 0 & 0 & 0 \\ 0 & 1 & 0 \end{pmatrix}, \quad Y=\begin{pmatrix} 0 & 0 & 0 \\ 0 & 0 & 2 \\ -1 & 0 & 0 \end{pmatrix}, \quad H=\begin{pmatrix} 2 & 0 & 0 \\ 0 & -2 & 0 \\ 0 & 0 & 0 \end{pmatrix}.$$

设有 $v=ax+by+ch\in\mathrm{sl}_2$, 使得 $\kappa(v,x)=0, \kappa(v,y)=0, \kappa(v,h)=0.$ 可以验证: $\mathrm{ad}v$ 在基 x,y,h 下的矩阵为

$$\begin{pmatrix} 2c & 0 & -2a \\ 0 & -2c & 2b \\ -b & a & 0 \end{pmatrix}.$$

由此不难推出: $\kappa(v,x)=4b, \kappa(v,y)=4a, \kappa(v,h)=8c.$ 必有 $v=0$. 因此, κ 是非退化的, sl_2 是半单李代数.

练习 16.11　证明: sl_2 是单李代数(它只有两个平凡的理想: 0, sl_2).

提示　任取 sl_2 的非零理想 I, 要证明: $I=\mathrm{sl}_2$. 取 I 中的非零元素, 用它和上述标准基中的向量做一系列括积运算, 直到推出这些基元素全部包含于 I. 此时, I 将包含 sl_2 的所有元素.

注记 16.12　李代数 sl_2 是一类典型李代数 $\mathrm{sl}_n(\mathbb{F})$ 中的一个, 这里 $\mathrm{sl}_n(\mathbb{F})$ 是指域 $\mathbb{F}$ 上的所有迹为零的 n 阶矩阵构成的向量空间, 关于矩阵的括积运算, 它是一个李代数, 也是一般线性李代数 $\mathrm{gl}_n(\mathbb{F})\simeq\mathrm{gl}(V)$($V$ 是域 $\mathbb{F}$ 上的 n 维向量空间) 的子代数, 称其为特殊线性李代数.

关于李代数 $\mathrm{sl}_n(\mathbb{F})$ 及其他一般李代数的基本理论与方法的研究, 超出本书可能讨论的范围, 感兴趣的读者可以参考文献 [13].

下面将对具体的半单李代数 $L=\mathrm{sl}_2$ 进行深入的研究, 确定其所有有限维不可约模, 并描述它的任何有限维模的结构.

引理 16.13　设 V 是有限维不可约 L-模, 则 V 是它的权空间的直和. 即, $V=\bigoplus_{\lambda\in\mathbb{F}}V_\lambda, V_\lambda=\{v\in V|h.v=\lambda v\}$(当 $V_\lambda\neq 0$ 时, 称其为 V 的权空间, λ 为相应的权. 由于向量空间 V 的维数有限, 它的权集是有限的).

证明　设 $\phi:L\to\mathrm{gl}(V)$ 是相应于不可约模 V 的李代数同态. 因为 $\phi(h)$ 是 V 的线性变换, 必有特征值与特征向量. 即, 存在 $\lambda\in\mathbb{F}$, 使得 $V_\lambda\neq 0$. 令

$W = \bigoplus_{\lambda \in \mathbb{F}} V_\lambda$ 是所有这种特征子空间的直和 (由于属于不同特征值的特征向量必线性无关, 这是一个直和式).

显然, 每个 V_λ 关于 h 是不变的. 即, W 关于 h 是不变的. 对 $v \in V_\lambda$, 有

$$h.x.v = [h, x].v + x.h.v = (\lambda + 2)x.v.$$

于是, $x.V_\lambda \subset V_{\lambda+2}$. 同理可得, $y.V_\lambda \subset V_{\lambda-2}$. 因此, W 关于 x, y 的作用也是不变的. 即, W 是 V 的子模. 由于假设 V 是不可约的, 必有 $W = V$.

注记 16.14　设 V 是有限维不可约 L-模, $v \in V_\lambda$ 是非零向量, 并满足: $x.v = 0$, 则称 v 是一个极大向量, 称相应的权 λ 为最高权. 由于向量空间 V 的维数有限, 极大向量必定存在 (读者练习).

引理 16.15　设 V 是域 $\mathbb{F}$ 上的有限维不可约 L-模, $v_0 \in V_\lambda$ 是最高权为 λ 的极大向量. 令 $v_{-1} = 0, v_i = (1/i!)y^i.v_0 (i \geqslant 0)$, 则有下列等式:

(a) $h.v_i = (\lambda - 2i)v_i$;

(b) $y.v_i = (i + 1)v_{i+1}$;

(c) $x.v_i = (\lambda - i + 1)v_{i-1}, i \geqslant 0$.

证明　(a) 由上述引理的证明过程可知, 等式成立.

(b) 由向量 v_i 定义可以直接推出.

(c) 对非负整数 i 进行归纳, 当 $i = 0$ 时, 结论显然成立. 假设对 $i - 1$ 结论成立. 对 i 的情形, 推导如下

$$\begin{aligned} ix.v_i &= x.y.v_{i-1} \\ &= [x, y].v_{i-1} + y.x.v_{i-1} \\ &= h.v_{i-1} + y.(\lambda - (i - 1) + 1)v_{i-2} \\ &= (\lambda - 2(i - 1))v_{i-1} + (\lambda - i + 2)y.v_{i-2} \\ &= (\lambda - 2i + 2)v_{i-1} + (i - 1)(\lambda - i + 2)v_{i-1} \\ &= i(\lambda - i + 1)v_{i-1}. \end{aligned}$$

注记 16.16　在上述引理中, 取 m 为使得 $v_m \neq 0$ 的最小非负整数. 由于 L-模 V 的不可约性, 必有 $V = \text{span}(v_0, v_1, \cdots, v_m)$. 即, $\dim V = m + 1$. 在上述 (c) 中, 令 $i = m + 1$, 推出: $\lambda = m$. 于是, V 的最高权为整数 m.

定理 16.17　设 V 是限维不可约 L-模, $L = \text{sl}_2$, 则有下列结论:

(a) 模 V 是关于 h 作用的权空间 V_μ 的直和, 这里 $\mu = m, m - 2, \cdots, -m$, 并且有 $\dim V = m + 1$, 每个权空间 V_μ 的维数都是 1;

(b) 模 V 有唯一的极大向量 (在可相差一个非零常数倍数的意义下), 它的权为最高权 $m = \dim V - 1$;

(c) 李代数 L 在 V 上的作用由上述引理给出. 从而, $\forall m \geqslant 0$, 至多存在一个 $m+1$ 维的不可约 L-模;

(d) 对任意的非负整数 $m \geqslant 0$, $m+1$ 维的不可约 L-模必定存在.

证明 (a) 根据上述引理的证明可以看出, 不可约模 V 有基 $v_0, v_1, \cdots, v_m$, 且 v_i 的权为 $\lambda - 2i, \lambda = m$. 从而, 结论成立.

(b) V 的极大向量必含于权空间 V_m 中, 且 $\dim V_m = 1$.

(c) 这是上述引理的直接结论.

(d) 按照上述引理给出的三个公式, 定义 L 的标准基 $\{x, y, h\}$ 在向量空间 $V = \mathrm{span}\{v_0, v_1, \cdots, v_m\}$ 的一组基上的作用. 再经过线性扩充可以确定一个线性映射 $L \to \mathrm{gl}(V)$. 可以验证: 这个线性映射是一个李代数的同态. 于是, V 确实是一个 L-模, 并且它还是不可约 L-模.

推论 16.18 设 V 是有限维不可约 L-模, 则 h 在 V 上的特征值全是整数, 且 m 是它的特征值 $\Leftrightarrow -m$ 是它的特征值.

证明 由上述引理直接得到.

例 16.19 令 $V = \mathbb{F}[X, Y]$ 是域 $\mathbb{F}$ 上的二元多项式空间, 它有一组标准基: $X^i Y^j, 0 \leqslant i, j < \infty$. 定义李代数 L 在无限维向量空间 V 上的作用 $\phi : L \to \mathrm{gl}(V)$, 使得

$$\phi(x) = X \frac{\partial}{\partial Y}, \quad \phi(y) = Y \frac{\partial}{\partial X},$$

$$\phi(h) = X \frac{\partial}{\partial X} - Y \frac{\partial}{\partial Y}.$$

不难验证: ϕ 可以扩充为一个线性映射, 并且它保持括积运算. 因此, 它是一个李代数同态, $\mathbb{F}[X, Y]$ 成为一个 L-模. 令

$$V(m) = \mathrm{span}(X^{m-i} Y^i; 0 \leqslant i \leqslant m), \quad v_i^m = \binom{m}{i} X^{m-i} Y^i, \quad 0 \leqslant i \leqslant m.$$

按照上述作用的定义方式, 可以推出等式

$$h v_i^m = (m - 2i) v_i^m,$$

$$y v_i^m = (i + 1) v_{i+1}^m,$$

$$x v_i^m = (m - i + 1) v_{i-1}^m.$$

因此, $V(m)$ 是 V 的 $m+1$ 维不可约子模, 且有 $V = \bigoplus_{m \geqslant 0} V(m)$.

下面我们开始研究李代数 $L = \mathrm{sl}_2$ 的有限维表示, 主要证明任何有限维模都可以分解为一些不可约模的直和, 这里的证明主要参考了文献 [15]. 再结合前面关于李代数 L 的不可约模的刻画, L 的任何有限维模的结构就完全清楚了. 在讨论主要结果之前, 先介绍几个引理.

引理 16.20 设 $\varphi: L \to \mathrm{gl}(V)$ 是李代数 L 的有限维表示, $\{x, y, h\}$ 是三维单李代数 $L = \mathrm{sl}_2$ 的标准基. 定义向量空间 V 的线性变换

$$Z = \frac{1}{2}\varphi(h)^2 + \varphi(h) + 2\varphi(y)\varphi(x),$$

则 Z 与所有的 $\varphi(X)(X \in L)$ 可交换. 即, Z 包含于李代数 $\varphi(L)$ 的中心.

证明 由于 $\varphi(x), \varphi(y), \varphi(h)$ 构成向量空间 $\varphi(L)$ 的张成向量组, 根据线性性质, 只要证明: Z 与 $\varphi(x), \varphi(y), \varphi(h)$ 可交换. 具体计算如下

$$
\begin{aligned}
&Z\varphi(x) - \varphi(x)Z \\
={}& \frac{1}{2}\varphi(h)^2\varphi(x) + \varphi(h)\varphi(x) + 2\varphi(y)\varphi(x)^2 \\
&- \frac{1}{2}\varphi(x)\varphi(h)^2 - \varphi(x)\varphi(h) - 2\varphi(x)\varphi(y)\varphi(x) \\
={}& \frac{1}{2}\varphi(h)\varphi([h,x]) + \varphi([h,x]) - \frac{1}{2}\varphi([x,h])\varphi(h) + 2\varphi([y,x])\varphi(x) \\
={}& \varphi(h)\varphi(x) + \varphi(x)\varphi(h) + \varphi([h,x]) - 2\varphi(h)\varphi(x) \\
={}& 0, \\
&Z\varphi(y) - \varphi(y)Z \\
={}& \frac{1}{2}\varphi(h)^2\varphi(y) + \varphi(h)\varphi(y) + 2\varphi(y)\varphi(x)\varphi(y) \\
&- \frac{1}{2}\varphi(y)\varphi(h)^2 - \varphi(y)\varphi(h) - 2\varphi(y)^2\varphi(x) \\
={}& \frac{1}{2}\varphi(h)\varphi([h,y]) + \varphi([h,y]) - \frac{1}{2}\varphi([y,h])\varphi(h) + 2\varphi(y)\varphi([x,y]) \\
={}& -\varphi(h)\varphi(y) - \varphi(y)\varphi(h) + \varphi([h,y]) + 2\varphi(y)\varphi(h) \\
={}& 0.
\end{aligned}
$$

类似可证: $Z\varphi(h) - \varphi(h)Z = 0$. 从而, 引理结论成立.

引理 16.21 设 $\varphi: L \to \mathrm{gl}(V)$ 是李代数 L 的 $m+1$ 维不可约表示, 则上述引理中的线性变换 Z 作用在向量空间 V 上相当于数乘变换 $\left(\frac{1}{2}m^2 + m\right)\mathrm{Id}_V$.

证明 由上述引理及 Schur 引理可知, 线性变换 Z 是向量空间 V 的数乘变换, 只要计算出它在某个特定向量上的值即可. 设 v_0 是不可约 L 模 V 的极大向量 (如引理 16.15), 于是

$$
\begin{aligned}
Zv_0 &= \frac{1}{2}\varphi(h)^2 v_0 + \varphi(h)v_0 + 2\varphi(y)\varphi(x)v_0 \\
&= \frac{1}{2}m^2 v_0 + m v_0 = \left(\frac{1}{2}m^2 + m\right)v_0.
\end{aligned}
$$

从而, 有 $Z = \left(\dfrac{1}{2}m^2 + m\right) \mathrm{Id}_V$. 引理结论成立.

引理 16.22   设 $\varphi : L \to \mathrm{gl}(V)$ 是李代数 L 的有限维表示, U 是 V 的余维数为 1 的子模 (子空间 U 的余维数是指商空间 V/U 的维数), 则有 V 的一维子模 W, 使得 $V = U \oplus W$. 此时, 也称 W 是子模 U 的补子模.

证明   根据子模 U 的维数等情况, 分三种情形讨论如下:

(1) 假设 $\dim U = 1$. 商模 V/U 是一维的平凡模: 这是因为迹为零的一阶矩阵必为零矩阵. 即, $\varphi(L)V \subset U$. 同理, 有 $\varphi(L)U = 0$. 于是, 对元素 $X = [X_1, X_2] \in [\mathrm{sl}_2, \mathrm{sl}_2] = \mathrm{sl}_2$, 有下列式子

$$\varphi(X)V \subset \varphi(X_1)\varphi(X_2)V + \varphi(X_2)\varphi(X_1)V$$
$$\subset \varphi(X_1)U + \varphi(X_2)U = 0.$$

因此, V 是平凡的 L-模. 此时, 引理结论显然成立.

(2) 假设 $\dim U > 1$, 且 U 是不可约子模. 由条件 $\dim V/U = 1$, 类似于上述推导, 必有 $\varphi(L)V \subset U$.

特别地, 对前面引理中定义的线性变换 $Z : V \to V$, 有 $ZV \subset U$, 且 Z 限制在不可约子模 U 上是非零的数乘变换 ($\dim U > 1$). 于是, $\dim \mathrm{Ker}Z = 1, U \cap (\mathrm{Ker}Z) = 0$. 再根据线性变换 Z 含于 $\varphi(L)$ 的中心, $\mathrm{Ker}Z$ 是 V 的子模, 使得 $V = U \oplus \mathrm{Ker}Z$. 此时, 结论成立.

(3) 一般情形: $\dim U \geqslant 1$. 对向量空间 V 的维数归纳, 当 $\dim V = 2$ 时, 由情形 (1) 可知, 结论成立. 设 $\dim V > 2$, 取 U 的不可约子模 U_1, 做商模 $U/U_1 \subset V/U_1$. 此时, $(V/U_1)/(U/U_1) \simeq V/U$ 是一维 L-模. 由归纳假设, 必有子模的直和分解式

$$V/U_1 = U/U_1 \oplus Y/U_1.$$

这里 Y 是 V 中包含 U_1 的子模, 并且有: $\dim Y/U_1 = 1$.

利用情形 (2) 中的结论, 存在 Y 的子模 W, 使得 $Y = U_1 \oplus W$. 又有

$$W \cap U = (W \cap Y) \cap U = W \cap (Y \cap U) \subset W \cap U_1 = 0,$$
$$V = U + Y + U_1 = U + U_1 + U_1 + W = U + W.$$

因此, $V = U \oplus W$. 即, W 是子模 U 的补子模, 引理结论成立.

定理 16.23   任何有限维 $L = \mathrm{sl}_2$-模都可以分解为一些不可约子模的直和. 等价地, 有限维 L-模的任何子模都有补子模 (参考引理 12.9).

证明   设 $\varphi : L \to \mathrm{gl}(V)$ 是李代数 L 的有限维表示, U 是 V 的非零子模. 令

$$M = \{f \in \mathrm{End}V \mid f : V \to U, f|_U = \lambda \mathrm{Id}_U, \exists \lambda \in \mathbb{F}\}.$$

易知, M 是 $\mathrm{End}V$ 的非零子空间. 进一步, 定义映射 σ 如下

$$\sigma : L \to \mathrm{gl}(\mathrm{End}V),$$

$$\sigma(X)(f) = \varphi(X)f - f\varphi(X), \quad \forall f \in \mathrm{End}V, \forall X \in L.$$

不难看出: σ 是一个线性映射, 它也保持括积运算

$$\begin{aligned}
&\sigma[X,Y](f)\\
={}&\varphi[X,Y]f - f\varphi[X,Y]\\
={}&[\varphi(X),\varphi(Y)]f - f[\varphi(X),\varphi(Y)]\\
={}&\varphi(X)\varphi(Y)f - \varphi(Y)\varphi(X)f - f\varphi(X)\varphi(Y) + f\varphi(Y)\varphi(X),\\
&[\sigma(X),\sigma(Y)]f\\
={}&\sigma(X)\sigma(Y)f - \sigma(Y)\sigma(X)f\\
={}&\sigma(X)(\varphi(Y)f - f\varphi(Y)) - \sigma(Y)(\varphi(X)f - f\varphi(X))\\
={}&\varphi(X)(\varphi(Y)f - f\varphi(Y)) - (\varphi(Y)f - f\varphi(Y))\varphi(X)\\
&-\varphi(Y)(\varphi(X)f - f\varphi(X)) + (\varphi(X)f - f\varphi(X))\varphi(Y).
\end{aligned}$$

因此, $\sigma[X,Y] = [\sigma(X),\sigma(Y)]$. 即, σ 是李代数的同态.

　　断言. 子空间 $M \subset \mathrm{End}V$ 在 L 的作用下保持不变.

　　事实上, $\forall f \in M, \forall X \in L$, 由定义 $f(V) \subset U$, 且存在 $\lambda \in \mathbb{F}$, 使得 $f|_U = \lambda \mathrm{Id}_U$. 于是, 映射 $\sigma(X)f = \varphi(X)f - f\varphi(X)$ 把 V 映到子空间 U, 且对任意的元素 $u \in U$, 有下列等式

$$\begin{aligned}
&\sigma(X)(f)(u)\\
={}&\varphi(X)f(u) - f(\varphi(X)(u))\\
={}&\lambda\varphi(X)(u) - \lambda(\varphi(X)(u)) = 0.
\end{aligned}$$

于是, $\sigma(X)(f) \in M$, M 也是一个 L-模. 断言结论成立.

　　令 $N = \{f \in M | f|_U = 0\}$, 由上述讨论可知, N 是 M 的余维数为 1 的子模. 从而, 可以利用上述引理, 得到 L-模的直和分解式: $M = N \oplus W$, 这里 $W = \mathbb{F}f, f|_U = a\mathrm{Id}_U, a \neq 0$.

　　因为 W 是一维的 L-模, 必有 $\sigma(X)f = 0, \forall X \in L$. 由此可以证明: 映射 f 是 L-模的同态, 其核 $\mathrm{Ker}f$ 是 V 的 L-子模, 且有直和分解式: $V = U \oplus \mathrm{Ker}f$.

　　注记 16.24　根据李代数 L 的泛包络代数 $U(L)$ 的构造与性质, 李代数 L 的表示等价于结合代数 $U(L)$ 的表示. 因此, 本讲的主要结果也可以叙述为: 结合代数 $U(\mathrm{sl}_2)$ 的有限维模的结构与分类.

设 V, W 是李代数 L 的模, 如何在向量空间的张量积 $V \otimes W$ 上定义一种自然的 L-模结构? 一个自然的想法是: 首先把 V, W 看成结合代数 $U(L)$ 的模; 其次按照典范的作用把 $V \otimes W$ 看成 $U(L) \otimes U(L)$ 的模 (前面定义过交换代数的张量积的概念, 对一般的结合代数, 也可以按照同样的方法定义其张量积); 最后, 找到某个结合代数的同态 $U(L) \to U(L) \otimes U(L)$, 借助于该同态 $U(L)$ 可以作用到张量积空间 $V \otimes W$ 上.

根据泛包络代数 $U(L)$ 的泛性质, 只要给出从 L 到 $U(L) \otimes U(L)$ 的一个李代数同态. 一个自然的考虑是把 $x \in L$ 映到 $x \otimes 1 + 1 \otimes x$, 它诱导的结合代数同态记为 $\Delta : U(L) \to U(L) \otimes U(L)$. 于是, 张量积空间 $V \otimes W$ 成为一个 L-模. 还可以定义自然的映射 $\varepsilon : U(L) \to \mathbb{F}$ 及 $S : U(L) \to U(L)$, 使得 $(U(L), \Delta, \varepsilon, S)$ 具有一种全新的代数结构: Hopf-代数.

关于 Hopf-代数的概念、常见例子及相关内容的初步讨论, 参见第 17 讲的内容. 对 Hopf-代数深入的学习与研究, 请参考文献 [16, 17].

第17讲 Hopf-代数的概念

Hopf-代数是一种特殊的代数结构, 它首先是域 $\mathbb{F}$ 上的一个结合代数 H, 并且带有新的运算: 余乘法、余单位及对极映射. Hopf-代数的典型例子包括李代数 L 的泛包络代数 $U(L)$(第 16 讲的最后已有提及), 以及群 G 的群代数 $\mathbb{F}[G]$ 等.

本讲主要介绍 Hopf-代数的一些基本概念与简单例子, 进一步的讨论可以参考第 16 讲最后提到的文献 [16, 17]. 在正式介绍相关概念之前, 我们提醒读者接受这样一种观点: 运算本质上就是一个映射, 双线性运算就是定义在张量积空间上的线性映射. 特别地, 结合代数的乘法运算等都可以通过线性映射来描述.

引理 17.1 设 A 是域 $\mathbb{F}$ 上的结合代数, $A \otimes A$ 是向量空间的张量积. 定义乘法映射 m 及单位映射 u 如下

$$m : A \otimes A \to A, \quad a \otimes b \to m(a \otimes b) = ab,$$

$$u : \mathbb{F} \to A, \quad \alpha \to \alpha 1.$$

则有下列等式

$$m(m \otimes \mathrm{Id}_A) = m(\mathrm{Id}_A \otimes m) : A \otimes A \otimes A \to A \otimes A \to A,$$

$$m(u \otimes \mathrm{Id}_A) = o_1 : \mathbb{F} \otimes A \to A \otimes A \to A,$$

$$m(\mathrm{Id}_A \otimes u) = o_2 : A \otimes \mathbb{F} \to A \otimes A \to A.$$

这里 $o_1 : \mathbb{F} \otimes A \to A, o_2 : A \otimes \mathbb{F} \to A$ 都是典范同构映射 (见引理 11.8).

证明 令 $\bar{m} : A \times A \to A, (a, b) \to ab$, 根据乘法运算的规则, 这是双线性映射. 从而可以利用张量积的泛性质, 得到如下线性映射

$$m : A \otimes A \to A, \quad a \otimes b \to ab.$$

由此不难证明等式: $m(m \otimes \mathrm{Id}_A) = m(\mathrm{Id}_A \otimes m)$. 另外, 映射 u 显然是线性映射, 并且对元素 $\alpha \otimes a \in \mathbb{F} \otimes A$, 有

$$m(u \otimes \mathrm{Id}_A)(\alpha \otimes a) = m(u(\alpha) \otimes \mathrm{Id}_A(a))$$
$$= m(\alpha 1 \otimes a) = \alpha a = o_1(\alpha \otimes a).$$

即, $m(u \otimes \mathrm{Id}_A) = o_1$. 类似可证: $m(\mathrm{Id}_A \otimes u) = o_2$. 引理结论成立.

引理 17.2   设 A 是域 $\mathbb{F}$ 上的向量空间, $m : A \otimes A \to A, u : \mathbb{F} \to A$ 是两个线性映射. 如果它们满足下列等式

$$m(m \otimes \mathrm{Id}_A) = m(\mathrm{Id}_A \otimes m), \quad m(u \otimes \mathrm{Id}_A) = o_1, \quad m(\mathrm{Id}_A \otimes u) = o_2.$$

这里 o_1, o_2 是典范映射 (如上述引理), 则向量空间 A 上有乘法运算

$$ab = m(a \otimes b), \quad \forall a, b \in A,$$

使得 A 成为域 $\mathbb{F}$ 上的结合代数, 其单位元为 $u(1)$.

证明   利用线性映射 m, u 满足的上述三个等式, 不难验证: 上述乘法是 A 的一个双线性运算, 它满足结合律, 且有单位元 $u(1)$. 因此, A 是域 $\mathbb{F}$ 上的一个结合代数.

注记 17.3   上述两个引理说明: 域 $\mathbb{F}$ 上结合代数的概念可以通过向量空间的张量积与线性映射来定义. 特别地, 由此方法可以定义两个结合代数的张量积代数, 还可以定义一些其他的代数结构, 如余代数、双代数及 Hopf-代数等 (下面逐渐展开讨论).

注记 17.4   设 A, B 是域 $\mathbb{F}$ 上的结合代数, 则 $A \otimes B$ 也是域 $\mathbb{F}$ 上的结合代数, 称为 A 与 B 的张量积. 若 A, B 的乘法映射分别为 $m_A : A \otimes A \to A$ 及 $m_B : B \otimes B \to B$, 则 $A \otimes B$ 的乘法映射为

$$m_{A \otimes B} = (m_A \otimes m_B)(1_A \otimes \tau \otimes 1_B);$$

$$A \otimes B \otimes A \otimes B \to A \otimes A \otimes B \otimes B \to A \otimes B,$$

其中 $\tau : B \otimes A \to A \otimes B$ 是切换映射: $b \otimes a \to a \otimes b, \forall b \in B, \forall a \in A$.

张量积代数 $A \otimes B$ 的单位映射也是典范映射: $u_{A \otimes B} = u_A \otimes u_B$.

定义 17.5   设 C 是域 $\mathbb{F}$ 上的向量空间. 若有线性映射 $\Delta : C \to C \otimes C$ 及线性映射 $\varepsilon : C \to \mathbb{F}$, 满足下列等式

$$(\Delta \otimes \mathrm{Id}_V)\Delta = (\mathrm{Id}_V \otimes \Delta)\Delta : C \to C \otimes C \to C \otimes C \otimes C,$$

$$(\varepsilon \otimes \mathrm{Id}_V)\Delta = o_1^{-1} : C \to C \otimes C \to \mathbb{F} \otimes C,$$

$$(\mathrm{Id}_V \otimes \varepsilon)\Delta = o_2^{-1} : C \to C \otimes C \to C \otimes \mathbb{F},$$

这里 o_1, o_2 是典范的 (如前面引理), 则称 C 为域 $\mathbb{F}$ 上的余代数, 记为 (C, Δ, ε).

设 $(C, \Delta_C, \varepsilon_C), (D, \Delta_D, \varepsilon_D)$ 是域 $\mathbb{F}$ 上的两个余代数, $f : C \to D$ 是线性映射. 称 f 是余代数的态射或同态, 如果它满足下列等式

$$\Delta_D f = (f \otimes f)\Delta_C, \quad \varepsilon_D f = \varepsilon_C.$$

定义 17.6　设 C 是域 $\mathbb{F}$ 上的余代数, I 是 C 的子空间. 称 I 是 C 的余理想, 如果它满足下列条件

$$\Delta(I) \subset C \otimes I + I \otimes C, \quad \varepsilon(I) = 0.$$

引理 17.7　术语如上, 在商空间 C/I 上存在域 $\mathbb{F}$ 上的典范余代数结构, 称其为余代数 C 关于余理想 I 的商余代数.

证明　令 $\bar{\Delta} : C/I \to (C/I) \otimes (C/I) \simeq (C \otimes C)/(C \otimes I + I \otimes C), \bar{x} \to \overline{\Delta(x)}$, 令 $\bar{\varepsilon} : C/I \to \mathbb{F}, \bar{x} \to \varepsilon(x)$. 由定义可以直接验证: 这两个线性映射满足余代数的三个等式 (第一个等式也称为余结合律, 后两个等式分别称为左余单位与右余单位). 因此, $(C/I, \bar{\Delta}, \bar{\varepsilon})$ 是域 $\mathbb{F}$ 上的一个余代数.

引理 17.8　设 (C, Δ, ε) 是域 $\mathbb{F}$ 上任意给定的余代数, 则在它的对偶空间 C^* 上存在典范的结合代数结构.

证明　令 $m = \Delta^*|_{C^* \otimes C^*} : C^* \otimes C^* \to C^*$, 这里 $\Delta^* : (C \otimes C)^* \to C^*$ 是线性映射 Δ 的转置映射, 张量积空间 $C^* \otimes C^*$ 可以看成对偶空间 $(C \otimes C)^*$ 的一个子空间; 令 $u = \varepsilon^* : \mathbb{F} \to C^*$ 是线性映射 ε 的转置映射. 下面验证: (C^*, m, ε) 是域 $\mathbb{F}$ 上的一个结合代数.

由转置映射的定义, $\forall f, g, h \in C^*$, 有下列等式

$$m(m \otimes \mathrm{Id}_{C^*})(f \otimes g \otimes h) = m(m(f \otimes g) \otimes h)$$
$$= ((f \otimes g)\Delta \otimes h)\Delta = (f \otimes g \otimes h)(\Delta \otimes \mathrm{Id}_C)\Delta,$$
$$m(u \otimes \mathrm{Id}_{C^*})(\alpha \otimes f) = m(u(\alpha) \otimes f)$$
$$= (\alpha\varepsilon \otimes f)\Delta = (\alpha \otimes f)(\varepsilon \otimes \mathrm{Id}_C)\Delta$$
$$= (\alpha \otimes f)o_1^{-1} = \alpha f.$$

类似方法可以证明: $m(\mathrm{Id}_{C^*} \otimes m)(f \otimes g \otimes h) = (f \otimes g \otimes h)(\mathrm{Id}_C \otimes \Delta)\Delta$ 及 $m(\mathrm{Id}_{C^*} \otimes u)(f \otimes \alpha) = \alpha f$. 再根据余代数的余结合律, 得到 C^* 的乘法的结合律. 于是, C^* 是域 $\mathbb{F}$ 上的一个有单位元的结合代数.

命题 17.9　设 (A, m, u) 是域 $\mathbb{F}$ 上的结合代数, 定义向量空间 A 的限制对偶空间: $A^o = \{f \in A^* | \text{存在 } A \text{ 的余维数有限的理想 } I, \text{使得 } f(I) = 0\}$. 则 A^o 是域 $\mathbb{F}$ 上的余代数, 称为结合代数 A 的限制对偶余代数.

证明　首先, A^o 是 A^* 的子空间: 若 I, J 是余维数有限的理想, 则它们的交 $I \cap J$ 也是余维数有限的理想. 这是因为有向量空间的单线性映射

$$A/(I \cap J) \to (A/I) \times (A/J), \quad [x] \to ([x], [x]).$$

由此可以说明: A^o 关于加法与数乘是封闭的.

其次, 利用向量空间的对偶及线性映射的转置, 说明下列包含关系

$$m^*(A^o) \subset A^o \otimes A^o.$$

若 $\dim A < \infty$, 则 $A^o = A^*$. 利用同构 $A^* \otimes A^* \simeq (A \otimes A)^*$, 不难看出: 包含关系式成立. 若 $\dim A = \infty$, 对 $f \in A^o$, 存在 A 的理想 I, 使得 $f(I) = 0$, 且 $\dim A/I < \infty$. 考虑商代数上的乘法映射及其转置如下

$$m_I : (A/I) \otimes (A/I) \to A/I,$$

$$m_I^* : (A/I)^* \to (A/I)^* \otimes (A/I)^*_. = ((A \otimes A)/J)^*.$$

这里 $J = A \otimes I + I \otimes A$. 不妨设 $m_I^*(f) = \sum_{(f)} f_1 \otimes f_2, f_1, f_2 \in (A/I)^*$. 利用下面练习, f_1, f_2 都可以看成 A 上的函数, 并且 $m^*(f)$ 与 $\sum_{(f)} f_1 \otimes f_2$ 在 $(A \otimes A)/J$ 上诱导的函数一致. 因此, $m^*(f) = \sum_{(f)} f_1 \otimes f_2$.

最后, 令 $\Delta = m^*|_{A^o}, \varepsilon = u^*|_{A^o}$. 利用 m, u 满足的运算规则, 可以推出 Δ, ε 满足余代数的三个运算规则

$$(\Delta \otimes \mathrm{Id}_{A^o})\Delta(f) \quad \left(\Delta(f) = \sum f_1 \otimes f_2 \right)$$
$$= \sum (\Delta(f_1) \otimes f_2) = \sum (f_1 m \otimes f_2)$$
$$= \sum (f_1 \otimes f_2)(m \otimes \mathrm{Id}_A) = fm(m \otimes \mathrm{Id}_A),$$
$$(\mathrm{Id}_{A^o} \otimes \Delta)\Delta(f)$$
$$= \sum (f_1 \otimes \Delta(f_2)) = \sum (f_1 \otimes f_2 m)$$
$$= \sum (f_1 \otimes f_2)(\mathrm{Id}_A \otimes m) = fm(\mathrm{Id}_A \otimes m).$$

于是, 余结合律成立. 类似地, 可以证明下列余单位的等式也成立

$$(\varepsilon \otimes \mathrm{Id}_{A^o})\Delta = o_1^{-1}, \quad (\mathrm{Id}_{A^o} \otimes \varepsilon)\Delta = o_2^{-1}.$$

从而, 三元组 $(A^o, \Delta, \varepsilon)$ 构成域 $\mathbb{F}$ 上的一个余代数.

练习 17.10 对域 $\mathbb{F}$ 上的结合代数 A 的任意理想 J, A/J 上的线性函数可以等同于在理想 J 上取值为零的 A 上的线性函数.

注记 17.11 在上述命题的证明过程中, 我们使用了 Sweedler 符号: 对余代数 (C, Δ, ε) 及任意元素 $c \in C$, 用 $\Delta(c) = \sum_{(c)} c_1 \otimes c_2 = \sum c_1 \otimes c_2$ 表示一个有限和式.

练习 17.12 设 C, D 是域 $\mathbb{F}$ 上的余代数, $C \otimes D$ 是向量空间的张量积. 令

$$\Delta_{C \otimes D} = (1 \otimes \tau \otimes 1)(\Delta_C \otimes \Delta_D), \quad \varepsilon_{C \otimes D} = \varepsilon_C \otimes \varepsilon_D.$$

则 $(C \otimes D, \Delta_{C \otimes D}, \varepsilon_{C \otimes D})$ 是域 $\mathbb{F}$ 上的余代数, 称其为余代数 C 与 D 的张量积.

　　提示　利用余代数 Δ_C, Δ_D 满足的余结合律、余单位等, 得到元素展开的相应等式, 再把这些等式代入到张量积对应的式子中即可.

　　定义 17.13　域 $\mathbb{F}$ 上的双代数是域 $\mathbb{F}$ 上的一个向量空间 B, 并带有下列四个线性映射 $m, u, \Delta, \varepsilon$

$$m: B \otimes B \to B, \quad u: \mathbb{F} \to B, \quad \Delta: B \to B \otimes B, \quad \varepsilon: B \to \mathbb{F},$$

使得 (B, m, u) 是域 $\mathbb{F}$ 上的结合代数, (B, Δ, ε) 是域 $\mathbb{F}$ 上的余代数, 且 Δ, ε 是结合代数的同态或 m, u 是余代数的态射.

　　引理 17.14　术语如上. 余代数的 "结构映射" Δ, ε 是结合代数的同态当且仅当结合代数的 "结构映射" m, u 是余代数的态射.

　　证明　由前面的注记与练习可知, 张量积空间 $B \otimes B$ 上的结合代数的结构映射及余代数的结构映射分别为

$$m_{B \otimes B} = (m_B \otimes m_B)(1_B \otimes \tau \otimes 1_B), \quad u_{B \otimes B} = u_B \otimes u_B,$$

$$\Delta_{B \otimes B} = (1_B \otimes \tau \otimes 1_B)(\Delta_B \otimes \Delta_B), \quad \varepsilon_{B \otimes B} = \varepsilon_B \otimes \varepsilon_B.$$

　　根据同态与态射的定义, Δ, ε 是结合代数的同态及 m, u 是余代数的态射分别相当于下列等式成立

$$\Delta_B m_B = m_{B \otimes B}(\Delta_B \otimes \Delta_B), \quad \Delta_B u_B = u_B \otimes u_B,$$

$$\varepsilon_B m_B = \varepsilon_{B \otimes B}, \quad \varepsilon_B u_B = \mathrm{Id}_{\mathbb{F}},$$

$$\Delta_B m_B = (m_B \otimes m_B)\Delta_{B \otimes B}, \quad \varepsilon_B m_B = \varepsilon_{B \otimes B},$$

$$\Delta_B u_B = u_{B \otimes B}, \quad \varepsilon_B u_B = \mathrm{Id}_{\mathbb{F}}.$$

　　利用前面两行结构映射的定义等式推出: 后面四行的两组等式等价. 即, 引理结论成立.

　　定义 17.15　域 $\mathbb{F}$ 上的两个双代数 B, D 之间的态射是指向量空间的线性映射 $f: B \to D$, 它同时是结合代数的同态, 也是余代数的态射 (态射是比同态更一般的一个概念: 同态定义在集合之间, 态射未必如此. 以后介绍了范畴与函子的概念, 就会有很好的理解, 详见第 22 讲 Yoneda 引理).

　　定义 17.16　域 $\mathbb{F}$ 上的双代数 B 的理想 I 是指: I 是结合代数 B 的理想, 也是余代数 B 的理想. 双代数 B 关于理想 I 的商空间 B/I 上带有自然的双代数结构, 称其为 B 关于 I 的商双代数.

　　注记 17.17　上述定义的合理性: 只需说明, 余代数的结构映射是结合代数的同态. 事实上, 此时, 在 B/I 上的诱导运算分别定义为

$$\bar{\Delta}[b] = [\Delta(b)], \quad \bar{\varepsilon}[b] = \varepsilon(b), \quad \forall b \in B,$$

$$\bar{m}[b \otimes c] = [m(b \otimes c)], \quad \bar{u}(\alpha) = [u(\alpha)], \quad \forall b, c \in B, \forall \alpha \in \mathbb{F}.$$

由此不难验证: 余代数的结构映射是结合代数的同态, B/I 是一个双代数.

推论 17.18　设 B 是域 $\mathbb{F}$ 上的有限维双代数, 则向量空间 B 的对偶空间 B^* 也是域 $\mathbb{F}$ 上的双代数, 其乘法由线性函数的卷积给出

$$(f * g)(x) = (f \otimes g)\Delta(x) = \sum_{(x)} f(x_1)g(x_2), \quad \forall f, g \in B^*, \ \forall x \in B.$$

证明　由引理 17.8 及命题 17.9 可知, B^* 上同时带有结合代数与余代数结构, 使得 $m_{B^*} = \Delta^*, u_{B^*} = \varepsilon^*, \Delta_{B^*} = m^*, \varepsilon_{B^*} = u^*$.

因此, 只要证明: $\Delta_{B^*}, \varepsilon_{B^*}$ 是结合代数的同态. 即要证明下列等式

$$\Delta_{B^*} m_{B^*} = m_{B^* \otimes B^*}(\Delta_{B^*} \otimes \Delta_{B^*}),$$

$$\Delta_{B^*} u_{B^*} = u_{B^* \otimes B^*} = u_{B^*} \otimes u_{B^*},$$

$$\varepsilon_{B^*} m_{B^*} = \varepsilon_{B^* \otimes B^*} = \varepsilon_{B^*} \otimes \varepsilon_{B^*},$$

$$\varepsilon_{B^*} u_{B^*} = \mathrm{Id}_{\mathbb{F}}.$$

只给出第一式的证明, 其他三式的证明是类似的. $\forall f, g \in B^*$, 有

$$m_{B^* \otimes B^*}(\Delta_{B^*} \otimes \Delta_{B^*})(f \otimes g)$$

$$= \sum (m_{B^*} \otimes m_{B^*})(1 \otimes \tau \otimes 1)(f_1 \otimes f_2 \otimes g_1 \otimes g_2)$$

$$= \sum (m_{B^*} \otimes m_{B^*})(f_1 \otimes g_1 \otimes f_2 \otimes g_2)$$

$$= \sum ((f_1 \otimes g_1)\Delta \otimes (f_2 \otimes g_2)\Delta)$$

$$= \sum (f_1 \otimes g_1 \otimes f_2 \otimes g_2)(\Delta \otimes \Delta)$$

$$= \sum (f_1 \otimes f_2 \otimes g_1 \otimes g_2)(1 \otimes \tau \otimes 1)(\Delta \otimes \Delta)$$

$$= (\Delta_{B^*}(f) \otimes \Delta_{B^*}(g))(1 \otimes \tau \otimes 1)(\Delta \otimes \Delta)$$

$$= (f \otimes g)m_{B \otimes B}(\Delta \otimes \Delta).$$

另一方面, $\Delta_{B^*} m_{B^*}(f \otimes g) = (f \otimes g)\Delta m$. 但双代数 B 中的余乘法是结合代数的同态, 必有等式: $\Delta m = m_{B \otimes B}(\Delta \otimes \Delta)$. 因此, 第一式成立.

定义 17.19　设 $(H, m, u, \Delta, \varepsilon)$ 是域 $\mathbb{F}$ 上的双代数, 如果有向量空间的线性映射 $S : H \to H$, 使得 $m(S \otimes \mathrm{Id}_H)\Delta = m(\mathrm{Id}_H \otimes S)\Delta = u\varepsilon$. 即, 有等式

$$\sum (Sh_1)h_2 = \varepsilon(h)1_H = \sum h_1(Sh_2), \quad \forall h \in H,$$

其中 $\Delta(h) = \sum h_1 \otimes h_2, \forall h \in H$, 则称 S 是 H 的一个对极映射, 称五元组 $H = (H, m, u, \Delta, \varepsilon, S)$ 为域 $\mathbb{F}$ 上的 Hopf-代数.

注记 17.20　设 H 是域 $\mathbb{F}$ 上的 Hopf-代数, 对 $f,g \in \mathrm{Hom}_{\mathbb{F}}(H,H)$, 令

$$(f * g)(h) = m(f \otimes g)\Delta(h) = \sum_{(h)} f(h_1)g(h_2), \quad \forall h \in H.$$

称 $f * g$ 是线性映射 f 与 g 的卷积. 于是, S 与 Id_H 关于卷积是互逆的映射.

练习 17.21　上述对极映射 S 是 Hopf-代数 H 作为结合代数的反自同态.

定义 17.22　设 $f: H \to G$ 是 Hopf-代数之间的映射, 称 f 为一个 Hopf-代数的同态, 如果它是双代数的同态, 并且它与对极映射相容. 即, 它满足等式: $fS_H = S_G f$.

Hopf-代数 H 的理想 I 是指: 它是双代数 H 的理想, 并且满足包含关系: $S(I) \subset I$. 对 Hopf-代数 H 的理想 I, 在商空间 H/I 上有典范的 Hopf-代数结构, 称其为 Hopf-代数 H 关于理想 I 的商 Hopf-代数.

练习 17.23　补充上述定义中关于做商 Hopf-代数的细节; 叙述并证明关于 Hopf-代数及 Hopf-代数同态的基本定理.

定义 17.24　设 H 是域 $\mathbb{F}$ 上的 Hopf-代数. 称 H 是可换的, 如果作为结合代数它是可换的; 称 H 是余可换的, 如果它满足等式: $\tau\Delta = \Delta$, 这里 τ 是切换映射 (如前). 即, $\sum_{(c)} c_1 \otimes c_2 = \sum_{(c)} c_2 \otimes c_1, \forall c \in H$.

例 17.25　设 L 是域 $\mathbb{F}$ 上的李代数, $U(L)$ 是 L 的泛包络代数, 则 $U(L)$ 上存在一个余可换的 Hopf-代数结构.

首先定义下列映射

$$\Delta: L \to U(L) \otimes U(L), \quad x \to x \otimes 1 + 1 \otimes x,$$

根据张量积的定义性质, 这是一个线性映射. 当 $U(L) \otimes U(L)$ 看成由结合代数诱导的李代数时, 它也是李代数的同态: $\forall x, y \in L$, 有

$$\Delta[x,y] = [x,y] \otimes 1 + 1 \otimes [x,y]$$
$$= [x \otimes 1 + 1 \otimes x, y \otimes 1 + 1 \otimes y] = [\Delta x, \Delta y].$$

从而可以应用泛包络代数 $U(L)$ 的泛性质, 得到结合代数的同态 (仍记为)$\Delta: U(L) \to U(L) \otimes U(L)$, 它扩充了上述映射. 进一步, 还有等式: $(\mathrm{Id} \otimes \Delta)\Delta = (\Delta \otimes \mathrm{Id})\Delta$. 由于 Δ 是结合代数的同态, 只需考虑两边在生成元集 L 上的作用效果. 此时, 由定义容易验证等式成立.

其次, 定义映射 $\varepsilon: L \to \mathbb{F}, x \to 0$. 显然, 它也是李代数的同态. 由泛包络代数的泛性质, 存在结合代数的同态 (仍记为)$\varepsilon: U(L) \to \mathbb{F}$, 它扩充了上述相应的映射, 且 $\varepsilon(\alpha) = 0, \forall \alpha \in U(L) \setminus \mathbb{F}$. 此时, 类似于上述余结合律的讨论, 还可以验证等式: $(\varepsilon \otimes \mathrm{Id})\Delta = o_1^{-1}, (\mathrm{Id} \otimes \varepsilon)\Delta = o_2^{-1}$.

然后, 定义映射 $S : L \to U(L)^{\mathrm{op}}, x \to -x$, 这里 $U(L)^{\mathrm{op}}$ 表示结合代数 $U(L)$ 的反代数 (具有相同的向量空间结构, 新的乘法 $\alpha \circ \beta = \beta\alpha$). 由泛包络代数的泛性质, 存在结合代数的同态 $S : U(L) \to U(L)^{\mathrm{op}}$ 或结合代数的反同态 $S : U(L) \to U(L)$, 它扩充了上述相应的映射.

最后, 还需验证等式: $m(S \otimes \mathrm{Id})\Delta = m(\mathrm{Id} \otimes S)\Delta = u\varepsilon, \tau\Delta = \Delta$. 利用下面的练习, 并经过简单的计算可以证明: 这些等式都成立.

练习 17.26   术语如上. $\forall x_1, \cdots, x_n \in L$, 有下列等式

$$\Delta(x_1 \cdots x_n) = 1 \otimes x_1 \cdots x_n + x_1 \cdots x_n \otimes 1$$
$$+ \sum_{p=1}^{n-1} \sum_{\sigma} x_{\sigma(1)} \cdots x_{\sigma(p)} \otimes x_{\sigma(p+1)} \cdots x_{\sigma(n)},$$

$$S(x_1 \cdots x_n) = (-1)^n x_n \cdots x_1.$$

这里置换 $\sigma \in S_n$ 是 $(p, n-p)$ 洗牌置换. 即, 它满足下列不等式限制条件

$$\sigma(1) < \cdots < \sigma(p), \quad \sigma(p+1) < \cdots < \sigma(n).$$

例 17.27   设 G 是一个群, $\mathbb{F}[G]$ 是域 $\mathbb{F}$ 上的群 G 的群代数, 则 $\mathbb{F}[G]$ 上存在一个余可换的 Hopf-代数结构.

首先, 定义线性映射 $\Delta : \mathbb{F}[G] \to \mathbb{F}[G] \otimes \mathbb{F}[G]$, 它在群代数 $\mathbb{F}[G]$ 的基上定义为: $\Delta(g) = g \otimes g, \forall g \in G$. 不难看出: 这是结合代数的同态, 并且它满足等式: $(\mathrm{Id} \otimes \Delta)\Delta = (\Delta \otimes \mathrm{Id})\Delta$.

其次, 定义线性映射 $\varepsilon : \mathbb{F}[G] \to \mathbb{F}$, 使得 $\varepsilon(g) = 1, \forall g \in G$. 这也是一个结合代数同态, 并且满足等式: $(\varepsilon \otimes \mathrm{Id})\Delta = o_1^{-1}, (\mathrm{Id} \otimes \varepsilon)\Delta = o_2^{-1}$.

最后, 定义线性映射 $S : \mathbb{F}[G] \to \mathbb{F}[G]$, 使得 $S(g) = g^{-1}, \forall g \in G$. 由定义不难看出: 映射 S 是结合代数的反同态, 并且它满足等式

$$m(S \otimes \mathrm{Id})\Delta = m(\mathrm{Id} \otimes S)\Delta = u\varepsilon.$$

另外, 显然还有等式: $\tau\Delta = \Delta$. 因此, 群代数 $\mathbb{F}[G]$ 是域 $\mathbb{F}$ 上的余可换的 Hopf-代数 (所有上述等式的验证都可以在基上容易的进行).

例 17.28   设 $B = \mathbb{F}[X_{ij}; 1 \leqslant i, j \leqslant n]$ 是由域 $\mathbb{F}$ 上的所有 n^2 元多项式构成的结合代数. 定义结合代数的同态 $\Delta : B \to B \otimes B$, 使得

$$\Delta(X_{ij}) = \sum_k X_{ik} \otimes X_{kj}, \quad \forall i, j.$$

根据多项式代数作为对称代数的泛性质, 同态 Δ 的定义是合理的. 类似地, 可以定义结合代数的同态 $\varepsilon : B \to \mathbb{F}$, 使得 $\varepsilon(X_{ij}) = \delta_{ij}, \forall i, j$.

通过在生成元 $X_{ij}(1 \leqslant i, j \leqslant n)$ 上验证, 可以证明下列等式

$$(\mathrm{Id} \otimes \Delta)\Delta = (\Delta \otimes \mathrm{Id})\Delta,$$

$$(\varepsilon \otimes \mathrm{Id})\Delta = o_1^{-1}, \quad (\mathrm{Id} \otimes \varepsilon)\Delta = o_2^{-1}.$$

即, 余结合律与余单位条件满足. 因此, B 是域 $\mathbb{F}$ 上的一个双代数.

令 $D = \det(X_{ij})$, 根据行列式的计算公式 (见注记 8.11), 有

$$\det(X_{ij}) = \sum_{\sigma \in S_n} \mathrm{sign}(\sigma) X_{\sigma(1)1} \cdots X_{\sigma(n)n}.$$

由此不难看出: $\varepsilon(D) = 1$. 再根据定义 $\Delta(X_{ij}) = \sum_k X_{ik} \otimes X_{kj}$, 得到

$$\begin{aligned}
\Delta(D) &= \sum_{\sigma \in S_n} \mathrm{sign}(\sigma) \Delta(X_{\sigma(1)1}) \cdots \Delta(X_{\sigma(n)n}) \\
&= \sum_{\sigma \in S_n} \mathrm{sign}(\sigma) \sum_{k_1} X_{\sigma(1)k_1} \otimes X_{k_1 1} \cdots \sum_{k_n} X_{\sigma(n)k_n} \otimes X_{k_n n} \\
&= \sum_{k_1, \cdots, k_n} \sum_{\sigma \in S_n} \mathrm{sign}(\sigma) X_{\sigma(1)k_1} \cdots X_{\sigma(n)k_n} \otimes X_{k_1 1} \cdots X_{k_n n} \\
&= \sum_{\tau \in S_n} \mathrm{sign}(\tau) \sum_{\sigma \in S_n} \mathrm{sign}(\sigma\tau) X_{\sigma(1)\tau(1)} \cdots X_{\sigma(n)\tau(n)} \otimes X_{\tau(1)1} \cdots X_{\tau(n)n} \\
&= D \otimes D.
\end{aligned}$$

设 $I = (D-1)$ 为由 $D-1$ 生成的结合代数 B 的理想, 它也是余代数 B 的余理想: 由等式 $\varepsilon(D) = 1$ 及 $\Delta(D) = D \otimes D$ 可以说明. 即, 它是双代数 B 的理想. 令 $H = B/I$, 它是域 $\mathbb{F}$ 上的一个 Hopf-代数, 其对极映射 S 是结合代数 H 的反同态, 它把等价类 $[X_{ij}]$ 映到逆矩阵 $([X_{ij}])^{-1}$ 的 (i, j) 元素 (请读者验证: 对极映射 S 满足定义所要求的条件).

注记 17.29　上面给出的三个例子, 都是 Hopf-代数的典型例子, 其中李代数 L 的泛包络代数 $U(L)$ 是余可换的; 群 G 的群代数 $\mathbb{F}[G]$ 是余可换的 (当 G 是交换群时, 它也是可换的); 第三个例子是可换的, 它也称为特殊线性群 $\mathrm{SL}_n(\mathbb{F})$(域 $\mathbb{F}$ 上行列式为 1 的 n 阶可逆矩阵构成的群) 的坐标函数代数, 而其中的双代数 B 称为仿射矩阵空间 $M_n(\mathbb{F})$ 的坐标函数代数.

在历史上, 给出一个不可换且不余可换的 Hopf-代数的例子是一项具有挑战性的工作, 直到量子群的出现, 情况才出现转机, 大量的例子被统一构造出来. 很难给出量子群的精确定义, 量子群研究的主要思路是把一些经典的 (通常是可换的或余可换的) 数学对象, 经过适当"变形"或"形变", 变成不可换的且不余可换的数学对象. 在第 18 讲, 我们通过一个量子群的简单例子 $U_q(\mathrm{sl}_2)$, 来说明"形变"的主要思想和基本方法.

注记 17.30 仿射矩阵空间是指把矩阵空间 $M_n(\mathbb{F})$ 看成一个纯几何对象, 彻底忘记它所具有的任何代数结构. 它的坐标函数代数是指定义在它上面的某些函数的全体构成的代数. 用坐标函数代数研究几何对象的性质, 正是代数几何学研究的基本内容.

如果考虑几何对象上的某种代数结构, 例如域 $\mathbb{F}$ 上的线性代数群结构 (经过一些交换代数知识的准备之后, 在第 21 讲有初等的介绍), 相应的坐标函数代数具有 Hopf-代数结构. 如果把线性代数群的概念推广到仿射群概型, Hopf-代数所起的作用将是本质性的, 相关内容在第 22 讲 Yoneda 引理中有初步讨论, 详见参考文献 [18].

第18讲　量子群 $U_q(\mathrm{sl}_2)$ 及其表示

本讲主要讨论量子群的一个简单例子: $U_q(\mathrm{sl}_2)$, 它是由三维单李代数 sl_2 的泛包络代数 $U(\mathrm{sl}_2)$ 经过适当变形得到的. 因此, 也称量子群 $U_q(\mathrm{sl}_2)$ 为量子包络代数. 当然, 它是更一般的量子包络代数 $U_q(L)$ 的特例, 这里 L 是某个特征为零的代数闭域上的任意一个半单李代数.

下面将给出量子包络代数 $U_q(\mathrm{sl}_2)$ 上的 Hopf-代数结构, 这是一个不可换且不余可换的 Hopf-代数的例子; 同时, 还要研究它作为结合代数的表示理论, 尤其是给出 $U_q(\mathrm{sl}_2)$ 的有限维不可约模的完全分类, 这个结果可以自然地看成是通常情形下的某种类比.

首先给出构造结合代数的一种标准方法: 生成元与关系式方法.

定义 18.1　任意给定集合 X, 构造以 X 为基的域 $\mathbb{F}$ 上的向量空间 V 及其张量代数 $T(V)$, 令 $I = (f_s; s \in S)$ 是由子集 $\{f_s; s \in S\}$ 生成的 $T(V)$ 的理想. 称商代数 $A = T(V)/I$ 为由生成元 $\{x; x \in X\}$ 及关系式 $\{f_s = 0; s \in S\}$ 所确定的域 $\mathbb{F}$ 上的结合代数.

注记 18.2　设 sl_2 是域 $\mathbb{F}$ 上的三维单李代数, 它有标准基: x, y, h, 则泛包络代数 $U(\mathrm{sl}_2)$ 是由生成元 x, y, h 及下列关系式所确定的结合代数

$$xy - yx = h, \quad hx - xh = 2x, \quad hy - yh = -2y.$$

事实上, 这些关系式对应的下列子集

$$\{[x, y] - h, [h, x] - 2x, [h, y] + 2y\} \subset T(\mathrm{sl}_2)$$

构成了理想 J 的生成元集, 其中 J 是 sl_2 的泛包络代数 $U(\mathrm{sl}_2)$ 的定义理想.

定义 18.3　设 $q \in \mathbb{F}, q^2 \neq 1$. 定义域 $\mathbb{F}$ 上的结合代数 $U = U_q(\mathrm{sl}_2)$, 它有生成元 E, F, K, K^{-1} 及下列关系式 R1—R4:

R1: $KK^{-1} = 1 = K^{-1}K$;

R2: $KEK^{-1} = q^2 E$;

R3: $KFK^{-1} = q^{-2}F$;

R4: $EF - FE = (K - K^{-1})/(q - q^{-1})$.

注记 18.4　结合代数 U 可以看成是泛包络代数 $U(\mathrm{sl}_2)$ 的某种"变形": 设有结合代数 U_1, 它有生成元 E, F, K, K^{-1}, L 及下列关系式

$$KK^{-1} = 1 = K^{-1}K, \quad KEK^{-1} = q^2 E, \quad KFK^{-1} = q^{-2}F,$$

$$[E,F] = L, \quad (q - q^{-1})L = K - K^{-1},$$

$$[L,E] = q(EK + K^{-1}E), \quad [L,F] = -q^{-1}(FK + K^{-1}F).$$

设 V 是以集合 $\{E,F,K,K^{-1}\}$ 为基的域 $\mathbb{F}$ 上的向量空间, $T(V)$ 是其张量代数. 令 I 是由下列元素生成的 $T(V)$ 的理想

$$KK^{-1} - 1, \quad K^{-1}K - 1, \quad KEK^{-1} - q^2E,$$

$$KFK^{-1} - q^{-2}F, \quad EF - FE - (K - K^{-1})/(q - q^{-1}).$$

此时, $U_q(\mathrm{sl}_2) = T(V)/I$. 类似地, $U_1 = T(W)/J$, 这里 W 是域 $\mathbb{F}$ 上的向量空间, 它以集合 $\{E,F,K,K^{-1},L\}$ 为基, J 是和结合代数 U_1 的上述关系式对应的 $T(W)$ 的理想.

定义线性映射 $f: V \to U_1$, 使得

$$f(E) = E, \quad f(F) = F, \quad f(K) = K, \quad f(K^{-1}) = K^{-1}$$

(在不会引起混淆的前提下, 一个元素 $\alpha \in T(W)$ 所在的等价类 $[\alpha] \in U_1$ 仍用元素 α 本身来表示). 利用张量代数的泛性质, 它可以扩充为结合代数的同态 $\tilde{f}: T(V) \to U_1$. 不难验证: $I \subset \mathrm{Ker}\tilde{f}$. 从而, 可以应用同态基本定理, 得到结合代数的同态 $\bar{f}: U \to U_1$.

类似于上段的讨论, 必存在结合代数的同态 $\bar{g}: U_1 \to U$, 并且这两个映射是互逆的. 因此, $\bar{f}: U \to U_1$ 是结合代数的同构映射. 即, 结合代数 $U_q(\mathrm{sl}_2)$ 可以等同于结合代数 U_1, 所不同的是定义结合代数 U_1 用到的参数 q 没有 $q^2 \neq 1$ 的限制条件.

特别地, 在结合代数 U_1 的定义关系式中, 令 $q = 1$. 不难看出: 有典范同构映射 $U_1/(K-1) \simeq U(\mathrm{sl}_2)$. 在这个意义下, 我们称结合代数 $U_q(\mathrm{sl}_2)$ 是泛包络代数 $U(\mathrm{sl}_2)$ 的变形.

练习 18.5 (1) 证明: 存在唯一的结合代数 U 的自同构 $\omega: U \to U$, 使得

$$\omega(E) = F, \quad \omega(F) = E, \quad \omega(K) = K^{-1}.$$

(2) 证明: 存在唯一的结合代数 U 的反自同构 $\tau: U \to U$, 使得

$$\tau(E) = E, \quad \tau(F) = F, \quad \tau(K) = K^{-1}.$$

提示 利用上述注记中用到的方法进行讨论即可.

定理 18.6 作为域 $\mathbb{F}$ 上的向量空间, 量子包络代数 $U = U_q(\mathrm{sl}_2)$ 存在一组基, 它由下列单项式构成

$$F^s K^n E^r, \quad r,s,n \in \mathbb{Z}, \ r,s \geqslant 0.$$

证明 结合代数 U 是由元素 E, F, K, K^{-1} 生成出来的, 它的一般元素可以写成这些生成元的 "多项式" 的形式. 根据结合代数 U 的定义关系式, 并对 U 中的单项式的长度归纳, 不难验证: 上述单项式的集合构成向量空间 U 的张成向量组. 因此, 只要再证明它也是线性无关的.

令 $A = \mathbb{F}[X, Y, Z, Z^{-1}]$ 是域 $\mathbb{F}$ 上的交换代数, 它可以看成是域 $\mathbb{F}$ 上变量为 X, Y, Z, Z^{-1} 的多项式代数关于主理想 $(ZZ^{-1} - 1)$ 的商代数. 它有一组无限基如下

$$Y^s Z^n X^r, \quad r, s, n \in \mathbb{Z}, \ r, s \geqslant 0.$$

通过定义在 A 的基上的像元素, 定义向量空间 A 的线性变换 e, f, h 如下

$$e(Y^s Z^n X^r)$$
$$= q^{-2n} Y^s Z^n X^{r+1} + [s] Y^{s-1}(Zq^{1-s} - Z^{-1}q^{s-1}) Z^n X^r / (q - q^{-1});$$

$$f(Y^s Z^n X^r) = Y^{s+1} Z^n X^r;$$

$$h(Y^s Z^n X^r) = q^{-2s} Y^s Z^{n+1} X^r.$$

上述定义式中的 $[s] = \dfrac{q^s - q^{-s}}{q - q^{-1}}, [0] = 0$(注意条件: $q^2 \neq 1$). 由定义立即看出: h 是可逆的线性变换, 并且 $h^{-1}(Y^s Z^n X^r) = q^{2s} Y^s Z^{n-1} X^r$.

利用下面练习的结论, 必存在结合代数的同态 $\sigma : U \to \mathrm{End}_{\mathbb{F}}(A)$, 这里 $\mathrm{End}_{\mathbb{F}}(A)$ 是 A 的所有线性变换构成的结合代数. 在生成元集上, 同态 σ 由下式给出

$$\sigma(E) = e, \quad \sigma(F) = f, \quad \sigma(K^{\pm 1}) = h^{\pm 1}.$$

即, $\sigma(F^s K^n E^r) = f^s h^n e^r, r, s, n \in \mathbb{Z}, r, s \geqslant 0$. 但是 $f^s h^n e^r(1) = Y^s Z^n X^r$. 于是, 向量组 $\{f^s h^n e^r, r, s, n \in \mathbb{Z}, r, s \geqslant 0\}$ 线性无关. 因此, 张成向量组 $\{F^s K^n E^r, r, s, n \in \mathbb{Z}, r, s \geqslant 0\}$ 线性无关.

练习 18.7 验证: 在上述定理证明过程中构造的向量空间 A 的线性变换 e, f, h, h^{-1}, 它们满足结合代数 U 的定义中的关系式 R1—R4.

引理 18.8 设 $q \in \mathbb{F}$ 不是单位根, M 是结合代数 U 的有限维模, 则有正整数 $r > 0$, 使得: $E^r M = F^r M = 0$.

证明 用 $\mathbb{F}[T]$ 表示域 $\mathbb{F}$ 上的变元 T 的一元多项式代数, 对任意的不可约多项式 $f \in \mathbb{F}[T]$, 定义 M 的子集

$$M_{(f)} = \{m \in M | f(K)^n m = 0, n \gg 0\}.$$

不难看出: $M_{(f)}$ 是 M 的子空间, 且 M 是所有这些互不相同的子空间的直和 (把 K 的特征多项式分解为不可约多项式的乘积, 再按照类似于根子空间的讨论方法进行, 参考定理 9.18).

由于 K 在 M 上的作用是可逆的, 必有 $M_{(T)} = 0$. 另外, 对任意两个不可约多项式 $f, g \in \mathbb{F}[T]$, $M_{(f)} = M_{(g)} \neq 0$ 当且仅当 f, g 相差一个非零常数倍: 否则, 多项式 f, g 是互素的, 必存在多项式 $u, v \in \mathbb{F}[T]$, 使得 $uf + vg = 1$. 由此可以推出: $M_{(f)} \cap M_{(g)} = 0$.

设有不可约多项式 $f \in \mathbb{F}[T]$, 使得 $M_{(f)} \neq 0$. 对任意整数 $i \in \mathbb{Z}$, 令 $f_i(T) = f(q^i T)$, 这也是一个不可约多项式. 由于 $f(K)E = Ef(q^2 K)$, 对非负整数 r 归纳, 可以推出下列等式

$$f(K)E^r = E^r f(q^{2r} K) = E^r f_{2r}(K), \quad f_{-2r}(K)E^r = E^r f(K).$$

从而有, $E^r M_{(f)} \subset M_{(f_{-2r})}, r \geqslant 0$. 于是, 只要证明: 存在整数 $r \geqslant 0$, 使得 $M_{(f_{-2r})} = 0$.

反证: 若 $M_{(f_{-2r})} \neq 0, \forall r \in \mathbb{N}$, 必存在 $s > r$, 使得 $M_{(f_{-2r})} = M_{(f_{-2s})}$. 于是, 不可约多项式 f_{-2r}, f_{-2s} 成比例, 必定相等 (它们的常数项相同), 这导致矛盾. 类似可证: F 的作用也是幂零的.

定义 18.9 设 M 是结合代数 U 的模. 对任意元素 $\lambda \in \mathbb{F}$, 令

$$M_\lambda = \{m \in M | Km = \lambda m\},$$

它是 M 的一个子空间. 当 $M_\lambda \neq 0$ 时, 称 λ 为 M 的权, M_λ 为相应于权 λ 的权空间, 其中的元素称为权向量.

引理 18.10 术语如上, 有包含关系: $EM_\lambda \subset M_{q^2 \lambda}, FM_\lambda \subset M_{q^{-2}\lambda}$.

特别地, 当 M 是不可约 U-模且存在非零权空间 M_λ 时, 它可以分解为不同权空间的直和 (在本讲, 一般不要求域 $\mathbb{F}$ 是代数闭域)

$$M = \bigoplus_{n \in \mathbb{Z}} M_{q^{2n}\lambda}.$$

证明 $\forall m \in M_\lambda$, 有等式: $KEm = q^2 EKm = q^2 \lambda Em$. 从而有包含关系: $EM_\lambda \subset M_{q^2 \lambda}$; 对第二个包含关系的证明是类似的. 最后, 上述权空间的直和关于 E, F, K 的作用都是封闭的, 它是 M 的非零子模. 再利用模 M 的不可约性, 它必等于 M.

定理 18.11 设 $q \in \mathbb{F}$ 不是单位根, 且 $\mathrm{char}(\mathbb{F}) \neq 2$, M 是有限维 U-模, 则 M 是它的权空间的直和. 进一步, M 的权形如: $\pm q^a, a \in \mathbb{Z}$.

证明 把 K 看成有限维向量空间 M 的线性变换, 只要证明 K 的极小多项式形如: $\prod_i (T - \lambda_i)$, 这里 λ_i 互不相同, 且它们形如 $\pm q^a, a \in \mathbb{Z}$.

取整数 $s > 0$, 使得 $F^s M = 0$. 对 $0 \leqslant r \leqslant s$, 定义 M 的线性变换 h_r

$$h_r = \prod_{j=-r+1}^{r-1} [K; r-s+j], \quad r \geqslant 0, h_0 = 1.$$

这里 $[K; s] = (Kq^s - K^{-1}q^{-s})/(q - q^{-1})$. 根据引理 18.15, 有下列结论: 对满足 $0 \leqslant r \leqslant s$ 的整数 r, 有等式 $F^{s-r}h_r M = 0$.

特别地, 令 $r = s$, 得到下列等式

$$0 = h_s M = \left(\prod_{j=-s+1}^{s-1} (q - q^{-1})^{-1} q^j K^{-1} (K^2 - q^{-2j}) \right) M.$$

约掉上式中的非零因子, 并作用 K 的适当方幂, 又得到下列等式

$$0 = \left(\prod_{j=-s+1}^{s-1} (K^2 - q^{-2j}) \right) M = \prod_{j=-s+1}^{s-1} (K - q^{-j})(K + q^{-j}) M.$$

从而, K 的极小多项式无重根, 且具有所要求的形式, 定理结论成立.

练习 18.12 设 $[s] = \dfrac{q^s - q^{-s}}{q - q^{-1}}, [K; s] = (Kq^s - K^{-1}q^{-s})/(q - q^{-1})$(参见定理 18.6 及定理 18.11 的证明), 证明它们满足下列等式

$$[b + c][K; a] = [b][K; a + c] + [c][K; a - b], \quad [K; a]E = E[K; a + 2],$$

$$[K; a]F = F[K; a - 2], \quad \omega[K; a] = -[K; -a],$$

$$EF^s = F^s E + [s]F^{s-1}[K; 1 - s], \quad FE^r = E^r F - [r]E^{r-1}[K; r - 1].$$

注记 18.13 为了叙述 (或证明) 下述练习 (或引理)(从而证明上述定理中用到的结论: $F^{s-r}h_r M = 0, 0 \leqslant r \leqslant s$), 需要引进量子组合符号 $\begin{pmatrix} s \\ n \end{pmatrix}_q$,

$$\begin{pmatrix} s \\ n \end{pmatrix}_q = \frac{[s]!}{[n]![s - n]!}, \quad [n]! = [n][n - 1] \cdots [1], n > 0; \quad \begin{pmatrix} s \\ 0 \end{pmatrix}_q = 1, \quad [0]! = 1.$$

练习 18.14 对任意 $r, s \in \mathbb{Z}, r, s \geqslant 0, n = \min(r, s)$, 有下列等式

$$E^r F^s = \sum_{i=0}^{n} \begin{pmatrix} r \\ i \end{pmatrix}_q \begin{pmatrix} s \\ i \end{pmatrix}_q [i]! F^{s-i} \left(\prod_{j=1}^{i} [K; i - (r + s) + j] \right) E^{r-i}.$$

提示 参考文献 [19].

引理 18.15 术语如上, 对满足 $0 \leqslant r \leqslant s$ 的整数 r, 有 $F^{s-r}h_r M = 0$.

证明 当 $r = 0$ 时, 结论自动成立 (由定义, 整数 s 满足: $F^s M = 0$). 假设 $r > 0$, 且对满足 $0 \leqslant i < r$ 的整数 i 都成立, 要证明对 r 也成立. 令

$$A = E^r F^s \prod_{j=1}^{r-1} [K; r - s + j].$$

记 $a_i = \begin{pmatrix} r \\ i \end{pmatrix}_q \begin{pmatrix} s \\ i \end{pmatrix}_q [i]!$, 并利用上述两个练习中的等式, 得到下列式子

$$A = \sum_{i=0}^{r} a_i F^{s-i} \left(\prod_{j=1}^{i} [K; i - (r+s) + j] \right) E^{r-i} \left(\prod_{j=1}^{r-1} [K; r - s + j] \right)$$

$$= \sum_{i=0}^{r} a_i F^{s-i} \left(\prod_{j=1}^{i} [K; i - (r+s) + j] \right) \left(\prod_{j=1}^{r-1} [K; -r - s + j + 2i] \right) E^{r-i}$$

$$= \sum_{i=0}^{r} a_i F^{s-i} \left(\prod_{j=1}^{i+r-1} [K; i - (r+s) + j] \right) E^{r-i}$$

$$= \sum_{i=0}^{r} a_i F^{s-i} h_i \left(\prod_{j=0}^{r-i-1} [K; -s - j] \right) E^{r-i}.$$

根据上述等式, 利用 $AM = 0$ 及归纳假设不难推出: $a_r F^{s-r} h_r M = 0$. 再由于系数 $a_r = [s] \cdots [s - r + 1] \neq 0$, 最后得到 $F^{s-r} h_r M = 0$.

定义 18.16 对非零元素 $\lambda \in \mathbb{F}$, 令 $M(\lambda)$ 是域 $\mathbb{F}$ 上的一个无限维向量空间, 它有可数基: $m_0, m_1, \cdots$. 下面定义结合代数 U 在 $M(\lambda)$ 上的作用, 只需给出生成元 K, K^{-1}, F, E 在 $M(\lambda)$ 的基上的作用, 并验证关系式 R1—R4 成立. 这时, 就可以唯一确定 U 在 $M(\lambda)$ 上的作用, 使其成为一个无限维 U-模, 称其为最高权 λ 的 Verma-模, 称向量 m_0 为权 λ 的极大向量.

定义生成元 K, K^{-1}, F, E 在基元素 $m_i (i \geq 0)$ 上的作用如下:

$$Km_i = \lambda q^{-2i} m_i, \quad K^{-1} m_i = \lambda^{-1} q^{2i} m_i;$$

$$Fm_i = m_{i+1};$$

$$Em_0 = 0, \quad Em_i = [i](\lambda q^{1-i} - \lambda^{-1} q^{i-1})/(q - q^{-1}) m_{i-1}, \quad i > 0.$$

根据上述定义不难直接验证 R1—R3 成立, 下面给出 R4 的验证过程:

$$(EF - FE)(m_i)$$
$$= Em_{i+1} - F[i](\lambda q^{1-i} - \lambda^{-1} q^{i-1})/(q - q^{-1}) m_{i-1}$$
$$= [i+1](\lambda q^{-i} - \lambda^{-1} q^i)/(q - q^{-1}) m_i - [i](\lambda q^{1-i} - \lambda^{-1} q^{i-1})/(q - q^{-1}) m_i$$
$$= ((q^{i+1} - q^{-i-1})(\lambda q^{-i} - \lambda^{-1} q^i)$$
$$\quad - (q^i - q^{-i})(\lambda q^{1-i} - \lambda^{-1} q^{i-1}))/(q - q^{-1})^2 m_i$$
$$= (\lambda q^{-2i+1} - \lambda^{-1} q^{2i+1} - \lambda q^{-2i-1} + \lambda^{-1} q^{2i-1})/(q - q^{-1})^2 m_i$$

$$= (\lambda q^{-2i} - \lambda^{-1}q^{2i})/(q - q^{-1})m_i$$
$$= (K - K^{-1})/(q - q^{-1})m_i, \quad i > 0.$$

引理 18.17　　(1) 在上述定义中构造的 U-模 $M(\lambda)$ 是它的所有权空间的直和：$M = \oplus_\mu M(\lambda)_\mu$. 特别地，当 q 不是单位根时，每个权空间都是一维的.

(2) U-模 $M(\lambda)$ 具有下列泛性质：

对任意的 U-模 M，假设有向量 $m \in M$，满足：$Em = 0, Km = \lambda m$，则有唯一的 U-模同态 $\varphi : M(\lambda) \to U$，使得 $\varphi(m_0) = m$.

(3) 对任意非零元素 $\lambda \in \mathbb{F}$，令 I 是由元素 $E, K - \lambda$ 生成的结合代数 U 的左理想. 即，$I = UE + U(K - \lambda)$. 则有 U-模的同构：$M(\lambda) \simeq U/I$.

证明　　(1) 由 $M(\lambda)$ 的定义可知，它可以写成所有权空间的直和. 当 q 不是单位根时，$\lambda q^{-2i} \neq \lambda q^{-2j}, i \neq j$. 因此，每个权空间都是一维的.

(2) 令 $\varphi(m_i) = F^i m, i \geqslant 0$. 经线性扩充得到线性映射 $\varphi : M(\lambda) \to M$，使得 $\varphi(m_i) = F^i m, i \geqslant 0$. 因为结合代数 U 是由 K, K^{-1}, E, F 生成的，只要能证明 φ 保持这些生成元的作用，那么 φ 必定是一个 U-模同态.

映射 φ 确实保持 K, K^{-1}, E, F 的作用，只需在 $M(\lambda)$ 的基上验证如下：

$$\varphi(Km_i) = \varphi(\lambda q^{-2i} m_i) = \lambda q^{-2i} F^i m,$$
$$K\varphi(m_i) = KF^i m = q^{-2i}F^i K m = \lambda q^{-2i} F^i m,$$
$$\varphi(K^{-1}m_i) = \varphi(\lambda^{-1} q^{2i} m_i) = \lambda^{-1} q^{2i} F^i m,$$
$$K^{-1}\varphi(m_i) = K^{-1}F^i m = q^{2i}F^i K^{-1} m = \lambda^{-1} q^{2i} F^i m,$$
$$\varphi(Fm_i) = \varphi(m_{i+1}) = F^{i+1} m,$$
$$F\varphi(m_i) = FF^i m = F^{i+1} m,$$
$$\varphi(Em_i) = \varphi([i](\lambda q^{1-i} - \lambda^{-1} q^{i-1})/(q - q^{-1})m_{i-1}),$$
$$= [i](\lambda q^{1-i} - \lambda^{-1} q^{i-1})/(q - q^{-1})F^{i-1} m,$$
$$E\varphi(m_i) = EF^i m = F^i E m + [i]F^{i-1}[K; 1-i]m$$
$$= [i]F^{i-1}(\lambda q^{1-i} - \lambda^{-1} q^{i-1})/(q - q^{-1})m$$
$$= [i](\lambda q^{1-i} - \lambda^{-1} q^{i-1})/(q - q^{-1})F^{i-1} m, \quad i > 0.$$

(3) 对 U-模 $M = U/I$，令 $m = [1] = 1 + I$. 不难看出：元素 m 满足 (2) 中的条件，必有 U-模同态 $\varphi : M(\lambda) \to M$，使得 $\varphi(m_i) = F^i m$.

另一方面，定义 U-模同态 $\bar{\psi} : U \to M(\lambda)$，使得 $\bar{\psi}(x) = xm_0$. 不难看出：$I \subset \mathrm{Ker}\bar{\psi}$. 利用同态基本定理，存在 U-模同态 $\psi : M \to M(\lambda)$，使得 $\psi([x]) = \bar{\psi}(x)$. 此时，$\varphi, \psi$ 是互逆的映射. 即，φ 是 U-模的同构映射.

引理 18.18 设 q 不是单位根, $\lambda \in \mathbb{F}$ 是非零元素, U-模 $M(\lambda)$ 定义如上.

(1) 若 $\lambda \neq \pm q^n, \forall n \geqslant 0$, 则 $M(\lambda)$ 是不可约 U-模;

(2) 若 $\lambda = \pm q^n, \exists n \geqslant 0$, 则向量组 $\{m_i; i \geqslant n+1\}$ 张成 $M(\lambda)$ 的唯一的非平凡子模: $M(q^{-2(n+1)}\lambda)$, 它的余维数为 $n+1$.

证明 设 N 是 $M(\lambda)$ 的非零子模, 它也是权空间的直和

$$N = \oplus_\mu (N \cap M(\lambda)_\mu).$$

由于 $\mathbb{F}m_i = M(\lambda)_{q^{-2i}\lambda}$ 是一维子空间, 子模 N 由它所包含的这种 m_i 所张成. 选取最小的非负整数 j, 使得 $m_j \in N$. 从而, $m_i = F^{i-j}m_j(\forall i \geqslant j) \in N$. 即, $N = \mathrm{span}\{m_i; i \geqslant j\}$.

若 $j = 0$, 则 $N = M(\lambda)$;

若 $j > 0$, 由 $Em_j \in N$, 推出: $Em_j = 0, \lambda = \pm q^{j-1}$. 即, (1) 成立.

设 $\lambda = \pm q^n, n \geqslant 0$. 此时, $Em_{n+1} = 0$. 由上述泛性质, 必存在非零的模同态: $M(\pm q^{-n-2}) \to M(\lambda), m_0 \to m_{n+1}$. 但是, 由 (1) 可知, $M(\pm q^{-n-2})$ 是不可约的, 它同构于它的非零同态像 N, N 也是不可约的. 即, (2) 成立.

定理 18.19 设 q 不是单位根, 对任意非负整数 n, 存在有限维不可约 U-模 $L(n,+), L(n,-)$, 它们分别有基: $m_0^+, m_1^+, \cdots, m_n^+$; $m_0^-, m_1^-, \cdots, m_n^-$, 其中 U 的作用如下:

$$Km_i^\pm = \pm q^{n-2i}m_i^\pm, \quad \forall i;$$
$$Fm_i^\pm = m_{i+1}^\pm, \quad 0 \leqslant i < n; \quad Fm_n^\pm = 0;$$
$$Em_i^\pm = \pm[i][n+1-i]m_{i-1}^\pm, \quad i > 0; \quad Em_0^\pm = 0.$$

进一步, 任何 $n+1$ 维的不可约 U-模必同构于上述 $L(n,+)$ 或 $L(n,-)$.

证明 由上述引理的结论 (2), Verma-模的商模 $M(\pm q^n)/N$ 是 $n+1$ 维的不可约 U-模, 并且 U 的生成元 K, F, E 在等价类 $\overline{m_i}$ 上的作用与上述作用完全一致. 因此, $L(n,\pm) = M(\pm q^n)/N$ 满足定理的要求.

设 M 是任意 $n+1$ 维的不可约 U-模, $M = \oplus_\lambda M_\lambda$ 是它的权空间分解. 取 λ, 使得 $M_\lambda \neq 0, M_{q^2\lambda} = 0$. 再取非零向量 $m \in M_\lambda$, 此时有, $Em = 0$. 从而有非零模同态 $\varphi: M(\lambda) \to M$, 这是一个满同态. 由于 M 的维数有限, 利用上述引理得到: $\lambda = \pm q^n, n \geqslant 0$. 于是, $M \simeq M(\lambda)/N = L(n,\pm)$.

注记 18.20 这个定理完全解决了量子群 $U_q(\mathrm{sl}_2)$ 的有限维不可约模的分类问题, 它可以看成是李代数 sl_2 的不可约模分类结果的类比. 为了研究李代数 sl_2 的任意有限维表示 $\varphi: \mathrm{sl}_2 \to \mathrm{gl}(V)$, 我们曾经定义了 $\varphi(L)$ 的特定中心元素 $Z = \frac{1}{2}\varphi(h)^2 + \varphi(h) + 2\varphi(y)\varphi(x)$. 类似地, 对量子群 $U = U_q(\mathrm{sl}_2)$ 的情形, 也需要一个中

心元素, 其定义为

$$
\begin{aligned}
C &= FE + (Kq + K^{-1}q^{-1})/(q - q^{-1})^2 \\
&= EF + (Kq^{-1} + K^{-1}q)/(q - q^{-1})^2 \in U.
\end{aligned}
$$

引理 18.21 上述注记中定义的元素 $C \in U$ 具有下列基本性质:

(1) 元素 C 包含于结合代数 U 的中心;

(2) C 作用在 $M(\lambda)$ 上相当于纯量倍乘: $(\lambda q + \lambda^{-1}q^{-1})/(q - q^{-1})^2$;

(3) C 在 $M(\lambda), M(\mu)$ 上的作用一致当且仅当 $\lambda = \mu$ 或 $\lambda\mu q^2 = 1$.

证明 由定义不难直接验证, 引理结论成立 (留给读者练习).

引理 18.22 设 q 不是单位根, L_1, L_2 是有限维不可约 U-模. 若 C 通过相同的纯量倍乘作用在 L_1, L_2 上, 则 L_1, L_2 是同构的 U-模.

证明 不妨设 L_1 是 Verma-模 $M(\varepsilon_1 q^{n_1})$ 的商模, L_2 是 Verma-模 $M(\varepsilon_2 q^{n_2})$ 的商模, 这里 $\varepsilon_i = \pm 1, n_i$ 是非负整数, $i = 1, 2$.

显然, C 作用在 L_i 上的纯量等于它作用在 $M(\varepsilon_i q^{n_i})$ 上的纯量. 若引理条件满足, 则必有 $\varepsilon_1 q^{n_1} = \varepsilon_2 q^{n_2}$. 因此, L_1 同构于 L_2.

定理 18.23 设 q 不是单位根, M 是有限维 U-模, 且是权空间的直和. 则 M 是一些不可约 U-模的直和 (即, M 是完全可约模).

证明 取 M 的子模的序列: $0 = M_0 \subset M_1 \subset \cdots \subset M_r = M$, 使得 M_{i-1} 是 M_i 的极大子模 (根据维数关系, 这是可以做到的), $i = 1, \cdots, r$. 此时, 商模 M_i/M_{i-1} 是不可约 U-模, C 作用在 M_i/M_{i-1} 上相当于纯量倍乘 $\mu_i \mathrm{Id}, \mu_i \in \mathbb{F}$. 由此推出

$$
\prod_{i=1}^{r}(C - \mu_i \mathrm{Id}_M)M = 0.
$$

即, 线性变换 C 在 M 上的极小多项式可以分解为一次因式方幂的乘积.

按照根子空间的讨论方法, 得到下列分解式

$$
M = \oplus_\mu M_{(\mu)}, \quad M_{(\mu)} = \{m \in M | (C - \mu \mathrm{Id}_M)^s m = 0, s \gg 0\}.
$$

因为 C 是结合代数 U 的中心元, 子空间 $M_{(\mu)}$ 必是 M 的 U-子模. 从而, 只需证明: 每个子模 $M_{(\mu)}$ 是完全可约模.

现在可以假设 $M = M_{(\mu)}$. 此时, $C - \mu \mathrm{Id}_M$ 作用在 M 上是幂零的, 作用在每个 M_i/M_{i-1} 上也是幂零的. 由此推出: $\mu = \mu_i, \forall i$. 再利用上述引理, 必有 $n \geqslant 0, \varepsilon = \pm 1$, 使得 $M_i/M_{i-1} \simeq L(n, \varepsilon), \forall i$.

令 $M = \oplus_\nu M_\nu$ 是向量空间 M 关于线性变换 K 的权空间分解, N 是 M 的子模, 它的分解式为: $N = \oplus_\nu N_\nu$, 这里 $N_\nu = N \cap M_\nu$. 利用典范映射 $M_\nu \to (M/N)_\nu$

诱导的同构 $M_\nu/N_\nu \simeq (M/N)_\nu$ 可以推出

$$\dim M_\nu = \dim N_\nu + \dim(M/N)_\nu.$$

从而有权空间 M_ν 维数的描述

$$\dim M_\nu = \sum_{i=1}^r \dim(M_i/M_{i-1})_\nu = r\dim L(n,\varepsilon)_\nu.$$

特别地, 当 $\nu = \lambda = \varepsilon q^n$ 时, $\dim M_\lambda = r$, 且 $M_{q^2\lambda} = 0$.

取非零向量 $v \in M_\lambda, Ev = 0$. 即, Uv 是 Verma-模 $M(\lambda)$ 的有限维同态像. 因此, Uv 是不可约 U-模, 且 $Uv \simeq L(n,\varepsilon)$(中心元 C 在 Uv 上的作用与它在 $M(\lambda)$ 上的作用一致). 再取 M_λ 的基: $v_1, \cdots, v_r$, 必有 $M = \sum_{i=1}^r Uv_i$: 这是因为 $\left(M/\sum_{i=1}^r Uv_i\right)_\lambda = 0$, 且商模 $M/\sum_{i=1}^r Uv_i$ 不等于零时, 它的任何子模的不可约商模 L 同构于 $L(n,\varepsilon)$ (C 作用在 L 上相当于纯量 μ 倍乘), 必有 $L_\lambda \neq 0$, 矛盾.

最后, 根据维数等式: $\dim M = r\dim L(n,\varepsilon) = \sum_i \dim Uv_i$, 必有直和分解式: $M = \oplus_{i=1}^r Uv_i$. 定理结论成立.

注记 18.24   前面主要讨论了 $U_q(\mathrm{sl}_2)$ 的有限维表示理论, 得到了比较系统完整的结论, 尽管讨论的过程相对于 $U(\mathrm{sl}_2)$ 的情形要复杂得多.

下面我们详细说明 $U_q(\mathrm{sl}_2)$ 也是一个 Hopf-代数, 它不是可换的, 也不是余可换的. 建议读者把讨论的过程和 $U(\mathrm{sl}_2)$ 的 (余可换) 情形进行对照, 切实体会一下"形变" (deformation) 的数学含义.

定理 18.25   在量子包络代数 $U = U_q(\mathrm{sl}_2)$ 上, 存在一个自然的 Hopf-代数结构, 它不是可换的, 也不是余可换的.

证明   定义结合代数的同态 $\Delta : U \to U \otimes U, \varepsilon : U \to \mathbb{F}$, 定义反同态 $S : U \to U$. 在 U 的生成元集 $\{K, K^{-1}, E, F\}$ 上, 具体描述如下:

$$\Delta(K) = K \otimes K, \quad \Delta(K^{-1}) = K^{-1} \otimes K^{-1},$$

$$\Delta(E) = E \otimes 1 + K \otimes E, \quad \Delta(F) = F \otimes K^{-1} + 1 \otimes F;$$

$$\varepsilon(K) = \varepsilon(K^{-1}) = 1, \quad \varepsilon(E) = \varepsilon(F) = 0;$$

$$S(K) = K^{-1}, \quad S(K^{-1}) = K, \quad S(E) = -K^{-1}E, \quad S(F) = -FK.$$

(1) 同态 Δ 的定义合理: 需要验证 Δ 保持关系式 R1—R4. 即, 有等式

$$\Delta(K)\Delta(K^{-1}) = 1 = \Delta(K^{-1})\Delta(K),$$

$$\Delta(K)\Delta(E)\Delta(K^{-1}) = q^2\Delta(E),$$

$$\Delta(K)\Delta(F)\Delta(K^{-1}) = q^{-2}\Delta(F),$$

$$\Delta(E)\Delta(F) - \Delta(F)\Delta(E) = (\Delta(K) - \Delta(K^{-1}))/(q - q^{-1}).$$

只验证第二、四个等式, 另外两个等式的验证留作练习.

$$\Delta(K)\Delta(E)\Delta(K^{-1})$$

$$= (K \otimes K)(E \otimes 1 + K \otimes E)(K^{-1} \otimes K^{-1})$$

$$= KEK^{-1} \otimes 1 + K \otimes KEK^{-1}$$

$$= q^2(E \otimes 1 + K \otimes E)$$

$$= q^2\Delta(E);$$

$$\Delta(E)\Delta(F) - \Delta(F)\Delta(E)$$

$$= (E \otimes 1 + K \otimes E)(F \otimes K^{-1} + 1 \otimes F)$$

$$\quad -(F \otimes K^{-1} + 1 \otimes F)(E \otimes 1 + K \otimes E)$$

$$= EF \otimes K^{-1} + E \otimes F + KF \otimes EK^{-1} + K \otimes EF$$

$$\quad -FE \otimes K^{-1} - FK \otimes K^{-1}E - E \otimes F - K \otimes FE$$

$$= ((K - K^{-1}) \otimes K^{-1} + K \otimes (K - K^{-1}))/(q - q^{-1})$$

$$= (\Delta(K) - \Delta(K^{-1}))/(q - q^{-1}).$$

(2) 同态 ε 的定义合理: 把上述四个等式中的 Δ 换成 ε, 等式仍然成立. 验证是类似的, 见下面的练习.

(3) 反同态 S 的定义合理: 需要验证映射 S 与关系式 R1—R4 反相容. 即,

$$S(K^{-1})S(K) = 1 = S(K)S(K^{-1}),$$

$$S(K^{-1})S(E)S(K) = q^2 S(E),$$

$$S(K^{-1})S(F)S(K) = q^{-2}S(F),$$

$$S(F)S(E) - S(E)S(F) = (S(K) - S(K^{-1}))/(q - q^{-1}).$$

只验证第二、四个等式, 另外两个等式的验证留作练习.

$$S(K^{-1})S(E)S(K) = K(-K^{-1}E)K^{-1} = -EK^{-1} = q^2 S(E);$$

$$S(F)S(E) - S(E)S(F)$$

$$= (-FK)(-K^{-1}E) - (-K^{-1}E)(-FK)$$

$$= FE - (-q^{-2}EK^{-1})(-q^2KF)$$

$$= FE - EF$$

$$= (S(K) - S(K^{-1}))/(q - q^{-1}).$$

(4) 余结合律成立: $(\mathrm{Id}_U \otimes \Delta)\Delta = (\Delta \otimes \mathrm{Id}_U)\Delta$.

因 Δ, Id_U 都是结合代数的同态, 只需在生成元集合上验证. 下面对生成元 E 进行验证, 在其他生成元上的验证是类似的, 留作读者练习.

$$(\mathrm{Id}_U \otimes \Delta)\Delta(E)$$
$$= (\mathrm{Id}_U \otimes \Delta)(E \otimes 1 + K \otimes E)$$
$$= E \otimes 1 \otimes 1 + K \otimes E \otimes 1 + K \otimes K \otimes E,$$
$$(\Delta \otimes \mathrm{Id}_U)\Delta(E)$$
$$= (\Delta \otimes \mathrm{Id}_U)(E \otimes 1 + K \otimes E)$$
$$= E \otimes 1 \otimes 1 + K \otimes E \otimes 1 + K \otimes K \otimes E.$$

(5) 余单位的条件成立: $(\varepsilon \otimes \mathrm{Id}_U)\Delta = o_1^{-1}, (\mathrm{Id}_U \otimes \varepsilon)\Delta = o_2^{-1}$.

类似于上述 (4) 的讨论, 只需对生成元 E 验证第一式成立, 对其他生成元的验证以及对第二式的验证都是类似的, 留给读者练习.

$$(\varepsilon \otimes \mathrm{Id}_U)\Delta(E) = (\varepsilon \otimes \mathrm{Id}_U)(E \otimes 1 + K \otimes E) = 1 \otimes E = o_1^{-1}(E).$$

(6) 对极映射的条件成立: $m(\mathrm{Id}_U \otimes S)\Delta = m(S \otimes \mathrm{Id}_U) = u\varepsilon$, 这里 $m : U \otimes U \to U$ 是结合代数 U 的乘法映射, $u : \mathbb{F} \to U$ 是单位映射.

只需证明第一个等式, 第二个等式的证明是类似的, 留给读者练习.

首先, 在生成元集合 $\{K, K^{-1}, E, F\}$ 上验证, 只验证 K, E 的情形:

$$m(\mathrm{Id}_U \otimes S)\Delta(K) = m(\mathrm{Id}_U \otimes S)(K \otimes K)$$
$$= m(K \otimes K^{-1}) = 1 = u\varepsilon(K);$$
$$m(\mathrm{Id}_U \otimes S)\Delta(E) = m(\mathrm{Id}_U \otimes S)(E \otimes 1 + K \otimes E)$$
$$= m(E \otimes 1 + K \otimes (-K^{-1}E)) = 0 = u\varepsilon(E).$$

其次, 定义线性映射 $f = m(\mathrm{Id}_U \otimes S)\Delta$ (它不是结合代数的同态, 前面在生成元上的验证, 还不能说明一般情况成立). 对元素 $x, y \in U$, 假设 $f(x) = u\varepsilon(x), f(y) = u\varepsilon(y)$, 还需证明: $f(xy) = u\varepsilon(xy)$.

设 $\Delta(x) = \sum_{(x)} x_1 \otimes x_2, \Delta(y) = \sum_{(y)} y_1 \otimes y_2$, 利用 $f(y) = u\varepsilon(y)$ 含于结合代数 U 的中心, 有下面所要求的等式成立

$$f(xy) = m(\mathrm{Id}_U \otimes S)\Delta(xy)$$
$$= \sum_{(x),(y)} m(\mathrm{Id}_U \otimes S)(x_1 y_1 \otimes x_2 y_2)$$
$$= \sum_{(x),(y)} m(x_1 y_1 \otimes S(y_2)S(x_2))$$

$$= \sum_{(x),(y)} x_1 y_1 S(y_2) S(x_2) = \sum_{(x)} x_1 f(y) S(x_2)$$
$$= f(x)f(y) = u\varepsilon(xy).$$

最后, 根据前面讨论, 对 U 中的单项式长度归纳可知, 等式成立.

(7) 它不是可换的: 由定义直接看出; 也不是余可换的: $\tau\Delta \neq \Delta$, 这里 τ: $U \otimes U \to U \otimes U$ 是切换映射.

只需注意不等式: $\tau\Delta(E) = \tau(E \otimes 1 + K \otimes E) = 1 \otimes E + E \otimes K \neq \Delta(E)$.

练习 18.26 验证: 同态 ε 的定义合理性及其他证明中省略的细节.

注记 18.27 本讲主要以量子包络代数 $U_q(\mathrm{sl}_2)$ 为例, 介绍了量子群的一些初步知识, 主要讨论了它的 Hopf-代数结构及有限维表示理论的一些结果. 关于一般量子群的结构与表示的深入研究是现代代数学研究的热点课题之一, 详见参考文献 [19—21] 等. 顺便说明: 文献 [19, 20] 适合初学者阅读, 本讲的主体内容也取自文献 [19]; 而文献 [21] 涉及一些代数几何的方法, 更适合有一定数学基础的读者参考.

实际上, 还可以按照另一种观点理解量子群的概念: 线性代数群的量子坐标代数. 它涉及代数学中的又一个非常基本且重要的内容: 线性代数群及其表示理论. 在第 19— 第 21 讲, 我们对定义线性代数群这个概念所需的预备知识做一些介绍, 然后说明在 $\mathrm{GL}(V)$ 上存在线性代数群结构, 称它为一般线性代数群, 它对应的李代数就是一般线性李代数 $\mathrm{gl}(V)$, 这里 V 是代数闭域 $\mathbb{F}$ 上的有限维向量空间. 至于和量子形变有关的内容, 请读者查阅相关的参考文献 (例如, 文献 [22] 等).

第 19 讲   模的张量积与局部化

前面介绍的域 $\mathbb{F}$ 上向量空间的张量积是构造新的向量空间的基本方法, 在此基础上还定义了张量代数的概念, 并由此得到了一些重要的结合代数. 例如, 对称代数、外代数及李代数的泛包络代数等.

对有单位元的交换环 R 上的模, 可以类似地定义模的张量积的概念, 它是向量空间张量积概念的自然推广.

定义 19.1   设 R 是有单位元的交换环, M, N, P 是给定的 R-模. 称映射 $f: M \times N \to P$ 是一个双线性映射, 如果它关于每个分量都是线性的. 即, $\forall x, x_1, x_2 \in M, \forall y, y_1, y_2 \in N, \forall a \in R$, 有下列等式

$$f(x_1 + x_2, y) = f(x_1, y) + f(x_2, y),$$
$$f(x, y_1 + y_2) = f(x, y_1) + f(x, y_2),$$
$$f(ax, y) = f(x, ay) = af(x, y).$$

定义 19.2   设 M, N 是给定的 R-模, M 与 N 的张量积是一个新的 R-模, 记为 $M \otimes_R N$ 或者 $M \otimes N$, 它带有双线性映射 $\otimes: M \times N \to M \otimes_R N$, 并且满足下列泛性质:

对任意的 R-模 P 及双线性映射 $\varphi: M \times N \to P$, 存在唯一的 R-模同态 $\psi: M \otimes_R N \to P$, 使得 $\psi \otimes = \varphi$.

引理 19.3   若 R-模 M 与 N 的张量积存在, 则在同构意义下它是唯一的.

证明   若 R-模 M 与 N 有两个张量积 $(M \otimes_R N, \otimes)$ 与 $(P, \otimes_1)$. 利用上述泛性质, 存在唯一的 R-模同态 $\psi_1: M \otimes_R N \to P$, 使得 $\psi_1 \otimes = \otimes_1$. 又存在唯一的 R-模同态 $\psi_2: P \to M \otimes_R N$, 使得 $\psi_2 \otimes_1 = \otimes$.

此时, 必有等式: $\psi_2 \psi_1 \otimes = \otimes, \psi_1 \psi_2 \otimes_1 = \otimes_1$. 再根据上述定义中的泛性质不难看出: $\psi_2 \psi_1 = \mathrm{Id}_{M \otimes N}, \psi_1 \psi_2 = \mathrm{Id}_P$. 即, ψ_1 是 R-模同构, 引理成立.

在构造向量空间的张量积时, 我们定义了一个 "很大" 的向量空间, 它以给定的集合为基, 还给出了它的子集张成的一个子空间, 而张量积空间就是关于这个子空间的商空间.

对 R-模的情形, 讨论是类似的. 首先需要引进自由模的概念, 它就是带有基的 R-模; 然后找到一个合适的子模, 再做商模即可.

定义 19.4   设 R 是有单位元的交换环, M 是一个 R-模. 称 M 的非空子集 B 是 R-模 M 的基, 如果它满足下面两个条件:

(1) 无关性: B 中任意有限个元素是线性无关的.

即, $\forall x_i \in B, 1 \leqslant i \leqslant n, n = 1, 2, \cdots,$

$$a_1 x_1 + a_2 x_2 + \cdots + a_n x_n = 0, \quad a_i \in R \Rightarrow a_1 = a_2 = \cdots = a_n = 0;$$

(2) 张成性: M 中任何元素都可以写成 B 中有限个元素的线性组合. 即, 对 $\forall x \in M, \exists a_1, a_2, \cdots, a_m \in R, x_1, x_2, \cdots, x_m \in B$, 使得

$$x = a_1 x_1 + a_2 x_2 + \cdots + a_m x_m.$$

若 R-模 M 包含一组基 B, 则称 M 是一个自由 R-模.

例 19.5　令 $R^n = \{(a_1, a_2, \cdots, a_n) | a_i \in R, 1 \leqslant i \leqslant n\}$ 是环 R 和它本身的 n-次直积, 关于自然的加法运算, 它是一个可换群. 定义环 R 在可换群 R^n 上的典范作用 (作用到每个分量元素上)

$$R \times R^n \to R^n, \quad (a, (a_1, \cdots, a_n)) \to (a a_1, \cdots, a a_n).$$

由 R-模的定义不难直接验证: 关于上述作用, R^n 是一个 R-模.

R-模 R^n 是一个自由模, 它有一组标准基如下

$$e_1 = (1, 0, \cdots, 0),$$
$$e_2 = (0, 1, \cdots, 0),$$
$$\cdots$$
$$e_n = (0, 0, \cdots, 1).$$

引理 19.6　设 R-模 M 存在一组基, 由有限个元素组成: $x_1, x_2, \cdots, x_n$, 则有 R-模的同构映射 $\tau : R^n \to M$. 这里

$$R^n = \{(a_1, a_2, \cdots, a_n) | a_i \in R, 1 \leqslant i \leqslant n\}$$

是例 19.5 中的 R-模, 它带有自然的模结构: 作用到每个分量.

证明　取自由 R-模 R^n 的标准基: $e_1, e_2, \cdots, e_n$, 定义映射

$$\tau : R^n \to M, \quad a = a_1 e_1 + a_2 e_2 + \cdots + a_n e_n \to a_1 x_1 + a_2 x_2 + \cdots + a_n x_n.$$

这里 $x_1, x_2, \cdots, x_n \in M$ 是给定的基, $a_1, a_2, \cdots, a_n \in R$.

根据基的定义条件 (1) 可知, 映射 τ 是单射; 根据基的定义条件 (2) 推出, 映射 τ 是满射; τ 也保持作用. 因此, 映射 τ 是 R-模的同构映射.

定义 19.7　设 M 是一个 R-模, S 是 M 的任意子集 (也可以是空子集). 定义子集 S 生成的子模为 M 的所有包含 S 的子模的交, 记为 (S).

当 $(S) = M$ 时, 称 M 是由子集 S 生成的, 也称 S 是 M 的生成元集.

特别地, 当 $(S) = M$ 且 S 是有限集时, 称 R-模 M 是有限生成的.

练习 19.8　证明: R-模 M 的子集 S 生成的子模具有下列形式

$$(S) = \left\{ \sum_{i=1}^{n} a_i x_i \,\middle|\, a_i \in R, x_i \in S, 1 \leqslant i \leqslant n, n = 1, 2, \cdots \right\}.$$

此时, 子模 (S) 也写成形式: $(S) = \sum_{x \in S} Rx$, 它是 M 的一些循环子模 Rx 的和. 特别地, 当 $S = \{x_1, \cdots, x_n\}$ 是有限集合时, 记 $(S) = \sum_{i=1}^{n} Rx_i$.

练习 19.9　证明: 对任何有限生成的 R-模 M, 必存在非负整数 $n \in \mathbb{Z}$, 使得 M 同构于自由 R-模 R^n 的某个商模.

提示　利用 R-模同态的同态基本定理, 不难证明结论成立.

定理 19.10　对任意两个 R-模 M, N, 它们的张量积 $M \otimes_R N$ 必存在.

证明　构造自由 R-模 $R(M \times N)$, 它以下列直积集合为基

$$M \times N = \{(x, y) | x \in M, y \in N\}.$$

即, R-模 $R(M \times N)$ 是所有下列形式表达式的集合

$$\sum_{i=1}^{n} a_i (x_i, y_i), \quad a_i \in R, \ x_i \in M, \ y_i \in N, \ 1 \leqslant i \leqslant n, \ n = 1, 2, \cdots.$$

这里两个形式表达式相等是指它们的对应系数相等; 形式表达式的加法是对应系数相加; 环 R 中的元素在形式表达式上的作用是指作用到每个系数上. 不难看出: $R(M \times N)$ 确实是一个自由 R-模, $M \times N$ 是它的一组基.

定义 $B(M \times N)$ 为由下列元素生成的 R-模 $R(M \times N)$ 的子模

$$(x_1 + x_2, y) - (x_1, y) - (x_2, y),$$

$$(x, y_1 + y_2) - (x, y_1) - (x, y_2),$$

$$(ax, y) - a(x, y), (x, ay) - a(x, y),$$

其中 $x, x_1, x_2 \in M, y, y_1, y_2 \in N, a \in R$.

构造商模 $M \otimes_R N = R(M \times N)/B(M \times N)$, 定义双线性映射

$$\otimes : M \times N \to M \otimes_R N, \quad (x, y) \to x \otimes y = [(x, y)].$$

下面说明: R-模 $M \otimes_R N$ 就是所要求的张量积.

对任意 R-模 P 及双线性映射 $\varphi : M \times N \to P$, 定义 R-模同态

$$\tilde{\varphi} : R(M \times N) \to P, \quad \tilde{\varphi}\left(\sum_i a_i (x_i, y_i) \right) = \sum_i a_i \varphi(x_i, y_i).$$

根据自由模的定义条件, R-模同态 $\tilde{\varphi}$ 是合理定义的.

只要再证明: $B(M \times N) \subset \operatorname{Ker}\tilde{\varphi}$, 由同态基本定理就可以找到唯一的模同态 $\psi : M \otimes_R N \to P$, 使得 $\psi\otimes = \varphi$. 事实上, 子模 $B(M \times N)$ 的每个生成元都含于 $\operatorname{Ker}\tilde{\varphi}$, 必有 $B(M \times N) \subset \operatorname{Ker}\tilde{\varphi}$.

注记 19.11　张量积 $M \otimes_R N$ 中的一般元素形如

$$\sum_{i=1}^{n} x_i \otimes y_i, \quad x_i \in M, \, y_i \in N, 1 \leqslant i \leqslant n, \, n = 1, 2, \cdots.$$

引理 19.12　设 M, N, L 是 R-模, 则有 R-模的典范同构

$$M \otimes_R N \simeq N \otimes_R M,$$

$$(M \otimes_R N) \otimes_R L \simeq M \otimes_R (N \otimes_R L).$$

证明　由于映射 $\otimes$ 是双线性映射, 下列映射也是双线性映射

$$f : M \times N \to N \otimes_R M, \quad (x, y) \to y \otimes x.$$

根据张量积的泛性质, 必存在唯一的 R-模的同态 $\tilde{f} : M \otimes_R N \to N \otimes_R M$, 使得 $\tilde{f}(x \otimes y) = y \otimes x, \forall x \in M, y \in N$. 用类似的方法可以得到 R-模的同态 $\tilde{g} : N \otimes_R M \to M \otimes_R N$, 使得 $\tilde{g}(y \otimes x) = x \otimes y$. 此时, $\tilde{f}$ 与 $\tilde{g}$ 是互逆的模同态. 因此, 第一个同构式成立.

对第二个同构式, 可按照向量空间张量积情形进行证明, 见引理 11.8.

练习 19.13　设 M 是一个 R-模, 证明: 存在典范的 R-模同构

$$R \otimes_R M \simeq M, \quad M \otimes_R R \simeq M.$$

注记 19.14　上述引理及练习的结论可以简述为: 在同构的意义下, 环 R 上模的张量积运算满足交换律、结合律, 且有单位元.

练习 19.15　对非负整数 m, n, 计算 $\mathbb{Z}$-模的张量积 $\mathbb{Z}/(m) \otimes_{\mathbb{Z}} \mathbb{Z}/(n)$.

定义 19.16　设 R 是一个有单位元的交换环, $\{M_i; i \in I\}$ 是一些 R-模. 令

$$M = \prod_{i \in I} M_i = \{(x_i)_i | x_i \in M_i, \forall i \in I\}.$$

定义集合 M 上的加法运算: 对应分量相加; 定义环 R 在 M 上的作用: 作用到每个分量元素上. 可以验证: 关于这两个运算, M 构成一个 R-模. 称模 M 为这些 R-模 $\{M_i; i \in I\}$ 的直积.

定义 19.17 术语如上. 定义直积 M 的子集: $N = \{(x_i)_i \in M \,|\, (x_i)_i$ 只有有限个非零分量$\}$. 此时, N 是 R-模 M 的子模, 称为这些 R-模 $\{M_i; i \in I\}$ 的直和, 记为

$$N = \bigoplus_{i \in I} M_i.$$

通常情况下, 模的直和 $\bigoplus_{i \in I} M_i$ 中元素表示成如下形式表达式是方便的

$$\sum_{i \in J} x_i, \quad x_i \in M_i, \ i \in J,$$

这里 J 是 I 的某个有限子集.

练习 19.18 设 $M, M_i, i \in I$ 是一些 R-模, 则有 R-模的典范同构

$$(\oplus_{i \in I} M_i) \otimes_R M \simeq \oplus_{i \in I} (M_i \otimes_R M),$$

$$M \otimes_R (\oplus_{i \in I} M_i) \simeq \oplus_{i \in I} (M \otimes_R M_i).$$

提示 由直和与张量积的定义不难验证, 也可以参考 [23] 给出的证明.

引理 19.19 设 M_1, M_2, N_1, N_2 是任意给定的 R-模, 并且有两个 R-模同态 $f_1 : M_1 \to M_2, f_2 : N_1 \to N_2$. 则有 R-模同态

$$f_1 \otimes f_2 : M_1 \otimes_R N_1 \to M_2 \otimes_R N_2,$$

使得 $(f_1 \otimes f_2)(x \otimes y) = f_1(x) \otimes f_2(y), x \in M_1, y \in N_1$. 此时, 也称映射 $f_1 \otimes f_2$ 为 R-模同态 f_1 与 f_2 的张量积.

证明 定义双线性映射 $f_1 \times f_2 : M_1 \times N_1 \to M_2 \otimes_R N_2$, 使得

$$(f_1 \times f_2)(x, y) = f_1(x) \otimes f_2(y), \quad \forall x \in M_1, \ \forall y \in N_1.$$

根据张量积的泛性质, 必存在 R-模同态 $f_1 \otimes f_2 : M_1 \otimes_R N_1 \to M_2 \otimes_R N_2$, 它满足引理的要求.

定义 19.20 设 R 是有单位元的交换环, 称非空子集 S 是 R 的乘法子集, 如果 S 包含单位元、不包含零, 且对乘法运算封闭. 定义直积集合 $R \times S$ 上的二元关系如下

$$(r_1, s_1) \sim (r_2, s_2) \Leftrightarrow s(r_1 s_2 - r_2 s_1) = 0, \quad \exists s \in S.$$

可以验证 (见下面练习): $\sim$ 是 $R \times S$ 上的一个等价关系. 从而, 有商集 $S^{-1}R = (R \times S)/\sim$. 一般用 $\dfrac{r}{s}$ 表示元素 (r, s) 关于上述等价关系的等价类. 于是, $S^{-1}R = \left\{ \dfrac{r}{s} \,\middle|\, r \in R, s \in S \right\}$.

练习 19.21　验证: 上述二元关系 $\sim$ 是集合 $R \times S$ 上的一个等价关系.

定义 19.22　如下定义商集 $S^{-1}R$ 中的加法与乘法运算

$$\frac{r_1}{s_1} + \frac{r_2}{s_2} = \frac{s_2 r_1 + s_1 r_2}{s_1 s_2}, \quad \frac{r_1}{s_1} \cdot \frac{r_2}{s_2} = \frac{r_1 r_2}{s_1 s_2}.$$

则 $S^{-1}R$ 是一个有单位元的交换环, 称其为 R 关于乘法子集 S 的局部化环.

练习 19.23　验证: 在商集 $S^{-1}R$ 中定义的上述加法与乘法运算的合理性 (与代表元选取无关). 进一步验证: $S^{-1}R$ 是一个有单位元的交换环.

引理 19.24　设 S 是环 R 的乘法子集, $f : R \to T$ 是环的同态, 并且 $f(S)$ 中的元素都是 T 中的可逆元, 则有唯一的环同态 $\tilde{f} : S^{-1}R \to T$, 它扩充了映射 f. 即, 它满足等式: $\tilde{f}\left(\dfrac{r}{1}\right) = f(r), \forall r \in R$.

证明　令 $\tilde{f}\left(\dfrac{r}{s}\right) = f(r)f(s)^{-1}, \forall r \in R, \forall s \in S$. 若 $\dfrac{r_1}{s_1} = \dfrac{r_2}{s_2}$, 则有 $s \in S$ 使得 $s(r_1 s_2 - r_2 s_1) = 0$. 由于 f 是环的同态, 必有

$$f(s)(f(r_1)f(s_2) - f(r_2)f(s_1)) = 0.$$

再根据条件 $f(s) \in f(S)$ 是 T 的可逆元, 可以约掉因子 $f(s)$, 得到等式

$$f(r_1)f(s_2) = f(r_2)f(s_1).$$

即, 映射 $\tilde{f}$ 定义合理. 还可以验证: 它是环的同态, 且是映射 f 的扩充.

定义 19.25　设 S 是有单位元的交换环 R 的乘法子集, M 是一个 R-模. 定义直积 $M \times S$ 上的二元关系如下

$$(x_1, s_1) \sim (x_2, s_2) \Leftrightarrow s(s_2 x_1 - s_1 x_2) = 0, \quad \exists s \in S.$$

类似于上述讨论, 可以验证: $\sim$ 是 $M \times S$ 上的一个等价关系. 从而, 有商集 $S^{-1}M = (M \times S)/\sim$. 一般用 $\dfrac{x}{s}$ 表示元素 (x, s) 关于上述等价关系的等价类. 于是, $S^{-1}M = \left\{\dfrac{x}{s}\middle| x \in M, s \in S\right\}$.

定义商集 $S^{-1}M$ 上的加法运算及环 $S^{-1}R$ 在其上的作用如下

$$\frac{x_1}{s_1} + \frac{x_2}{s_2} = \frac{s_2 x_1 + s_1 x_2}{s_1 s_2}, \quad \frac{r_1}{s_1} \cdot \frac{x_2}{s_2} = \frac{r_1 x_2}{s_1 s_2}.$$

这里 $x_1, x_2 \in M, r_1 \in R, s_1, s_2 \in S$. 则商集 $S^{-1}M$ 是一个 $S^{-1}R$-模, 称其为 R-模 M 关于 S 的局部化模(它也是一个 R-模, 为什么?).

引理 19.26　设 R 是有单位元的交换环, S 是 R 的乘法子集, M, N 是两个 R-模. 则有下列典范同构:

(1) $S^{-1}(M \oplus N) \simeq S^{-1}M \oplus S^{-1}N$;

(2) $S^{-1}R \otimes M \simeq S^{-1}M$;

(3) $S^{-1}(M \otimes_R N) \simeq S^{-1}M \otimes_{S^{-1}R} S^{-1}N$.

证明 (1) 定义映射: $S^{-1}(M \oplus N) \to S^{-1}M \oplus S^{-1}N, \dfrac{(m,n)}{s} \to \left(\dfrac{m}{s}, \dfrac{n}{s}\right)$. 可以验证: 上述映射定义合理; 它是 R-模的同态; 它也是双射.

(2) 考虑双线性映射: $S^{-1}R \times M \to S^{-1}M, \left(\dfrac{r}{s}, m\right) \to \dfrac{rm}{s}$. 由张量积的泛性质, 必有 R-模的同态 $f: S^{-1}R \otimes_R M \to S^{-1}M$, 使得 $f\left(\dfrac{r}{s} \otimes m\right) = \dfrac{rm}{s}$. 映射 f 显然是满射, 下面证明它也是单射.

对 $\sum_i \dfrac{r_i}{s_i} \otimes m_i \in S^{-1}R \otimes_R M$, 令 $s = \prod_i s_i, t_i = \prod_{j \neq i} s_j$, 它们是乘法子集 S 中一些元素的乘积, 必含于 S 中. 此时,

$$\sum_i \frac{r_i}{s_i} \otimes m_i = \sum_i \frac{r_i t_i}{s} \otimes m_i = \frac{1}{s} \otimes \sum_i r_i t_i m_i.$$

即, 张量积 $S^{-1}R \otimes M$ 中的任何元素必为 "单项式" 的形式: $\dfrac{1}{s} \otimes m$, 其中 $s \in S, m \in M$. 由此不难证明: 映射 f 是一个单射.

(3) 利用结论 (2)、局部化的定义及张量积运算的规则, 有下列同构式

$$S^{-1}(M \otimes_R N) \simeq S^{-1}R \otimes_R (M \otimes_R N)$$
$$\simeq (S^{-1}R \otimes_R M) \otimes_{S^{-1}R} (S^{-1}R \otimes_R N)$$
$$\simeq S^{-1}M \otimes_{S^{-1}R} S^{-1}N.$$

注记 19.27 前面我们讨论了有单位元的交换环上模的张量积及其性质, 对一般的有单位元的环 R, 有左 R-模、右 R-模 (从右边去作用) 及双 R-模 (从两边去作用) 的概念. 此时, 也可以定义张量积的概念, 并且有一些类似的性质 (在引理 19.26(3) 的推导中, 已经用到一般张量积情形下的结合律). 下面将给出整个过程的主要思路, 感兴趣的读者可以查阅参考文献 [23] 等.

定义 19.28 设 R 是一个有单位元的环, M 是一个可换群. 若存在映射 $M \times R \to M, (x,r) \to xr$, 并满足下列四个条件:

(1) $(x_1 + x_2)r = x_1 r + x_2 r$;

(2) $x(r_1 + r_2) = xr_1 + xr_2$;

(3) $x(r_2 r_1) = (xr_2)r_1$;

(4) $x1 = x, \forall r, r_1, r_2 \in R, x, x_1, x_2 \in M$,

则称环 R 在可换群 M 上有一个右作用, 也称 M 是一个右 R-模.

定义 19.29　设 R, S 是两个有单位元的环, M 是一个可换群. 如果在 M 上有一个左 R-模结构, 也有一个右 S-模结构, 并且这两个模结构是相容的. 即, 有下列等式

$$(rx)s = r(xs), \quad \forall r \in R, \; \forall s \in S, \; \forall x \in M.$$

则称在 M 上有一个 R-S-双模结构, 称 M 是一个 R-S-双模, 也记为 $_RM_S$.

类似于左 R-模的情形, 还可以定义右模及双模的子模、商模、模同态、模同构等概念, 也有相应的同态基本定理, 其证明也是类似的.

定义 19.30　设 M 是一个右 R-模, N 是一个左 R-模, P 是一个可换群. 称映射 $f : M \times N \to P$ 是一个平衡映射, 如果它满足下面的条件:

(1) $f(x_1 + x_2, y) = f(x_1, y) + f(x_2, y), \forall x_1, x_2 \in M, \forall y \in N$;

(2) $f(x, y_1 + y_2) = f(x, y_1) + f(x, y_2), \forall x \in M, \forall y_1, y_2 \in N$;

(3) $f(xr, y) = f(x, ry), \forall x \in M, \forall y \in N, \forall r \in R$.

右 R-模 M 与左 R-模 N 的张量积是一个可换群 $M \otimes_R N$, 带有平衡映射 $\otimes$: $M \times N \to M \otimes_R N$, 并且满足下列泛性质:

对任意的可换群 P, 任意的平衡映射 $f : M \times N \to P$, 必存在唯一的群同态 $\tilde{f} : M \otimes_R N \to P$, 使得 $\tilde{f}\otimes = f$.

定理 19.31　对任意有单位元的环 R, 右 R-模 M 与左 R-模 N 的张量积必定存在, 并且在同构意义下它是唯一的.

证明思路　构造以直积集合 $M \times N$ 为基的自由可换群 $\mathbb{Z}(M, N)$, 令 $B(M, N)$ 是由下列元素生成的子群:

$$(x_1 + x_2, y) - (x_1, y) - (x_2, y), \quad \forall x_1, x_2 \in M, \forall y \in N;$$

$$(x, y_1 + y_2) - (x, y_1) - (x, y_2), \quad \forall x \in M, \forall y_1, y_2 \in N;$$

$$(xr, y) - (x, ry), \quad \forall x \in M, \forall y \in N, \forall r \in R.$$

做商群 $M \otimes_R N = \mathbb{Z}(M, N)/B(M, N)$, 则 $M \otimes_R N$ 满足张量积定义的要求.

唯一性: 由张量积的泛性质直接得到 (参考引理 11.6 中的相关讨论).

注记 19.32　当 R 是有单位元的交换环时, 这里给出的张量积的概念和前面的定义是一致的 (现在的张量积暂记为 $M \otimes^R N$).

首先, 当环 R 可换时, 任何右 R-模 M 也可以看成是一个左 R-模, 左作用直接定义为: $rx = xr, \forall x \in M, \forall r \in R$. 从而, 可以定义环 R 在可换群 $M \otimes^R N$ 上的作用

$$r(x \otimes y) = rx \otimes y, \quad \forall x \in M, \forall y \in N, \forall r \in R.$$

于是, $M \otimes^R N$ 也是一个 R-模 (这个作用的合理性也可以通过张量积的泛性质来说明, 敏锐的读者可以思考这个问题).

其次, 我们试图建立一个典范同构: $M \otimes_R N \to M \otimes^R N$. 一个自然的考虑是映射 $f: M \otimes_R N \to M \otimes^R N$, 它把 $x \otimes y$ 映到 $x \otimes y (\forall x \in M, \forall y \in N)$.

最后, 再利用张量积的泛性质, 并经过一些简单的推导, 可以得出结论: 上述映射 f 是 R-模的同构映射. 即, 有下列典范同构映射

$$f: M \otimes_R N \to M \otimes^R N, \quad x \otimes y \to x \otimes y.$$

注记 19.33　根据李代数的泛包络代数的泛性质, 研究李代数的表示等价于研究结合代数的表示. 这时, 我们还需要结合代数模的张量积的概念. 任何一个结合代数都是一个有单位元的环, 只要把上述关于环模的张量积的构造方法适当调整即可.

例如, 对域 $\mathbb{F}$ 上的结合代数 A, B, 假设 M 是一个 A-B-双模, N 是一个左 B-模, 那么在张量积 $M \otimes_B N$(这里 B 只看成一个环) 上有一个左 A-模结构, 结合代数 A 及域 $\mathbb{F}$ 的作用如下

$$a(x \otimes y) = ax \otimes y, \quad \lambda(x \otimes y) = \lambda 1(x \otimes y), \quad \forall a \in A, \forall \lambda \in \mathbb{F}.$$

在后面讨论一般线性群 $\mathrm{GL}(V)$ 上的线性代数群结构时, 要用到域 $\mathbb{F}$ 上交换代数的张量积的概念; 当研究无限维李代数 VIR 的诱导表示时, 要用到域 $\mathbb{F}$ 上结合代数模的张量积的内容.

第20讲 Hilbert 零点定理

假设 $\mathbb{F}$ 是代数闭域, $\mathbb{F}[T]$ 是域 $\mathbb{F}$ 上的一元多项式构成的交换代数. 由代数基本定理, $\mathbb{F}[T]$ 中任意非常数的多项式必有根. 对 $\mathbb{F}[T]$ 中的一些多项式 $\{f_j(T), j \in J\}$, 它们是否有公共根? 更一般地, 对 n 元多项式代数 $\mathbb{F}[T_1, T_2, \cdots, T_n]$ 中的一些多项式构成的集合 S, S 中的多项式是否有公共根? 这正是下面的 Hilbert 零点定理将要回答的问题.

定理 20.1 (Hilbert 零点定理) 设 $\mathbb{F}$ 是代数闭域, I 是 $\mathbb{F}[T_1, T_2, \cdots, T_n]$ 的一个理想, $V(I)$ 是 I 中所有多项式的公共零点的集合, 则有

$$V(I) = \varnothing \Leftrightarrow I = \mathbb{F}[T_1, T_2, \cdots, T_n].$$

即, 交换代数 $\mathbb{F}[T_1, T_2, \cdots, T_n]$ 的任何真理想中的多项式必有公共根.

本讲的主要目的是证明上述定理. 为此, 需要讨论环的扩张问题, 要研究有限生成的交换代数及模的一些性质. 另外, 为了使本书讨论的内容具有自封闭性, 在下面适当的时候总可以假定所涉及的环是整环 (从而可以过渡到其分式域上), 这不影响上述定理证明的完整性.

定义 20.2 设 $A \subset B$ 是有单位元的交换环的扩张 (即, 环 A 是环 B 的子环). 称元素 $b \in B$ 在环 A 上整, 如果存在 A 上首项系数为 1 的多项式 $f(T)$, 使得 $f(b) = 0$. 此时, 也称 $f(T) \in A[T]$ 是元素 b 的零化多项式.

称 $A \subset B$ 是环的整扩张, 如果 B 中的任何元素都在 A 上整.

引理 20.3 设 $A \subset B$ 是整环的整扩张, 则 A 是域当且仅当 B 是域.

证明 设 A 是域, $b \in B$ 不为零, 要证明: b 是 B 中的可逆元. 由引理条件, 元素 b 在 A 上整, 必有 $a_1, a_2, \cdots, a_n \in A$, 使得

$$b^n + a_1 b^{n-1} + \cdots + a_n = 0.$$

但 a_n 是 A 中可逆元, 把上述等式中的 a_n 移到右边, 再做除法得到下列式子

$$b(b^{n-1} + a_1 b^{n-2} + \cdots + a_{n-1}) a_n^{-1} = -1.$$

由此立即得出: 元素 b 是环 B 中的可逆元.

反之, 设 B 是域, $a \in A$ 不为零, 则 $a^{-1} \in B$. 再由整性条件, 必有元素 $a_1, a_2, \cdots, a_n \in A$, 使得下列等式成立

$$(a^{-1})^n + a_1 (a^{-1})^{n-1} + \cdots + a_n = 0.$$

于是, $a^{-1} + a_1 + \cdots + a_n a^{n-1} = 0$. 即, $a^{-1} \in A$, a 是 A 中的可逆元.

定义 20.4 设 R 是一个有单位元的交换环, M 是一个 R-模. 若 M 的任何子模都是有限生成的, 则称 M 是一个 Noether 模.

特别地, 若环 R 本身作为 R-模是一个 Noether 模, 则称 R 是一个 Noether 环. 此时, 环 R 的理想等价于 R-模 R 的子模. 从而有结论: 环 R 是 Noether 环当且仅当它的任何理想都是有限生成的.

例 20.5 整数环 $\mathbb{Z}$ 及域 $\mathbb{F}$ 上的一元多项式环 $\mathbb{F}[T]$ 都是 Noether 环; 任何主理想整环都是 Noether 环: 它的每个理想都是由一个元素生成的.

定理 20.6 (Hilbert 基定理) 设 R 是 Noether 环, 则一元多项式环 $R[T]$ 也是 Noether 环. 从而, 多元多项式环 $R[T_1, \cdots, T_n]$ 也是 Noether 环.

特别地, 任意域 $\mathbb{F}$ 上的多元多项式环 $\mathbb{F}[T_1, \cdots, T_n]$ 都是 Noether 环.

证明 设 I 是多项式环 $R[T]$ 的非零理想, 下面证明: 它是有限生成的.

令 $K_i = \{a \in R | a$ 是 I 中次数为 i 的某个多项式的首项系数或 $a = 0\}$, 它们都是环 R 的理想, 并且有理想的升链: $K_1 \subset K_2 \subset \cdots$. 由定理的条件 R 是 Noether 环, 它的理想都是有限生成的. 通过考虑理想链中这些理想的并, 得到 R 的一个理想, 它也是有限生成的, 必为这些理想中的某一个. 由此可见: 上述理想链是稳定的.

取正整数 d, 使得 $K_d = K_{d+1} = \cdots$. 对 $i \leqslant d$, 取 K_i 的有限生成元集 $\{a_{i1}, a_{i2}, \cdots\}$. 对相关整数对 (i, j), 取多项式 $f_{ij} \in I$, 其首项系数为 a_{ij}.

断言. 上述有限集合 $\{f_{ij}; i, j\}$ 生成理想 I. 即, $I = (f_{ij}; i, j)$.

事实上, 对任意次数为 s 的多项式 $f \in I$, 下面将证明: $f \in (f_{ij}; i, j)$.

若 $s \geqslant d$, f 的首项系数为 c, 且 $c = \sum_j a_j a_{dj}, a_j \in R$. 构造多项式

$$g = f - \sum_j a_j f_{dj} T^{s-d},$$

则 $f \in (f_{ij})$ 或者 $\deg(g) < \deg(f)$. 重复此过程, 可以归结为 $s < d$ 的情形.

若 $s < d$, f 的首项系数为 c, 且 $c = \sum_j a_j a_{sj}, a_j \in R$. 类似于上述情形的讨论方式, 构造多项式

$$g = f - \sum_j a_j f_{sj},$$

则 $f \in (f_{ij})$ 或者 $\deg(g) < \deg(f)$. 重复此过程, 最后可以得到 $f \in (f_{ij}; i, j)$.

注记 20.7 利用 Hilbert 基定理可以推出结论: 研究任意多个多项式的公共零点的问题可以转化为研究有限个多项式的公共零点的问题.

事实上, 给定多项式环 $\mathbb{F}[T_1, \cdots, T_n]$ 的任意子集 S, 令 $I = (S)$ 是由 S 生成的 $\mathbb{F}[T_1, \cdots, T_n]$ 的理想, 由 Hilbert 基定理, 存在有限个多项式 $f_1, \cdots, f_r$, 使得

$I = (f_1, \cdots, f_r)$. 此时, 不难看出 (读者练习)

$$V(S) = V(I) = V(f_1, \cdots, f_r) = V(f_1) \cap \cdots \cap V(f_r).$$

这里 $V(A)$ 表示子集 A 中多项式的公共零点的集合, $A \subset \mathbb{F}[T_1, \cdots, T_n]$.

练习 20.8 设 R 是有单位元的交换环, 则下列条件等价:

(1) R 的任何理想都是有限生成的, 即, R 是 Noether 环;

(2) R 的任何理想的升链都是稳定的;

(3) R 的任何理想的非空集合必含有极大元.

引理 20.9 Noether 模的一些基本性质:

(1) Noether 模的任何子模与商模, 还是 Noether 模;

(2) 若 M 的子模 N 及相应商模 M/N 都是 Noether 模, 则 M 也是 Noether 模;

(3) 两个 Noether 模的直和, 还是 Noether 模;

(4) 若 R 是 Noether 环, 则任何有限生成的 R-模, 都是 Noether 模.

证明 (1) 易知, 模 M 的子模 N 的子模也是 M 的子模, 且商模 M/N 的子模与 M 的包含 N 的子模有双射对应关系. 由此立即推出, 结论成立.

(2) 对 M 的任意子模 L, 子模 $N \cap L$ 与商模 $L/N \cap L \simeq (L+N)/N$ 都是有限生成的, 分别取它们的有限生成元的集合

$$x_1, \cdots, x_r \in L \cap N, \quad [y_1], \cdots, [y_s] \in L/N \cap L.$$

$\forall y \in L$, 有 $[y] = a_1[y_1] + \cdots + a_s[y_s], a_i \in R, 1 \leqslant i \leqslant s$. 于是, 有

$$y - (a_1 y_1 + \cdots + a_s y_s) = b_1 x_1 + \cdots + b_r x_r, \quad b_i \in R, \ 1 \leqslant i \leqslant r.$$

从而, $x_1, \cdots, x_r, y_1, \cdots, y_s$ 是 L 的有限生成元集, L 是有限生成的.

(3) 利用 (2) 中的结论可以直接推出.

(4) 设 M 是有限生成的 R-模, 则有自然数 n 及模的满同态: $R^n \to M$. 由条件 R 是 Noether 环得出 R^n (作为 Noether 模的直和) 也是 Noether 模. 再利用 (1) 中的结论, 立即推出: M 是 Noether 模.

引理 20.10 设 $A \subset B$ 是整环的扩张, $b \in B$, 则下列条件等价:

(1) B 的元素 b 在子环 A 上整;

(2) B 的子环 $A[b]$ 作为 A-模是有限生成的;

(3) 存在有限生成的 A-子模 $M \subset B$, 使得 $bM \subset M$, 且 $1 \in M$.

证明 (1) $\Rightarrow$ (2) 及 (2) $\Rightarrow$ (3) 显然成立. 下面证明: (3) $\Rightarrow$ (1).

设 M 有生成元集: $\{u_1, u_2, \cdots, u_n\}$, 由条件 $bM \subset M$ 得到下列等式

$$bu_j = \sum_{i=1}^{n} a_{ij} u_i, \quad a_{ij} \in A, \forall i, j.$$

按照自然的运算及运算规则, 可以把这些等式写成下列 ($M_n(A)$ 中) 矩阵与 (A^n 中) 向量乘积的形式

$$(bE - (a_{ij}))u = 0.$$

这里 E 表示交换环 A 上的 n 阶单位矩阵, u 表示分量为 $u_1, \cdots, u_n$ 的列向量.

由假定 A 是整环, 上述方程可以看成域上的矩阵方程, 两边乘以其伴随矩阵, 得到 $\det(bE - (a_{ij}))u_i = 0, \forall i$. 从而, $\det(bE - (a_{ij}))M = 0$. 再由条件 $1 \in M$, 必有 $\det(bE - (a_{ij})) = 0$. 把此行列式展开将得到元素 b 所满足的一个多项式方程. 即, b 在 A 上整.

引理 20.11   设 $A \subset B$ 是整环的扩张, 则有下列结论:

(1) B 在 A 上整的所有元素构成 B 的一个子环, 称为 A 在 B 中的整闭包;

(2) 若 $A \subset B, B \subset C$ 是整扩张 (C 也是整环), 则 $A \subset C$ 也是整扩张.

证明   (1) 设 $b, c \in B$ 在子环 A 上整, 由引理 20.10 的结论 (3), 必有有限生成的 A-子模 $M, N \subset B$, 使得 $bM \subset M, cN \subset N$, 且 $1 \in M \cap N$. 令

$$MN = \left\{ \sum_{j \in J} u_j v_j \,\middle|\, u_j \in M, v_j \in N, \forall j \in J, J \text{ 为有限集合} \right\}.$$

不难验证: 子集 MN 也是 B 的有限生成的 A-子模, 并且满足下列条件

$$(b - c)MN \subset MN, \quad bcMN \subset MN,$$

显然, 还有 $1 \in MN$. 再利用引理 20.10(3) 推出: $b - c, bc$ 都在 A 上整.

(2) 对 $c \in C$, 它在 B 上整, 必满足下列形式的方程

$$c^m + b_1 c^{m-1} + \cdots + b_m = 0, \quad b_i \in B, \quad \forall i.$$

如 (1) 中的讨论, 对 $b_1, \cdots, b_n \in B$, 存在有限生成的 A-子模 $M \subset B$, 使得 $b_i M \subset M, \forall i$, 且 $1 \in M$. 令 $N = M + cM + \cdots + c^{m-1}M$, 它也是有限生成的 A-子模, 满足 $cN \subset N, 1 \in N$. 即, c 在 A 上整.

引理 20.12   设 $\mathbb{F}$ 是一个域, $f = f(T_1, \cdots, T_n) \in \mathbb{F}[T_1, \cdots, T_n]$ 是一个正次数多项式, 则有 $\mathbb{F}$ 上交换代数的自同构 $\varphi : \mathbb{F}[T_1, \cdots, T_n] \to \mathbb{F}[T_1, \cdots, T_n]$, 它把 f 映成 "规范" 的形式

$$\varphi(f) = \lambda T_n^d + \sum_{i=0}^{d-1} g_i T_n^i,$$

这里 $\lambda \neq 0, \lambda \in \mathbb{F}, g_i \in \mathbb{F}[T_1, \cdots, T_{n-1}]$ 和变量 T_n 无关.

证明　设正整数 r 是在 f 的所有变量中出现的最高次数. 不妨设 T_i^r 出现在 f 的表达式中. 令 $t = r+1$, 并构造映射 φ 如下

$$\varphi(T_i) = T_i + T_n{}^{t^i}, \quad i < n; \quad \varphi(T_n) = T_n.$$

根据多项式环的泛性质, 不难验证: φ 确定域 $\mathbb{F}$ 上的交换代数的自同构

$$\varphi : \mathbb{F}[T_1, \cdots, T_n] \to \mathbb{F}[T_1, \cdots, T_n].$$

对任意的整数向量 $\vec{m} = (m_1, \cdots, m_n)$, 直接计算得到下列等式

$$\varphi(T_1^{m_1} T_2^{m_2} \cdots T_n^{m_n}) = T_n^{\mu(\vec{m})} + h,$$

这里 h 是一个多项式, 并且它只含有变量 T_n 的较低的次数, 其中

$$\mu(\vec{m}) = m_n + m_1 t + m_2 t^2 + \cdots + m_{n-1} t^{n-1}.$$

若单项式 $T_1^{m_1} T_2^{m_2} \cdots T_n^{m_n}$ 出现在 f 的表达式中, 则 $m_i < t, \forall i$. 即, 对多项式 f 中不同的单项式, 相应的 $\mu(\vec{m})$ 是互不相同的. 令 d 是所有这些 $\mu(\vec{m})$ 的最大者, 则 $\varphi(f)$ 满足所要求的等式.

定理 20.13 (Noether 正规化引理)　设 B 是域 $\mathbb{F}$ 上的有限生成的交换代数, 也是整环, 则有 B 的子代数 A, 它同构于域 $\mathbb{F}$ 上关于变量 $T_1, \cdots, T_n$ 的多项式代数 $\mathbb{F}[T_1, \cdots, T_n]$, 并且 B 是子环 A 的整扩张.

证明　设 B 有生成元集 $\{b_1, \cdots, b_n\}$, 于是 $B = \mathbb{F}[b_1, \cdots, b_n]$. 从而有交换代数的满同态 $\psi : \mathbb{F}[T_1, \cdots, T_n] \to B$, 使得 $\psi(T_i) = b_i, \forall i$.

令 $I - \mathrm{Ker}\psi$, 则有交换代数的同构: $B \simeq \mathbb{F}[T_1, \cdots, T_n]/I$.

若 $I = 0$, 结论显然成立.

若 $I \neq 0$, 取理想 I 中的某个正次数多项式 f, 利用上述引理的结论, 必存在交换代数 $\mathbb{F}[T_1, \cdots, T_n]$ 的自同构 φ, 使得

$$\varphi(f) = \lambda T_n^d + \sum_{i=0}^{d-1} g_i T_n^i.$$

这里 $\lambda \neq 0, \lambda \in \mathbb{F}, g_i \in \mathbb{F}[T_1, \cdots, T_{n-1}]$ (采用了引理 20.12 的记号).

用 $\psi\varphi^{-1}$ 替换原来的同态 ψ, 可以假定多项式 f 具有 $\varphi(f)$ 的形式. 再由于 $\psi(T_i)(1 \leqslant i \leqslant n)$ 生成交换代数 B, 调整原来的生成元 b_i, 可以进一步假定 $\psi(T_i) = b_i, \forall i$. 于是,

$$\lambda b_n^d + g_1 b_n^{d-1} + \cdots + g_d = 0, \quad g_i \in \mathbb{F}[b_1, \cdots, b_{n-1}].$$

因 $\lambda \in \mathbb{F}$ 不为零, 元素 $b_n \in B$ 在子环 $B' = \mathbb{F}[b_1, \cdots, b_{n-1}]$ 上整. 从而, 对生成元的个数 n 归纳, 可以证明定理结论成立.

引理 20.14   设 A 是域 $\mathbb{F}$ 上有限生成的交换结合代数, 且 A 也是一个域, 则 A 是域 $\mathbb{F}$ 的代数扩张.

证明   由 Noether 正规化引理, 存在子代数 $\mathbb{F}[T_1, \cdots, T_n] \subset A$, 并且 A 是子环 $\mathbb{F}[T_1, \cdots, T_n]$ 的整扩张. 但 A 是域, 由引理 20.3 可知, 多项式环 $\mathbb{F}[T_1, \cdots, T_n]$ 也是域, 从而必有 $n = 0$. 即, A 是 $\mathbb{F}$ 的代数扩张.

Hilbert 零点定理的证明   设 I 是多项式环 $\mathbb{F}[T_1, \cdots, T_n]$ 的真理想, J 是包含 I 的极大理想, 由此定义商代数 $A = \mathbb{F}[T_1, \cdots, T_n]/J$, 它是域 $\mathbb{F}$ 上有限生成的交换代数, 也是一个域. 从而, 由上述引理可知, A 是域 $\mathbb{F}$ 的代数扩张.

考虑典范映射 $\sigma : \mathbb{F} \to A = \mathbb{F}[T_1, \cdots, T_n]/J, \lambda \to [\lambda]$, 这是一个单射同态. 因 A 是域 $\mathbb{F}$ 的代数扩张, 可以证明: 它也是满射. 取 $a_1, \cdots, a_n \in \mathbb{F}$, 使得 $\sigma(a_i) = [T_i], i = 1, \cdots, n$. 此时, $\forall f \in J$, 有

$$f(a_1, \cdots, a_n) \to f([T_1], \cdots, [T_n]) = [f(T_1, \cdots, T_n)] = 0.$$

因此, $f(a_1, \cdots, a_n) = 0, (a_1, \cdots, a_n)$ 是 f 的零点. 由此推出: $V(I) \neq \varnothing$.

注记 20.15   Hilbert 零点定理是代数几何学的基石, 它在代数与几何之间建立了一个联系. 这里的代数是指域 $\mathbb{F}$ 上的多项式代数 $\mathbb{F}[T_1, \cdots, T_n]$ 及相关的有限生成的交换代数. 而几何的建立需要确定一个空间, 可以取称之为仿射空间的 $\mathbb{A}^n = \mathbb{F}^n$ 或者它的一个合适的子空间: 代数子集, 它们就是所需要的几何模型.

因此, (古典) 代数几何就是要讨论多项式代数 $\mathbb{F}[T_1, \cdots, T_n]$ 与仿射空间 $\mathbb{A}^n$ 之间的关系: 用代数方法研究几何问题.

定义 20.16   设 I 是多项式代数 $\mathbb{F}[T_1, \cdots, T_n]$ 的理想. 定义 $\mathbb{A}^n$ 的子集

$$V(I) = \{(a_1, \cdots, a_n) \in \mathbb{A}^n | f(a_1, \cdots, a_n) = 0, \forall f \in I\}.$$

即, 它是 I 中多项式的公共零点的集合, 称其为仿射空间 $\mathbb{A}^n$ 的代数子集.

设 X 是仿射空间 $\mathbb{A}^n$ 的子集, 定义多项式代数 $\mathbb{F}[T_1, \cdots, T_n]$ 的子集

$$I(X) = \{f \in \mathbb{F}[T_1, \cdots, T_n] | f(a_1, \cdots, a_n) = 0, \forall (a_1, \cdots, a_n) \in X\}.$$

即, 它是以 X 中元素为零点的多项式的集合, 称其为 X 的零化理想.

练习 20.17   验证: 对任意子集 $X \subset \mathbb{A}^n, I(X)$ 是 $\mathbb{F}[T_1, \cdots, T_n]$ 的理想.

注记 20.18   前面定义 $V(I)$ 与 $I(X)$ 的方式确定了下面两个映射:

$V : \{$ 多项式代数 $\mathbb{F}[T_1, \cdots, T_n]$ 的理想 $\} \to \{$ 仿射空间 $\mathbb{A}^n$ 的代数子集$\}$,

$$I \to V(I);$$

$$I : \{ \text{仿射空间 } \mathbb{A}^n \text{ 的代数子集} \} \to \{ \text{多项式代数 } \mathbb{F}[T_1, \cdots, T_n] \text{ 的理想} \},$$

$$X \to I(X).$$

以下的定理说明: 这两个映射 "几乎" 是互逆的映射.

定理 20.19　(1) 对仿射空间 $\mathbb{A}^n$ 的任意代数子集 X, 有等式 $X = VI(X)$.

(2) 对多项式代数 $\mathbb{F}[T_1, \cdots, T_n]$ 的任意理想 I, 有等式 $\sqrt{I} = IV(I)$, 这里 $\sqrt{I}$ 是理想 I 的根. 即, $\sqrt{I} = \{ f \in \mathbb{F}[T_1, \cdots, T_n] | f^r \in I, \exists r \in \mathbb{N} \}$.

证明　(1) 设 $X = V(I)$ 是由理想 I 定义的仿射空间 $\mathbb{A}^n$ 的代数子集, 对任意元素 $x \in X$ 及任意多项式 $f \in I(X)$, 有 $f(x) = 0$. 从而有 $X \subset VI(X)$.

反之, 对任意元素 $x \in VI(X)$ 及任意多项式 $f \in I$, 只要证明: $f(x) = 0$. 但是, 显然有理想的包含关系: $I \subset I(X)$. 于是, $f \in I(X)$, 必有 $f(x) = 0$. 即, $VI(X) \subset X$.

(2) 设 $f \in \sqrt{I}$, 则有非负整数 $r \in \mathbb{N}$, 使得 $f^r \in I$. 对元素 $x \in V(I)$, 有 $f^r(x) = 0$. 但是 $f(x)$ 是域 $\mathbb{F}$ 中的元素, 必有 $f(x) = 0$, 即, $f \in IV(I)$.

反之, 对非零多项式 $f \in IV(I)$, 通过理想 I 及多项式 f 构造 $n+1$ 元多项式代数 $\mathbb{F}[T_1, \cdots, T_n, T_{n+1}]$ 的理想如下

$$J = (I, f T_{n+1} - 1) \subset \mathbb{F}[T_1, \cdots, T_n, T_{n+1}].$$

不难看出, $V(J) = \varnothing$. 因此, 由 Hilbert 零点定理可知, $J = \mathbb{F}[T_1, \cdots, T_{n+1}]$. 于是, 存在多项式 $f_1, \cdots, f_m \in I, g_1, \cdots, g_{m+1} \in \mathbb{F}[T_1, \cdots, T_{m+1}]$, 使得

$$g_1 f_1 + \cdots + g_m f_m + g_{m+1}(f T_{n+1} - 1) = 1.$$

在多项式环 $\mathbb{F}[T_1, \cdots, T_{n+1}]$ 的分式域中进行讨论, 将 $T_{n+1} = \dfrac{1}{f}$ 代入上式, 并整理、化简可以得到正整数 r, 使得 $f^r \in I$. 即, $f \in \sqrt{I}$.

练习 20.20　设 R 是有单位元的交换环, I 是 R 的理想, 定义 R 的子集

$$\sqrt{I} = \{ a \in R | a^r \in I, \exists r \in \mathbb{N} \}.$$

证明: 子集 $\sqrt{I}$ 是环 R 的理想, 称其为理想 I 的根理想, 简称为 I 的根.

注记 20.21　本讲关于代数子集与零化理想的讨论将用于说明: 一般线性群 $\mathrm{GL}(V)$ 是某个仿射空间的代数子集, 这里 V 是代数闭域 $\mathbb{F}$ 上的有限维向量空间. 从而, $\mathrm{GL}(V)$ 具有线性代数群的结构, 详见第 21 讲的内容.

第 21 讲　GL(V) 与多元多项式

设 V 是域 $\mathbb{F}$ 上的有限维向量空间, GL(V) 表示 V 的所有可逆线性变换构成的集合, 这是一个有着非常丰富的代数结构 (或者数学结构) 的研究对象. 当 $\mathbb{F}$ 是复数域时, GL(V) 是一个线性代数群; 当 $\mathbb{F}$ 是复数域或实数域时, 它是一个复李群或实李群. 即使关于李群的初步讨论, 也要用到较多的现代微分几何的知识, 对李群的研究更是数学史上一项长期而重要的基础性工作, 本书不予涉及, 感兴趣的读者可以参考文献 [15].

根据前两讲的准备工作, 下面将说明如何在 GL(V) 上建立典型的线性代数群结构. 由于取定 n 维向量空间 V 的一组基后, 线性变换可等同于 n 阶矩阵. 因此, 直接考虑 $\mathrm{GL}_n(\mathbb{F})$, 它是代数闭域 $\mathbb{F}$ 上的所有 n 阶可逆矩阵关于矩阵的乘积构成的群 (非可换群的重要例子之一; 另一类非可换群的重要例子是置换群 S_m?).

把矩阵群 $\mathrm{GL}_n(\mathbb{F})$ 同多元多项式相联系的主要思路来源于第 20 讲介绍的代数子集的概念. 也就是说, 把矩阵看成多元多项式的零点. 另外, 这种代数子集还要加上某种拓扑结构, 使其变成 "几何空间". 为此, 还需要引进一点拓扑学的基本概念.

定义 21.1　带有开集的集合 X, 称为一个拓扑空间. 这里的开集是指 X 的某些事先指定的子集, 它们满足如下的开集公理:

(1) X 的空子集及 X 本身是 X 的开集;

(2) 有限多个开集的交, 还是开集;

(3) 任意多个开集的并, 还是开集.

拓扑空间 X 的所有开集构成的集合 (一般记为 τ), 也称为集合 X 上的一个拓扑. 因此, 拓扑空间也可以说成是带有拓扑的集合 (X, τ).

例 21.2　用 $\mathbb{R}$ 表示所有实数构成的集合, 它可以看成是一个拓扑空间, $\mathbb{R}$ 的开集 U 定义为若干个开区间的并. 这里实数集合 $\mathbb{R}$ 的开区间是指它的子集 I, 并且满足下面两个条件:

(1) 由 $x, y \in I, x \leqslant z \leqslant y$, 必有 $z \in I$;

(2) I 中点 "附近" 的点还属于 I.

由这种方式确定的实数集合 $\mathbb{R}$ 上的拓扑也称为 $\mathbb{R}$ 上的标准拓扑.

注记 21.3　在下面的具体讨论中, 我们要借助于多项式理论引入一种所谓的 "Zariski 拓扑", 这种拓扑是代数几何的语言、工具, 也是建立线性代数群的概念所需要的拓扑, 它不同于上述实数集合 $\mathbb{R}$ 上的标准拓扑.

定义 21.4　设 X 是一个拓扑空间, 称 X 的开集 U 的余集 $C = X - U$ 为 X 的闭集 (简称: 开集的余集为闭集). 此时, 有对应的闭集公理如下:

(1) X 的空子集及 X 本身是 X 的闭集;

(2) 有限多个闭集的并, 还是闭集;

(3) 任意多个闭集的交, 还是闭集.

练习 21.5　证明: 拓扑空间的开集公理与闭集公理是等价的. 因此, 可以通过指定集合 X 的某些特定子集为闭集, 并满足闭集公理, 得到一个拓扑空间. 此时, 拓扑空间 X 的开集定义为闭集的余集.

定义 21.6　设 X, Y 是给定的两个拓扑空间, $f : X \to Y$ 是集合之间的映射. 称 f 为连续映射(简称 f 连续), 如果对 Y 的任意开集 U, 它的原像

$$f^{-1}(U) = \{x \in X | f(x) \in U\}$$

是 X 的开集. 即, 开集的原像还是开集.

练习 21.7　证明: 两个拓扑空间之间的映射是连续映射当且仅当闭集的原像还是闭集 (即, 由 C 是 Y 的闭集可以推出 $f^{-1}(C)$ 是 X 的闭集).

引理 21.8　设 $\mathbb{A}^n = \mathbb{F}^n$ 是代数闭域 $\mathbb{F}$ 上的仿射 n-空间, 定义集合 $\mathbb{A}^n$ 的闭集为它的代数子集, 则 $\mathbb{A}^n$ 是一个拓扑空间, 相应的拓扑称为 Zariski 拓扑.

证明　只需验证: 闭集公理成立.

(1) 不难看出: $\mathbb{A}^n = V(0)$ 是多项式 0 的零点集合, 并且 $\varnothing = V(1)$ 是多项式 1 的零点集合. 即, 它们都是闭集;

(2) 设 $V(I), V(J)$ 是仿射空间 $\mathbb{A}^n$ 的闭集, 首先证明: 它们的并集 $V(I) \cup V(J)$ 也是闭集, 这里 I, J 是多项式环 $\mathbb{F}[T_1, \cdots, T_n]$ 的两个理想.

考虑理想的乘积 IJ, 先证明下列包含关系

$$V(IJ) \subset V(I) \cup V(J).$$

反证, 若有元素 $x \in V(IJ) - V(I) \cup V(J)$, 则有多项式 $f \in I, g \in J$, 使得 $f(x) \neq 0, g(x) \neq 0$. 此时, $(fg)(x) \neq 0$, 这与 $fg \in IJ$ 的事实矛盾.

另外, 显然还有包含关系: $V(I) \cup V(J) \subset V(IJ)$. 从而有相等关系: $V(I) \cup V(J) = V(IJ)$. 即, 两个闭集的并集还是闭集. 利用数学归纳法容易推出: 有限个闭集的并集还是闭集.

(3) 设 $I_i (i \in A)$ 是多项式环 $\mathbb{F}[T_1, \cdots, T_n]$ 的理想, 由定义不难验证

$$V\left(\sum_i I_i\right) = \cap_i V(I_i).$$

从而它也是闭集, 这里 $\sum_i I_i$ 是理想的和. 即, 闭集的任意交集还是闭集.

定义 21.9 拓扑空间 X 的任何子集 A, 都可以看成一个拓扑空间, 它的开集 (或闭集) 是 X 的开集 (或闭集) 与 A 的交, 称 A 是 X 的子空间.

特别地, 拓扑空间 X 的任何闭集都是一个拓扑空间. 因此, 利用上述引理的结论, 代数子集都是拓扑空间.

练习 21.10 说明子空间定义的合理性: 关于子空间的开集公理成立.

定义 21.11 设 X 是仿射空间 $\mathbb{A}^n$ 的代数子集, $I(X)$ 是 X 的零化理想, 称下列商代数

$$\mathbb{F}[T_1, \cdots, T_n]/I(X)$$

为 X 的坐标代数, 也记为 $\mathbb{F}[X]$. $\mathbb{F}[X]$ 中的任何元素 $[f]$(它是多项式 f 的等价类, 也直接记为 f) 可以看成集合 X 上的函数

$$f : X \to \mathbb{F}, \quad x \to f(x).$$

这个函数也称为 X 上的坐标函数或正则函数, 它是由多项式定义的多项式函数. 即, $\mathbb{F}[X]$ 是代数子集 X 上的多项式函数的全体.

定义 21.12 设 $f : X \subset \mathbb{A}^n \to Y \subset \mathbb{A}^m$ 是代数子集的映射. 如果 f 是由正则函数给出的映射, 则称 f 为正则映射. 即, 存在代数子集 X 上的正则函数 $f_i(1 \leqslant i \leqslant m)$, 使得下式成立

$$f(x) = (f_1(x), \cdots, f_m(x)), \quad \forall x \in X.$$

存在逆正则映射的正则映射, 称为同构映射; 称两个代数子集 X, Y 是同构的, 如果它们之间至少存在一个同构映射.

练习 21.13 代数子集之间的正则映射的合成, 还是正则映射.

引理 21.14 设 X, Y 是两个代数子集, 则映射 $f : X \to Y$ 是正则映射当且仅当 f 诱导一个交换代数的同态

$$f^* : \mathbb{F}[Y] \to \mathbb{F}[X], \quad f^*(\varphi) = \varphi \circ f, \quad \forall \varphi \in \mathbb{F}[Y].$$

进一步, 任何交换代数的同态 $\mathbb{F}[Y] \to \mathbb{F}[X]$ 都可以如此得到: 它是由某个正则映射 $X \to Y$ 诱导的同态.

证明 不妨设 $X = V(I) \subset \mathbb{A}^n, Y = V(J) \subset \mathbb{A}^m$, 这里 I, J 分别是多项式代数 $\mathbb{F}[T_1, \cdots, T_n], \mathbb{F}[S_1, \cdots, S_m]$ 的理想. 从而有

$$\mathbb{F}[X] = \mathbb{F}[T_1, \cdots, T_n]/I, \quad \mathbb{F}[Y] = \mathbb{F}[S_1, \cdots, S_m]/J.$$

若 f 是正则映射, 其分量是多项式函数 $f_1, \cdots, f_m$. 对代数子集 Y 上的正则函数 $\varphi \in \mathbb{F}[Y]$, 它形如 $\varphi = \varphi(S_1, \cdots, S_m)$. 从而, 由映射 f^* 的定义得到下列结论

$$f^*(\varphi) = \varphi \circ f = \varphi(f_1, \cdots, f_m) \in \mathbb{F}[X].$$

另外, 下面的式子说明映射 $f^* : \mathbb{F}[Y] \to \mathbb{F}[X]$ 是交换代数的同态:

$$f^*(\varphi_1 + \varphi_2) = (\varphi_1 + \varphi_2) \circ f = \varphi_1 \circ f + \varphi_2 \circ f = f^*(\varphi_1) + f^*(\varphi_2);$$

$$f^*(\varphi_1 \cdot \varphi_2) = (\varphi_1 \cdot \varphi_2) \circ f = (\varphi_1 \circ f) \cdot (\varphi_2 \circ f) = f^*(\varphi_1) \cdot f^*(\varphi_2);$$

$$f^*(\lambda \varphi) = (\lambda \varphi) \circ f = \lambda(\varphi \circ f) = \lambda(f^*(\varphi));$$

$$f^*(1) = 1 \circ f = 1.$$

这里 $\varphi, \varphi_1, \varphi_2 \in \mathbb{F}[Y], \lambda \in \mathbb{F}$, 且常数多项式 1 是交换代数的单位元.

反之, 假设 $f^* : \mathbb{F}[Y] \to \mathbb{F}[X]$ 是交换代数的同态, 取 Y 上的自然坐标函数 $[S_i], 1 \leqslant i \leqslant m, f^*([S_i]) = S_i \circ f$ 是映射 f 的第 i 个分量函数 $f_i, 1 \leqslant i \leqslant m$. 即, f_i 是 X 上的正则函数. 因此, f 是正则映射.

进一步, 假设 $\psi : \mathbb{F}[Y] \to \mathbb{F}[X]$ 是交换代数的同态, $[S_i]$ 是代数子集 Y 上的自然坐标函数, $1 \leqslant i \leqslant m$. 令 $f_i = \psi([S_i]), f = (f_1, \cdots, f_m)$. 则

$$f : X \to \mathbb{A}^m, \quad x \to (f_1(x), \cdots, f_m(x))$$

是由多项式 $f_1, \cdots, f_m$ 定义的映射. 即, f 是 X 到 $\mathbb{A}^m$ 的正则映射.

还需要说明: $f(X) \subset Y$. 事实上, $\forall x \in X, \forall g \in J$, 有等式

$$
\begin{aligned}
g(f(x)) &- g(f_1(x), \cdots, f_m(x)) \\
&= g(\psi([S_1]), \cdots, \psi([S_m])) \\
&= \psi(g([S_1], \cdots, [S_m])) \\
&= \psi([g(S_1, \cdots, S_m)]) \\
&= 0.
\end{aligned}
$$

因此, $f(X) \subset Y$. 即, 映射 $f : X \to Y$ 是正则映射.

最后, 由上述定义 $f^*(\varphi) = \varphi \circ f = \varphi(\psi([S_1]), \cdots, \psi([S_m])) = \psi(\varphi)$. 即, 交换代数的同态 ψ 是由正则映射 f 诱导的映射.

注记 21.15　这个引理说明代数子集之间的关系可以通过其坐标代数之间的关系来描述. 进一步, 可以证明: 两个代数子集 (几何对象) 是同构的当且仅当它们的坐标代数 (代数对象) 是同构的.

练习 21.16 证明上述注记中提到的结论.

引理 21.17 正则映射是代数子集 (作为拓扑空间) 之间的连续映射.

证明 设 $f : X \to Y$ 是代数子集之间的正则映射, 其中 $X = V(I) \subset \mathbb{A}^n$, $Y = V(J) \subset \mathbb{A}^m, I, J$ 分别是多项式代数 $A = \mathbb{F}[T_1, \cdots, T_n], B = \mathbb{F}[S_1, \cdots, S_m]$ 的理想, 使得

$$\mathbb{F}[X] = \mathbb{F}[T_1, \cdots, T_n]/I, \quad \mathbb{F}[Y] = \mathbb{F}[S_1, \cdots, S_m]/J.$$

由上述引理, 存在交换代数的同态 $f^* : \mathbb{F}[Y] \to \mathbb{F}[X]$, 使得 $f^*(\varphi) = \varphi \circ f$.

设 Z 是 Y 的闭子集, 要证明 $f^{-1}(Z)$ 是 X 的闭子集. 由子空间拓扑的定义, 可以假设 $Z = V(J) \cap V(K) = V(J + K)$, 这里 K 是代数 B 的理想.

令 L/I 为由 $f^*((J + K)/J)$ 生成的 $\mathbb{F}[X]$ 的理想, 其中 L 是代数 A 的包含 I 的理想. 只要证明等式: $f^{-1}(Z) = V(L) = V(L) \cap V(I)$.

$\forall x \in f^{-1}(Z), [g] = [g(T_1, \cdots, T_n)] \in f^*\left(\dfrac{J + K}{J}\right)$, 有多项式 $\varphi \in J + K$, 使得 $[g] = f^*([\varphi])$. 从而有

$$g(x) = [g](x) = f^*([\varphi])(x) = (\varphi \circ f)(x) = \varphi(f(x)) = 0.$$

于是, $x \in V(L), \forall x \in f^{-1}(Z)$. 即, 有包含关系: $f^{-1}(Z) \subset V(L)$.

反之, $\forall x \in V(L)$ 及任意多项式 $\varphi \in J + K$, 有下列等式

$$\varphi(f(x)) = (\varphi \circ f)(x) = f^*([\varphi])(x) = 0.$$

因此, $f(x) \in Z, \forall x \in V(L)$. 即, 有包含关系: $V(L) \subset f^{-1}(Z)$.

定义 21.18 设 X 是仿射空间 $\mathbb{A}^n$ 的代数子集, 把它看成拓扑空间 $\mathbb{A}^n$ 的子空间. 任取拓扑空间 X 的开集 U, 定义集合 $\mathcal{O}_X(U)$ 如下

$$\mathcal{O}_X(U) = \{f : U \to \mathbb{F} | f \text{是定义在 } U \text{ 上的局部分式函数}\}.$$

这里定义在开集 U 上的局部分式函数 f 是指: $\forall x \in U$, 存在包含 x 的开集 $V \subset U$ 及多项式函数 $g, h \in \mathbb{F}[X]$, 使得 $f(x) = \dfrac{h(x)}{g(x)}, g(x) \neq 0, \forall x \in V$. 即, 局部分式函数是指局部可以表示为两个多项式函数之比的函数.

对开集的包含关系 $V \subset U$, 用 $\rho_{UV} : \mathcal{O}_X(U) \to \mathcal{O}_X(V)$ 表示函数的限制映射. 可以验证, $\mathcal{O}_X(U)$ 是一个有单位元的交换环, 也是 $\mathbb{F}$ 上的结合代数, ρ_{UV} 是结合代数的同态. 称 $(X, \mathcal{O}_X)$ 为一个仿射簇.

练习 21.19 术语如上. 证明: $\mathcal{O}_X(U)$ 是一个有单位元的交换环, 函数的限制映射 $\rho_{UV} : \mathcal{O}_X(U) \to \mathcal{O}_X(V)$ 是环的同态.

注记 21.20　　通常情况下, 在仿射簇的基础上定义线性代数群. 但仿射簇与代数子集这两个概念本质上是一样的, 为了简化术语与记号, 后面我们将直接把代数子集看成仿射簇.

引理 21.21　　设 X, Y 是两个仿射簇, 则直积 $X \times Y$ 也是仿射簇, 并且有

$$\mathbb{F}[X \times Y] \simeq \mathbb{F}[X] \otimes_{\mathbb{F}} \mathbb{F}[Y].$$

即, 仿射簇直积的坐标代数同构于仿射簇坐标代数的张量积.

证明　　不妨设仿射簇 $X \subset \mathbb{A}^n, Y \subset \mathbb{A}^m$, 并且 $X = VI(X), Y = VI(Y)$, 这里 $I(X), I(Y)$ 分别为多元多项式代数 $\mathbb{F}[T_1, \cdots, T_n], \mathbb{F}[T_{n+1}, \cdots, T_{n+m}]$ 的理想. 此时, 它们的坐标代数定义为商代数

$$\mathbb{F}[X] = \mathbb{F}[T_1, \cdots, T_n]/I(X), \quad \mathbb{F}[Y] = \mathbb{F}[T_{n+1}, \cdots, T_{n+m}]/I(Y).$$

用 $(I(X), I(Y))$ 表示由 $I(X), I(Y)$ 生成的多项式代数 $\mathbb{F}[T_1, \cdots, T_n, \cdots, T_{n+m}]$ 的理想. 根据子集生成的理想的定义, 可以看出

$$(I(X), I(Y)) = \mathbb{F}[T_1, \cdots, T_n]I(Y) + I(X)\mathbb{F}[T_{n+1}, \cdots, T_{n+m}],$$

由此不难验证: $X \times Y = V((I(X), I(Y)))$. 即, 直积 $X \times Y$ 也是仿射簇. 同时, 也有下列交换代数的同构映射

$$\mathbb{F}[X] \otimes_{\mathbb{F}} \mathbb{F}[Y] = \frac{\mathbb{F}[T_1, \cdots, T_n]}{I(X)} \otimes \frac{\mathbb{F}[T_{n+1}, \cdots, T_{n+m}]}{I(Y)}$$

$$\simeq \frac{\mathbb{F}[T_1, \cdots, T_n] \otimes \mathbb{F}[T_{n+1}, \cdots, T_{n+m}]}{\mathbb{F}[T_1, \cdots, T_n] \otimes I(Y) + I(X) \otimes \mathbb{F}[T_{n+1}, \cdots, T_{n+m}]}$$

$$\simeq \frac{\mathbb{F}[T_1, \cdots, T_n, \cdots, T_{n+m}]}{(I(X), I(Y))}.$$

这里的第一个同构式用到了引理 13.17, 第二个同构式类似于练习 13.16.

定义 21.22　　设 X 是代数闭域 $\mathbb{F}$ 上的一个仿射簇, 也是一个群, 且群的乘法映射及取逆映射都是代数子集的正则映射, 则称 X 为域 $\mathbb{F}$ 上的一个仿射代数群, 也称其为一个线性代数群.

注记 21.23　　有了前面这些多项式知识的准备之后, 我们现在可以在矩阵群 $\mathrm{GL}_n(\mathbb{F})$ 上建立一个线性代数群结构.

定理 21.24　　$\mathrm{GL}_n(\mathbb{F})$ 是一个线性代数群, 也称为一般线性代数群.

证明　　考虑把 n 阶矩阵 "伸开" 转化成 $(n^2 + 1)$ 维行向量的如下映射

$$\tau : \mathrm{GL}_n(\mathbb{F}) \to \mathbb{F}^{n^2+1},$$

$$A \to (a_{11}, \cdots, a_{1n}, \cdots, a_{n1}, \cdots, a_{nn}, a),$$

这里 $a = \det A^{-1}$ 是 A 的逆矩阵 A^{-1} 的行列式. 令 $G(n, \mathbb{F}) = \tau(\mathrm{GL}_n(\mathbb{F}))$ 为映射 τ 的像元素全体, 得到下列映射 (仍记为 τ)

$$\tau: \mathrm{GL}_n(\mathbb{F}) \to G(n, \mathbb{F}).$$

不难看出: 上述映射 τ 是集合之间的双射 (据此, 矩阵可以等同于向量).

断言 1. $G(n, \mathbb{F})$ 上存在唯一的群结构, 使得上述映射 τ 是群的同构映射.

事实上, 通过上述双射 τ 可以把可逆矩阵群 $\mathrm{GL}_n(\mathbb{F})$ 上的群结构移植到 $G(n, \mathbb{F})$ 上去. $\forall A = (a_{ij}), B = (b_{ij}) \in \mathrm{GL}_n(\mathbb{F})$, 定义乘积

$$\tau(A) \cdot \tau(B) = \tau(AB) = (c_{11}, \cdots, c_{1n}, \cdots, c_{n1}, \cdots, c_{nn}, c),$$

其中 $c_{ij} = \sum_k a_{ik} b_{kj}$ 是乘积矩阵 AB 的 (i, j)-元素, $c = \det(AB)^{-1}$. 此时,

$$\tau(A)^{-1} = \tau(A^{-1}) = (aA_{11}, \cdots, aA_{n1}, \cdots, aA_{1n}, \cdots, aA_{nn}, \det A).$$

这里 $A^{-1} = aA^* = a(A_{ji})$, A_{ji} 是元素 a_{ij} 的代数余子式, A^* 是 A 的伴随矩阵. 由此可见, 群 $G(n, \mathbb{F})$ 的乘法运算及取逆运算都是由多项式函数定义的.

断言 2. 集合 $G(n, \mathbb{F})$ 是仿射空间 $\mathbb{A}^{n^2+1}$ 的代数子集.

事实上, 考虑域 $\mathbb{F}$ 上的多元多项式环 $\mathbb{F}[T, T_{ij}; 1 \leqslant i \leqslant n]$, 其中的 n^2 个变量 $\{T_{ij}; 1 \leqslant i \leqslant n\}$ 按照自然方式排成一个 n 阶矩阵 $(T_{ij})_{n \times n}$. 令

$$f = f(T, T_{ij}; i, j) = \det(T_{ij})T - 1 \in \mathbb{F}[T, T_{ij}; 1 \leqslant i \leqslant n].$$

不难验证: $G(n, \mathbb{F}) = V(f)$. 即, 它是一个代数子集. 此时, $G(n, \mathbb{F})$ 的坐标代数为局部化环 $\mathbb{F}[T, T_{ij}; 1 \leqslant i \leqslant n]/(f) = \mathbb{F}[T_{ij}; 1 \leqslant i \leqslant n]_{\det(T_{ij})}$.

由上述两个断言可知, $G(n, \mathbb{F})$ 是一个线性代数群. 但是, $G(n, \mathbb{F})$ 可以等同于 $\mathrm{GL}_n(\mathbb{F})$. 从而, $\mathrm{GL}_n(\mathbb{F})$ 也是一个线性代数群.

例 21.25 用 $\mathrm{SL}_n(\mathbb{F})$ 表示域 $\mathbb{F}$ 上行列式为 1 的所有可逆矩阵构成的集合, 它构成矩阵群 $\mathrm{GL}_n(\mathbb{F})$ 的一个子群. 类似于定理 21.24 的讨论, 它也是一个线性代数群, 称为特殊线性代数群.

在本讲的剩余部分, 我们给出线性代数群的李代数的定义, 并且具体计算出一般线性代数群 $\mathrm{GL}_n(\mathbb{F})$ 的李代数: 一般线性李代数 $\mathrm{gl}_n(\mathbb{F})$, 它是由域 $\mathbb{F}$ 上的所有 n 阶矩阵关于矩阵的加法、数乘及括积运算构成的李代数.

定义 21.26 设 G 是线性代数群, $\mathbb{F}[G]$ 是其坐标代数. $\forall x \in G$, 定义

$$T_x G = \mathrm{Der}_{\mathbb{F}}(\mathbb{F}[G], \mathbb{F}_x),$$

称其为线性代数群 G 在点 x 处的切空间, 它是由 $\mathbb{F}[G]$ 到模 $\mathbb{F}_x$ 的所有点导子构成的集合. 这里 $\mathbb{F}_x = \mathbb{F}$ 是交换代数 $\mathbb{F}[G]$ 的模, 其作用是自然的

$$f \cdot a = f(x)a, \quad \forall f \in \mathbb{F}[G], \forall a \in \mathbb{F}.$$

注记 21.27　在 x 处的点导子是一个线性映射 $X : \mathbb{F}[G] \to \mathbb{F}_x$, 且满足下列求导规则

$$X(fg) = X(f)g(x) + f(x)X(g), \quad \forall f, g \in \mathbb{F}[G].$$

容易验证: 点导子的集合 $\mathrm{Der}_{\mathbb{F}}(\mathbb{F}[G], \mathbb{F}_x)$ 关于线性映射的加法与数乘运算是封闭的. 从而, 它构成域 $\mathbb{F}$ 上的一个向量空间.

定义 21.28　设 G 是线性代数群, $\mathrm{Der}_{\mathbb{F}}(\mathbb{F}[G])$ 是域 $\mathbb{F}$ 上交换代数 $\mathbb{F}[G]$ 的导子李代数, 定义它的子代数如下

$$L(G) = \{D \in \mathrm{Der}_{\mathbb{F}}(\mathbb{F}[G]); D \circ \lambda(x) = \lambda(x) \circ D, \forall x \in G\},$$

称其为线性代数群 G 的左不变导子李代数, 这里的映射 $\lambda(x)$ 是左平移映射 $\lambda(x) :$ $\mathbb{F}[G] \to \mathbb{F}[G]$, 具体定义如下

$$(\lambda(x)f)(g) = f(x^{-1}g), \quad \forall f \in \mathbb{F}[G], \forall g \in G.$$

练习 21.29　(1) 验证映射 $\lambda(x)(x \in G)$ 的定义合理性: 它把 G 上的多项式函数映到 G 上的多项式函数.

(2) 说明上述映射诱导了抽象群 G 的表示 $\lambda : G \to \mathrm{GL}(\mathbb{F}[G]), x \to \lambda(x)$.

(3) 证明: $L(G)$ 是导子李代数 $\mathrm{Der}_{\mathbb{F}}(\mathbb{F}[G])$ 的李子代数.

引理 21.30　设 G 是线性代数群, $T_e G = \mathrm{Der}_{\mathbb{F}}(\mathbb{F}[G], \mathbb{F}_e)$ 是它在单位元处的切空间, 构造如下映射:

$$\alpha : L(G) \to T_e G, \quad D \to \alpha(D), \quad \alpha(D)(f) = D(f)(e);$$

$$\theta : T_e G \to L(G), \quad X \to \theta(X), \quad \theta(X)(f)(g) = X(\lambda(g^{-1})f).$$

其中 $D \in L(G), f \in \mathbb{F}[G], X \in T_e G, g \in G$, 则 α, θ 是互逆的线性映射, 它们都是向量空间的同构映射.

证明　证明过程主要是对一些定义、等式的具体验证, 分三步如下:

(1) $\forall D \in L(G), \forall f_1, f_2 \in \mathbb{F}[G]$, 有下列等式

$$\begin{aligned}
\alpha(D)(f_1 f_2) &= D(f_1 f_2)(e) \\
&= D(f_1)(e)f_2(e) + f_1(e)D(f_2)(e) \\
&= \alpha(D)(f_1)f_2(e) + f_1(e)\alpha(D)(f_2).
\end{aligned}$$

于是, $\alpha(D) \in T_eG$. 即, 映射 α 定义合理. 显然, 它也是线性映射.

(2) $\forall X \in T_eG, \forall f_1, f_2 \in \mathbb{F}[G], \forall g \in G$, 有下列等式

$$\theta(X)(f_1f_2)(g) = X(\lambda(g^{-1})f_1f_2)$$
$$= X(\lambda(g^{-1})f_1 \cdot \lambda(g^{-1})f_2)$$
$$= X(\lambda(g^{-1})f_1)(\lambda(g^{-1})f_2)(e) + (\lambda(g^{-1})f_1)(e)X(\lambda(g^{-1})f_2)$$
$$= \theta(X)(f_1)(g)f_2(g) + f_1(g)\theta(X)(f_2)(g).$$

于是, $\theta(X)$ 是一个导子.

下面还需证明: 导子 $\theta(X)$ 与所有的平移算子 $\lambda(x)$ 可交换. 事实上, $\forall X \in T_eG, \forall f \in \mathbb{F}[G], \forall g, h \in G$, 有下列等式

$$(\theta(X) \circ \lambda(g))(f)(h) = (\theta(X)(\lambda(g)f))(h)$$
$$= X(\lambda(h^{-1})\lambda(g)f) = \theta(X)(f)(g^{-1}h)$$
$$= (\lambda(g)\theta(X)(f))(h)$$
$$= (\lambda(g) \circ \theta(X))(f)(h).$$

即, 有等式: $\theta(X) \circ \lambda(g) = \lambda(g) \circ \theta(X)$. 因此, $\theta(X) \in L(G)$, 映射 θ 的定义合理. 显然, θ 也是线性映射.

(3) 映射 α, θ 是互逆的. $\forall X \in T_eG, \forall f \in \mathbb{F}[G], \forall g \in G$, 有下列等式

$$(\alpha \circ \theta)(X)(f) = \alpha(\theta(X))(f)$$
$$= \theta(X)(f)(e) = X(\lambda(e^{-1})f)$$
$$= X(f),$$
$$(\theta \circ \alpha)(D)(f)(g) = (\theta(\alpha(D)))(f)(g)$$
$$= \alpha(D)(\lambda(g^{-1})f) = D(\lambda(g^{-1})f)(e)$$
$$= (\lambda(g^{-1})D(f))(e) = D(f)(g).$$

由此得到: $\alpha \circ \theta$ 与 $\theta \circ \alpha$ 都是恒等映射. 因此, 引理结论成立.

定义 21.31 设 G 是域 $\mathbb{F}$ 上的线性代数群, $T_eG, L(G)$ 定义如上. 通过上述线性同构映射 α, 把 $L(G)$ 上的李代数结构移植到切空间 T_eG 上, 使它成为域 $\mathbb{F}$ 上的一个李代数, 称其为线性代数群 G 的李代数, 记为 $\mathfrak{g}$.

例 21.32 一般线性代数群 $G = \mathrm{GL}_n(\mathbb{F})$ 的李代数的计算:

根据定理 21.24 的证明过程中关于一般线性代数群作为代数子集的具体描述, G 的坐标代数为下列局部化代数

$$A = \mathbb{F}[G] = \mathbb{F}[T_{ij}; 1 \leqslant i \leqslant n]_{\det(T_{ij})}.$$

要确定李代数 $\mathfrak{g} = T_e G = \mathrm{Der}_{\mathbb{F}}(A, \mathbb{F}_e)$ 中的点导子 X, 只要定义它在交换代数 A 的生成元 $T_{ij}(1 \leqslant i, j \leqslant n)$ 上的值即可.

　　$\forall i, j$, 定义线性映射 $e_{ij} : A \to \mathbb{F}_e, f \to e_{ij}(f) = \dfrac{\partial f}{\partial T_{ij}}(e)$. 由定义不难看出: 映射 e_{ij} 是交换代数 A 到 $\mathbb{F}_e$ 的点导子. 即, $e_{ij} \in T_e G, 1 \leqslant i, j \leqslant n$.

　　(1) $\{e_{ij}; 1 \leqslant i, j \leqslant n\}$ 是域 $\mathbb{F}$ 上向量空间 $T_e G$ 的一组基. 设有域 $\mathbb{F}$ 中的元素 $a_{ij}, 1 \leqslant i, j \leqslant n$, 使得 $\sum_{i,j} a_{ij} e_{ij} = 0$, 等式两边作用到变量 T_{kl} 上, 得到 $a_{kl} = 0, 1 \leqslant k, l \leqslant n$. 即, $\{e_{ij}; 1 \leqslant i, j \leqslant n\}$ 是线性无关的.

　　$\forall X \in T_e G$, 令 $a_{ij} = X(T_{ij}), 1 \leqslant i, j \leqslant n$. 现证明: $X = \sum_{i,j} a_{ij} e_{ij}$. 只要说明: 此式两边在交换代数 A 的生成元上的值对应相等, 由定义这是显然的. 因此, $\{e_{ij}; 1 \leqslant i, j \leqslant n\}$ 是向量空间 $T_e G$ 的一组基.

　　(2) 李代数 $T_e G$ 中括积的描述. 利用前面引理中的线性同构映射 θ, 得到下列式子

$$\theta(e_{ij})(T_{pq})(g) = e_{ij}(\lambda(g^{-1})T_{pq})$$
$$= \frac{\partial}{\partial T_{ij}} \left(\sum_s T_{ps}(g) T_{sq} \right)(e) = \delta_{jq} T_{pi}(g),$$

其中在第二个等号中用到下列等式

$$(\lambda(g^{-1})T_{pq})(h) = T_{pq}(gh) = \sum_s T_{ps}(g) T_{sq}(h), \quad \forall g, h \in G.$$

从而有等式, $\theta(e_{ij})(T_{pq}) = \delta_{jq} T_{pi}$. 于是,

$$\theta(e_{ij})\theta(e_{kl})(T_{pq}) = \theta(e_{ij})\delta_{lq} T_{pk} = \delta_{lq}\delta_{jk} T_{pi},$$

$$\theta(e_{kl})\theta(e_{ij})(T_{pq}) = \theta(e_{kl})\delta_{jq} T_{pi} = \delta_{li}\delta_{jq} T_{pk},$$

$$\delta_{jk}\theta(e_{il})(T_{pq}) = \delta_{jk}\delta_{lq} T_{pi},$$

$$\delta_{il}\theta(e_{kj})(T_{pq}) = \delta_{il}\delta_{jq} T_{pk}.$$

由此得到等式: $[\theta(e_{ij}), \theta(e_{kl})] = \delta_{jk}\theta(e_{il}) - \delta_{il}\theta(e_{kj})$.

　　(3) 对一般线性李代数 $\mathrm{gl}_n(\mathbb{F})$, 矩阵单位 $\{E_{ij}; 1 \leqslant i, j \leqslant n\}$ 构成它的一组基. 根据矩阵乘积的定义不难直接验证

$$[E_{ij}, E_{kl}] = \delta_{jk} E_{il} - \delta_{il} E_{kj}.$$

从而, 可以得到如下李代数的同构映射

$$T_e G \to L(G) \to gl_n(F), \quad e_{ij} \to \theta(e_{ij}) \to E_{ij}, \quad 1 \leqslant i, j \leqslant n.$$

因此, 域 $\mathbb{F}$ 上的一般线性代数群 $GL_n(\mathbb{F})$ 的李代数可以等同于域 $\mathbb{F}$ 上的一般线性李代数 $gl_n(\mathbb{F})$.

练习 21.33 证明: 特殊线性代数群 $SL_n(\mathbb{F})$ 的李代数为特殊线性李代数 $sl_n(\mathbb{F})$, 它由域 $\mathbb{F}$ 上所有迹为零的 n 阶矩阵构成.

提示 映射 X 是从 $\mathbb{F}[T_{ij}; 1 \leqslant i,j \leqslant n]/(\det(T_{ij}) - 1)$ 到 $\mathbb{F}_e$ 的点导子当且仅当它是从 $\mathbb{F}[T_{ij}; 1 \leqslant i,j \leqslant n]$ 到 $\mathbb{F}_e$ 的点导子, 且满足条件: $X(\det(T_{ij})) = 0$. 从而可以假设 $X = \sum_{ij} a_{ij} e_{ij}$ 如前. 此时, $X(\det(T_{ij})) = \sum_i a_{ii}$.

注记 21.34 李代数是研究线性代数群的基本工具之一, 一些常见的线性代数群都可以由它的李代数所唯一确定. 关于这方面的讨论, 有非常丰富的内容, 感兴趣的读者可以查阅相关的参考文献, 例如 [8,9,15,24].

注记 21.35 设 G 是代数闭域 $\mathbb{F}$ 的上线性代数群, $\mathbb{F}[G]$ 是 G 作为代数子集的坐标代数. 可以说明: $\mathbb{F}[G]$ 也是一个 Hopf-代数.

根据线性代数群的定义, 群的乘法运算 $\mathrm{mult}: G \times G \to G$ 是代数子集的正则映射, 它诱导了交换代数的同态 $\Delta: \mathbb{F}[G] \to \mathbb{F}[G \times G] \simeq \mathbb{F}[G] \otimes \mathbb{F}[G]$; 类似地, 群的单位映射 $\mathrm{unit}: \{e\} \to G$ 及群的取逆映射 $\mathrm{inv}: G \to G$ 都是代数子集的正则映射, 它们分别诱导了交换代数的同态 $\varepsilon: \mathbb{F}[G] \to \mathbb{F}$ 及反同态 $S: \mathbb{F}[G] \to \mathbb{F}[G]$. 此时, $(\mathbb{F}[G], \Delta, \varepsilon, S)$ 是一个可换的 Hopf-代数.

上述这些结论的验证都是容易的, 这里不予讨论. 实际上, 可以用更一般的观点重新探讨线性代数群、Hopf-代数及其相关内容. 在第 22 讲我们将借助于范畴与函子的语言, 尤其是利用可表函子的概念, 给出线性代数群的抽象形式, 并讨论一些基本的概念与性质.

第22讲 Yoneda 引理

范畴与函子是更抽象、更形式化的数学概念, 主要用于描述各种不同数学结构的共同性质, 它们已经成为研究现代数学的基本工具, 也是当代数学工作者所使用的基本数学语言, 见文献 [25].

本讲主要介绍范畴与函子的基本概念, 给出一些常见的具体例子, 并讨论一些简单性质. 前面讨论过的所有代数结构都可以用范畴的语言来描述, 这些不同代数结构之间的联系可以用函子去刻画.

Yoneda 引理是 "抽象" 与 "具体" 的某种典范对应, 它可应用于研究可表函子之间的自然变换, 从而它在仿射群概型的讨论中起着基本的作用. 仿射群概型是由某个 Hopf-代数确定的可表函子, 它可以看成是仿射代数群概念的抽象形式 (仿射代数群的坐标代数也是一个 Hopf-代数, 见第 21 讲最后的注记).

定义 22.1　范畴 $\mathcal{C}$ 由下列几部分构成:

(1) 有一类确定的对象, 通常记为 $A, B, C, \cdots$;

(2) 对任意两个对象 A, B, 有态射的集合 $\mathrm{Mor}(A, B)$, 态射通常的描述

$$f \in \mathrm{Mor}(A, B) \Leftrightarrow f \in \mathrm{Hom}_{\mathcal{C}}(A, B) = \mathrm{Hom}(A, B) \Leftrightarrow f : A \to B;$$

(3) 有态射的合成:

$$\mathrm{Mor}(A, B) \times \mathrm{Mor}(B, C) \to \mathrm{Mor}(A, C), \quad (f, g) \to g \circ f = gf,$$

并且态射的合成 (运算) 满足结合律: $h(gf) = (hg)f, \forall f, g, h$; 有左、右单位元: 对任意对象 A, 有态射 1_A, 使得 $1_A f = f, g 1_A = g, \forall f, g$(两个态射的合成, 均指在可乘意义下的合成).

例 22.2　集合与映射构成的范畴 $\mathcal{S}et$: 它的一个对象就是一个集合; 两个对象之间的态射是集合之间的通常映射; 态射的合成为映射的合成. 映射的合成满足结合律, 并且有左、右单位元 (可乘意义下).

因此, 范畴的上述所有条件满足, 这个范畴 $\mathcal{S}et$ 简称为集合范畴.

例 22.3　(1) 群与群同态构成的群范畴 $\mathcal{G}rp$;

(2) 域 $\mathbb{F}$ 上的向量空间与线性映射构成的向量空间范畴 $\mathbb{F}\text{-}\mathcal{V}ec$;

(3) 域 $\mathbb{F}$ 上的结合代数与同态构成的结合代数范畴 $\mathbb{F}\text{-}\mathcal{A}lg$;

(4) 域 $\mathbb{F}$ 上的李代数与同态构成的李代数范畴 $\mathbb{F}\text{-}\mathcal{L}alg$;

(5) 拓扑空间与连续映射构成的拓扑空间范畴 $\mathcal{T}op$.

注记 22.4   在某种意义下 (至少在某个范围内), 集合范畴 $\mathcal{S}et$ 是最大的范畴: 对所考虑的其他范畴, 一般来说, 其对象是集合, 其态射是集合的映射, 态射的合成是映射的合成 (如上述例子中的五个范畴).

练习 22.5   根据上述注记的说明, 验证例 22.3 中范畴定义的合理性.

定义 22.6   设 $\mathcal{C}$ 是给定的范畴, 由 $\mathcal{C}$ 中的某些对象及相应对象之间的某些态射构成的范畴 $\mathcal{D}$, 称为 $\mathcal{C}$ 的子范畴. 进一步, 若对子范畴 $\mathcal{D}$ 中的任意两个对象 A, B, 都有 $\mathrm{Hom}_{\mathcal{D}}(A, B) = \mathrm{Hom}_{\mathcal{C}}(A, B)$, 则称 $\mathcal{D}$ 是 $\mathcal{C}$ 的满子范畴.

范畴 $\mathcal{C}$ 的对偶范畴 $\mathcal{C}^{\mathrm{op}}$ 是指: 它以范畴 $\mathcal{C}$ 中的对象为对象, 以范畴 $\mathcal{C}$ 中的反态射为态射, 这里对象 A 到 B 的反态射是指对象 B 到 A 的态射.

定义 22.7   范畴 $\mathcal{C}$ 与范畴 $\mathcal{D}$ 的直积 $\mathcal{C} \times \mathcal{D}$, 它的对象形如: (A, B), 这里 A 是 $\mathcal{C}$ 的对象, B 是 $\mathcal{D}$ 的对象; 两个对象 $(A_1, B_1), (A_2, B_2)$ 之间的态射形如 (f_1, f_2), 这里 $f_1 \in \mathrm{Mor}(A_1, B_1), f_2 \in \mathrm{Mor}(A_2, B_2)$.

练习 22.8   验证: 上述定义中对偶范畴、直积范畴的定义合理性.

定义 22.9   设 $\mathcal{C}, \mathcal{D}$ 是两个给定的范畴, $\mathbf{F}$ 是一个对应, 它把范畴 $\mathcal{C}$ 中的对象 A 映到范畴 $\mathcal{D}$ 中的对象 $\mathbf{F}(A)$; 同时, 它诱导了态射集合之间的映射

$$\mathbf{F} : \mathrm{Hom}_{\mathcal{C}}(A, B) \to \mathrm{Hom}_{\mathcal{D}}(\mathbf{F}(A), \mathbf{F}(B)), \quad f \to \mathbf{F}(f), \quad \forall A, B \in \mathcal{C}.$$

若对应 $\mathbf{F}$ 保持单位元与合成运算, 即, 它满足下列等式

$$\mathbf{F}(1_A) = 1_{\mathbf{F}(A)}, \quad \mathbf{F}(g \circ f) = \mathbf{F}(g) \circ \mathbf{F}(f), \quad A, f, g \in \mathcal{C},$$

则称 $\mathbf{F}$ 是范畴 $\mathcal{C}$ 到范畴 $\mathcal{D}$ 的一个协变函子, 简称为函子, 记为 $\mathbf{F} : \mathcal{C} \to \mathcal{D}$.

从范畴 $\mathcal{C}$ 到对偶范畴 $\mathcal{D}^{\mathrm{op}}$ 的一个协变函子, 称为从范畴 $\mathcal{C}$ 到范畴 $\mathcal{D}$ 的反变函子. 从直积范畴 $\mathcal{C} \times \mathcal{D}$ 到范畴 $\mathcal{E}$ 的函子, 称为一个二元函子或双函子.

练习 22.10   按照自然的方式, 定义从群范畴 $\mathcal{G}rp$ 到集合范畴 $\mathcal{S}et$ 的 "忘记" 函子; 对给定的域 $\mathbb{F}$, 定义从域 $\mathbb{F}$ 上的向量空间范畴 $\mathbb{F}\text{-}\mathcal{V}ec$ 到群范畴 $\mathcal{G}rp$ 的 "忘记" 函子 (需要验证: 它们保持单位元及合成运算).

例 22.11   域 $\mathbb{F}$ 上向量空间的张量积函子 $\otimes : \mathbb{F}\text{-}\mathcal{V}ec \times \mathbb{F}\text{-}\mathcal{V}ec \to \mathbb{F}\text{-}\mathcal{V}ec$.

对域 $\mathbb{F}$ 上的任意两个向量空间 V, W, 定义 $\otimes(V, W) = V \otimes W$; 对两个线性映射 $f_1 : V_1 \to W_1, f_2 : V_2 \to W_2$, 定义它们的张量积

$$\otimes(f_1, f_2) = f_1 \otimes f_2 : V_1 \otimes V_2 \to W_1 \otimes W_2,$$

使得 $(f_1 \otimes f_2)(v_1 \otimes v_2) = f_1(v_1) \otimes f_2(v_2), \forall v_1 \in V_1, v_2 \in V_2$. 由张量积映射 $f_1 \otimes f_2$ 的定义可知, 它是线性映射. 此时, 映射 $\otimes$ 保持单位元及态射的合成. 即, $\otimes$ 是一个双函子.

例 22.12　设 A 是域 $\mathbb{F}$ 上的结合代数, 定义两个 Hom 函子如下:

(1) $\mathrm{Hom}(A, -) : \mathbb{F}\text{-}\mathcal{A}lg \to \mathcal{S}et$. 它把 $\mathbb{F}$ 上的结合代数 B 映到同态的集合 $\mathrm{Hom}(A, B)$; 把结合代数的同态 $f : B \to C$ 映到下列集合的映射

$$\mathrm{Hom}(A, f) : \mathrm{Hom}(A, B) \to \mathrm{Hom}(A, C), \quad g \to f \circ g.$$

不难验证: $\mathrm{Hom}(A, -)$ 保持单位元及态射的合成, 它是一个协变函子.

(2) $\mathrm{Hom}(-, A) : \mathbb{F}\text{-}\mathcal{A}lg \to \mathcal{S}et$. 它把 $\mathbb{F}$ 上的结合代数 B 映到同态的集合 $\mathrm{Hom}(B, A)$; 把结合代数的同态 $f : C \to B$ 映到下列集合的映射

$$\mathrm{Hom}(f, A) : \mathrm{Hom}(B, A) \to \mathrm{Hom}(C, A), \quad g \to g \circ f.$$

不难验证: $\mathrm{Hom}(-, A)$ 保持单位元, 它把态射的合成映到反态射的合成. 即, 它是一个反变函子.

定义 22.13　设 $\mathcal{C}, \mathcal{D}$ 是给定的两个范畴, $\mathbf{F}, \mathbf{G} : \mathcal{C} \to \mathcal{D}$ 是它们之间的函子. 定义函子 $\mathbf{F}$ 到函子 $\mathbf{G}$ 的自然变换为一组态射

$$\eta = \{\eta(A) : \mathbf{F}(A) \to \mathbf{G}(A); \forall A \in \mathcal{C}\},$$

并满足相容性条件: 对任意对象 A, B 及任意态射 $f : A \to B$, 下列等式成立

$$\mathbf{G}(f)\eta(A) = \eta(B)\mathbf{F}(f).$$

若还有函子 $\mathbf{H} : \mathcal{C} \to \mathcal{D}$ 及自然变换 $\theta : \mathbf{G} \to \mathbf{H}$. 定义下列态射的集合

$$\theta \circ \eta = \{\theta(A) \circ \eta(A) : \mathbf{F}(A) \to \mathbf{H}(A); \forall A \in \mathcal{C}\}.$$

容易验证: $\theta \circ \eta$ 是函子 $\mathbf{F}$ 到函子 $\mathbf{H}$ 的一个自然变换, 称其为 η 与 θ 的合成.

特别地, 当 $\mathbf{F} = \mathbf{H}$ 时, 如果对任意的对象 $A \in \mathcal{C}$, 都有下列等式

$$\theta(A) \circ \eta(A) = \mathrm{Id}_{\mathbf{F}(A)}, \quad \eta(A) \circ \theta(A) = \mathrm{Id}_{\mathbf{G}(A)},$$

则称 η 是函子 $\mathbf{F}$ 到函子 $\mathbf{G}$ 的一个同构. 此时, 也称 $\mathbf{F}$ 与 $\mathbf{G}$ 是同构的函子.

定义 22.14　称两个范畴 $\mathcal{C}, \mathcal{D}$ 是等价的, 如果存在函子 $\mathbf{F} : \mathcal{C} \to \mathcal{D}$ 及函子 $\mathbf{G} : \mathcal{D} \to \mathcal{C}$, 使得 $\mathbf{G} \circ \mathbf{F}$ 与 $\mathbf{F} \circ \mathbf{G}$ 都同构于相应范畴的恒等函子 (这里函子的合成按照自然的方式理解, 且函子的合成还是函子: 读者练习).

注记 22.15　在后面定义仿射群概型, 并讨论一些相关问题时, 我们主要用到域 $\mathbb{F}$ 上交换代数的有关内容. 为此, 需要定义域 $\mathbb{F}$ 上结合代数范畴 $\mathbb{F}\text{-}\mathcal{A}lg$ 的一个子范畴 $\mathbb{F}\text{-}\mathcal{C}alg$, 它的对象由域 $\mathbb{F}$ 上的交换代数构成, 态射为交换代数的同态, 这个范畴也简记为 $\mathcal{C}alg$.

定义 22.16　设 **F** 是范畴 $\mathcal{C}alg$ 到范畴 $\mathcal{S}et$ 的函子. 若有对象 $R \in \mathcal{C}alg$, 使得函子 **F** 同构于函子 $\mathrm{Hom}(R, -)$, 则称 **F** 是可表函子.

一般地, 对任意范畴 $\mathcal{C}$, 称函子 $\mathbf{F} : \mathcal{C} \to \mathcal{S}et$ 是一个可表函子, 如果存在对象 $A \in \mathcal{C}$, 使得 **F** 同构于函子 $\mathrm{Hom}(A, -)$, 这里 $\mathrm{Hom}(A, -)$ 是按照自然方式定义的函子 $\mathcal{C} \to \mathcal{S}et$(参考例 22.12).

例 22.17　构造函子 $\mathrm{GL}_2 : \mathcal{C}alg \to \mathcal{S}et$, 它把一个交换代数 R 对应到交换环 R 上的所有二阶可逆矩阵构成的群 $\mathrm{GL}_2(R)$; 把一个交换代数的同态 $f : R \to S$ 对应到群的同态

$$\mathrm{GL}_2(f) : \mathrm{GL}_2(R) \to \mathrm{GL}_2(S), \quad M \to \mathrm{GL}_2(f)(M),$$

其中 $M = (m_{ij}), m_{ij} \in R, 1 \leqslant i, j \leqslant 2, \mathrm{GL}_2(f)(M) = (f(m_{ij}))$.

不难看出: GL_2 把恒等映射对应到恒等映射, 并且它保持态射的合成. 即, GL_2 是一个函子. 下面说明, GL_2 是一个可表函子.

令 A 为域 $\mathbb{F}$ 上五个变量的多项式代数 $\mathbb{F}[T_{11}, T_{12}, T_{21}, T_{22}, T]$ 关于它的主理想 $(T(T_{11}T_{22} - T_{12}T_{21}) - 1)$ 的商代数,

$$A = \frac{\mathbb{F}[T_{11}, T_{12}, T_{21}, T_{22}, T]}{(T(T_{11}T_{22} - T_{12}T_{21}) - 1)},$$

它是域 $\mathbb{F}$ 上的一个交换代数. 下面只需证明: 函子 GL_2 同构于 $\mathrm{Hom}(A, -)$.

对任意的交换代数 $R \in \mathcal{C}alg$, 定义集合的映射

$$\eta(R) : \mathrm{GL}_2(R) \to \mathrm{Hom}(A, R), \quad M \to \eta(R)(M),$$

使得 $\eta(R)(M)([T_{ij}]) = m_{ij}, 1 \leqslant i, j \leqslant 2, \eta(R)(M)([T]) = (\det M)^{-1}, \eta(R)(M)$ 是交换代数的同态, 它由其在生成元集上的值所唯一确定, 这里的二阶矩阵 $M = (m_{ij}), m_{ij} \in R, 1 \leqslant i, j \leqslant 2$.

容易看出: $\eta(R)$ 是合理定义的映射. 进一步, 对任意的交换代数同态 $f : R \to S$ 及矩阵 $M = (m_{ij}) \in \mathrm{GL}_2(R)$, 有下列等式:

$$(\mathrm{Hom}(A, f)\eta(R))(M)([T_{ij}]) = f(\eta(R)(M))([T_{ij}]) = f(m_{ij}),$$

$$\eta(S)\mathrm{GL}_2(f)(M)([T_{ij}]) = \eta(S)(f(m_{ij}))([T_{ij}]) = f(m_{ij}).$$

于是, η 是从函子 GL_2 到 Hom 函子 $\mathrm{Hom}(A, -)$ 的一个自然变换.

现在给出 η 的逆自然变换 $\theta : \mathrm{Hom}(A, -) \to \mathrm{GL}_2$. $\forall R \in \mathcal{C}alg$, 令

$$\theta(R) : \mathrm{Hom}(A, R) \to \mathrm{GL}_2(R), \quad f \to \theta(R)(f) = (f[T_{ij}]).$$

由交换代数 A 的定义可以看出, 映射 $\theta(R)$ 定义合理. 还可以验证: θ 是从函子 $\mathrm{Hom}(A, -)$ 到函子 GL_2 的自然变换 (见下面练习).

最后, 由下面两个等式可知, η 与 θ 是互逆的自然变换.

$$\eta(R)\theta(R)(f)[T_{ij}] = \eta(R)(f[T_{ij}])[T_{ij}] = f[T_{ij}],$$

$$\theta(R)\eta(R)(M) = (\eta(R)(M)[T_{ij}]) = (m_{ij}) = M.$$

练习 22.18　验证上述例子中定义的 θ 是一个自然变换.

练习 22.19　构造函子 $G_m : \mathcal{C}alg \to \mathcal{S}et$, 它把一个交换代数 R 对应到它的所有可逆元构成的乘法群 $G_m(R)$; 把一个交换代数的同态 $f : R \to S$ 对应到群的同态

$$G_m(f) : G_m(R) \to G_m(S), \quad x \to G_m(f)(x) = f(x).$$

证明: G_m 是可表函子, 它同构于 $\mathrm{Hom}(A, -)$, 其中 $A = \mathbb{F}[x, y]/(xy - 1)$.

例 22.20　构造自然变换 $\det : \mathrm{GL}_2 \to G_m$. 对域 $\mathbb{F}$ 上的任意交换代数 $R \in \mathcal{C}alg$, 定义下列映射

$$\det(R) : \mathrm{GL}_2(R) \to G_m(R), \quad M \to \det(R)(M) = \det(M).$$

对任意的交换代数同态 $f : R \to S$ 及 $M = (m_{ij}) \in \mathrm{GL}_2(R)$, 有等式

$$G_m(f)\det(R)(M) = f(\det(M))$$
$$= \det(f(m_{ij})) = \det(S)(f(m_{ij}))$$
$$= \det(S)\mathrm{GL}_2(f)(M).$$

即, 有等式 $G_m(f)\det(R) = \det(S)\mathrm{GL}_2(f)$. 根据自然变换的定义, $\det$ 是从函子 GL_2 到函子 G_m 的一个自然变换.

引理 22.21　(Yoneda 引理)　设有函子 $\mathbf{E} = \mathrm{Hom}(A, -), \mathbf{F} = \mathrm{Hom}(B, -)$, 这里 $A, B \in \mathcal{C}alg$, 则有从集合 $\mathrm{Hom}(\mathbf{E}, \mathbf{F})$ 到集合 $\mathrm{Hom}(B, A)$ 的一一对应. 这里 $\mathrm{Hom}(\mathbf{E}, \mathbf{F})$ 表示从函子 $\mathbf{E}$ 到 $\mathbf{F}$ 的所有自然变换构成的集合.

证明　(1) 设 $\theta : \mathbf{E} \to \mathbf{F}$ 是给定的自然变换, 应用于交换代数 A, 得到映射

$$\theta(A) : \mathbf{E}(A) = \mathrm{Hom}(A, A) \to \mathrm{Hom}(B, A) = \mathbf{F}(A).$$

令 $f_\theta = \theta(A)(\mathrm{Id}_A) \in \mathrm{Hom}(B, A)$, 则映射 f_θ 是从 B 到 A 的交换代数同态.

(2) 设 $f : B \to A$ 是给定的交换代数同态. 对域 $\mathbb{F}$ 上的任意交换代数 R, 定义映射 $\theta_f(R)$ 如下

$$\theta_f(R) : \mathbf{E}(R) = \mathrm{Hom}(A, R) \to \mathrm{Hom}(B, R) = \mathbf{F}(R), \quad g \to g \circ f,$$

对任意的交换代数及同态 $h: R \to S$, 由定义直接得到下列等式

$$\mathbf{F}(h)\theta_f(R)(g) = h \circ g \circ f = \theta_f(S)\mathbf{E}(h)(g).$$

因此, 映射的类 $\theta_f = \{\theta_f(R); R \in \mathcal{C}alg\}$ 是从函子 $\mathbf{E}$ 到函子 $\mathbf{F}$ 的自然变换.

(3) 利用下面的两个等式推出: 上述两个对应是互逆的映射.

$$\theta_{f_\theta}(R)(g) = g \circ f_\theta = \mathbf{F}(g)\theta(A)(\mathrm{Id}_A)$$
$$= \theta(R)\mathbf{E}(g)(\mathrm{Id}_A) = \theta(R)(g),$$
$$f_{\theta_f} = (\theta_f)(A)(\mathrm{Id}_A) = \mathrm{Id}_A \circ f = f.$$

这里 $R \in \mathcal{C}alg$ 是任意的交换代数, $g: A \to R$ 是任意的交换代数同态.

注记 22.22　从上述证明过程不难看出: 交换代数的恒等同态对应函子的恒等自然变换; 两个交换代数同态的合成对应函子自然变换的反变合成. 另外, 也不难证明: 交换代数同态的张量积对应函子的自然变换的直积 (读者练习, 参考下面的定理 22.26 证明中的 (1))

$$\theta \times \theta_1 : \mathrm{Hom}(A, -) \times \mathrm{Hom}(A_1, -) \to \mathrm{Hom}(B, -) \times \mathrm{Hom}(B_1, -),$$

$$(\theta \times \theta_1)(R) : \mathrm{Hom}(A \otimes A_1, R) \to \mathrm{Hom}(B \otimes B_1, R).$$

定义 22.23　设 $\mathbf{G}$ 是从域 $\mathbb{F}$ 上的交换代数范畴 $\mathcal{C}alg$ 到集合范畴 $\mathcal{S}et$ 的函子. 若 $\mathbf{G}$ 的像包含于群范畴 $\mathcal{G}rp$ 中, 则称 $\mathbf{G}$ 是域 $\mathbb{F}$ 上的一个群函子; 称一个可表群函子 $\mathbf{G}$ 为域 $\mathbb{F}$ 上的仿射群概型, 其表示代数记为 $\mathbb{F}[\mathbf{G}]$.

设 $\mathbf{G}$ 是域 $\mathbb{F}$ 上的一个仿射群概型, 其表示代数为 $\mathbb{F}[\mathbf{G}]$. 若 $\mathbb{F}[\mathbf{G}]$ 是域 $\mathbb{F}$ 上有限生成的交换代数, 则称 $\mathbf{G}$ 是一个代数仿射群概型.

引理 22.24　函子 $\mathbf{G}: \mathcal{C}alg \to \mathcal{S}et$ 是群函子当且仅当存在自然变换

$$m: \mathbf{G} \times \mathbf{G} \to \mathbf{G}, \quad \eta: \mathbf{E} \to \mathbf{G}, \quad s: \mathbf{G} \to \mathbf{G},$$

并且它们满足下列等式

$$m(m \times \mathrm{Id}) = m(\mathrm{Id} \times m),$$
$$m(\mathrm{Id} \times \eta) = p_1, \quad m(\eta \times \mathrm{Id}) = p_2,$$
$$m(\mathrm{Id} \times s) = \eta\alpha = m(s \times \mathrm{Id}).$$

这里 $\mathbf{E}: \mathcal{C}alg \to \mathcal{S}et$ 是单位函子, 使得 $\mathbf{E}(A) = \{1_A\}$; 对交换代数的同态 $f: A \to B$, $\mathbf{E}(f)$ 是唯一的映射 $\{1_A\} \to \{1_B\}$. 自然变换 $\alpha: \mathbf{G} \to \mathbf{E}$ 是平凡的, $\alpha(A): \mathbf{G}(A) \to \mathbf{E}(A), \forall A \in \mathcal{C}alg$. 自然变换 $p_1: \mathbf{G} \times \mathbf{E} \to \mathbf{G}, p_2: \mathbf{E} \times \mathbf{G} \to \mathbf{G}$ 是典范投影.

证明　(1) 设 $\mathbf{G}$ 是群函子, 对任意交换代数 A, 在集合 $\mathbf{G}(A)$ 上带有一个群结构. 定义映射

$$m(A): \mathbf{G}(A) \times \mathbf{G}(A) \to \mathbf{G}(A)$$

为群 $\mathbf{G}(A)$ 的乘法运算. 由下列等式可知, m 是一个自然变换.

$$\mathbf{G}(f)m(A)(x,y) = \mathbf{G}(f)(xy)$$
$$=\mathbf{G}(f)(x)\mathbf{G}(f)(y) = m(B)(\mathbf{G}(f), \mathbf{G}(f))(x,y),$$

这里 $f: A \to B$ 是交换代数的同态, $B \in \mathcal{C}alg, x, y \in \mathbf{G}(A)$. 再根据自然变换的合成规则及群的乘法结合律, 可以推出: $m(m \times \mathrm{Id}) = m(\mathrm{Id} \times m)$.

(2) 对任意的交换代数 A, 定义映射 $\eta(A): \mathbf{E}(A) \to \mathbf{G}(A), 1_A \to 1_{\mathbf{G}(A)}$. 容易看出: η 是一个自然变换, 并且有下列等式

$$m(\mathrm{Id} \times \eta) = p_1, \quad m(\eta \times \mathrm{Id}) = p_2,$$

这里 $p_1: \mathbf{G} \times \mathbf{E} \to \mathbf{G}, p_2: \mathbf{E} \times \mathbf{G} \to \mathbf{G}$ 是由对两个分量的典范投影确定的自然变换. 例如, $p_1(A): \mathbf{G}(A) \times \mathbf{E}(A) \to \mathbf{G}(A), (x, 1_A) \to x$.

(3) 对任意的交换代数 A, 定义映射 $s(A): \mathbf{G}(A) \to \mathbf{G}(A)$ 为群 $\mathbf{G}(A)$ 的取逆映射. 不难验证: s 是一个自然变换. 下面证明等式: $m(\mathrm{Id} \times s) = \eta\alpha$, 另一个相关等式的证明是类似的.

事实上, $\forall A \in \mathcal{C}alg, \forall x \in \mathbf{G}(A)$, 有下列等式

$$m(A)(\mathrm{Id}_{\mathbf{G}(A)} \times s(A))(x) = m(A)(x, x^{-1})$$
$$=1_{\mathbf{G}(A)} = \eta(A)(1_A) = \eta(A)\alpha(A)(x).$$

于是, $m(A)(\mathrm{Id}_{\mathbf{G}(A)} \times s(A)) = \eta(A)\alpha(A)$. 因此有, $m(\mathrm{Id} \times s) = \eta\alpha$.

(4) 若存在自然变换 m, η, s 满足引理给出的等式条件, 则集合 $\mathbf{G}(A)$ 上带有一个群结构 (对任意的交换代数 A), 使得映射 $m(A)$ 为群的乘法运算. 此时, 当 $f: A \to B$ 是交换代数的同态时, 利用 m 是自然变换的条件, 可以推出: $\mathbf{G}(f)$ 是群的同态. 即, $\mathbf{G}$ 是一个群函子.

注记 22.25　前面已用到两个函子直积的概念, 它的定义是自然的:

设 $\mathbf{F}, \mathbf{G}: \mathcal{C} \to \mathcal{S}et$ 是到集合范畴的两个函子, 其直积 $\mathbf{F} \times \mathbf{G}$ 也是一个函子: $\mathcal{C} \to \mathcal{S}et$, 它把对象 A 映到集合的直积 $\mathbf{F}(A) \times \mathbf{G}(A)$, 把态射 $f: A \to B$ 映到映射的直积 $(\mathbf{F}(f), \mathbf{G}(f)): \mathbf{F}(A) \times \mathbf{G}(A) \to \mathbf{F}(B) \times \mathbf{G}(B)$.

定理 22.26　设 $\mathbf{G}: \mathcal{C}alg \to \mathcal{S}et$ 是一个仿射群概型, 则其表示代数 $\mathbb{F}[\mathbf{G}]$ 是一个可换 Hopf-代数; 反之, 若 H 是域 $\mathbb{F}$ 上的一个可换 Hopf-代数, 则 Hom 函子 $\mathrm{Hom}(H, -)$ 是域 $\mathbb{F}$ 上的一个仿射群概型.

证明　(1) 直积函子 $\mathbf{G} \times \mathbf{G}$ 也是可表函子, 其表示代数为 $\mathbb{F}[\mathbf{G}] \otimes \mathbb{F}[\mathbf{G}]$: 对任意的交换代数 A, 考虑如下典范映射

$$i(A) : \mathrm{Hom}(\mathbb{F}[\mathbf{G}], A) \times \mathrm{Hom}(\mathbb{F}[\mathbf{G}], A) \to \mathrm{Hom}(\mathbb{F}[\mathbf{G}] \otimes \mathbb{F}[\mathbf{G}], A),$$

$$i(A)(x, y)(p \otimes q) = x(p)y(q), \quad \forall x, y \in \mathrm{Hom}(\mathbb{F}[\mathbf{G}], A), \forall p, q \in \mathbb{F}[\mathbf{G}].$$

由交换代数张量积的泛性质 (引理 13.15) 可知, $i(A)$ 是一个双射. 另外, 对交换代数 B 及同态 $f : A \to B$, 还有下列等式

$$\mathrm{Hom}(\mathbb{F}[\mathbf{G}] \otimes \mathbb{F}[\mathbf{G}], f)i(A) = i(B)(\mathrm{Hom}(\mathbb{F}[\mathbf{G}], f) \times \mathrm{Hom}(\mathbb{F}[\mathbf{G}], f)).$$

即, i 是一个自然变换. 再结合 $i(A)$ 的双射性质, 它必是函子之间的同构.

(2) 上述引理中定义的函子 $\mathbf{E} : \mathcal{C}alg \to \mathcal{S}et$ 是可表函子, 其表示代数为 $\mathbb{F}$. 这是因为: 对域 $\mathbb{F}$ 上的任意交换代数 A, $\mathrm{Hom}(\mathbb{F}, A)$ 只包含一个交换代数的同态, 并且它可以等同于单点集合 $\{1_A\}$.

(3) 利用 Yoneda 引理, 定义仿射群概型的自然变换 m, η, s, 分别对应于交换代数的同态 Δ, ε, S, 并且它们满足 Hopf-代数的所有条件. 具体定义为

$$\Delta : \mathbb{F}[\mathbf{G}] \to \mathbb{F}[\mathbf{G}] \otimes \mathbb{F}[\mathbf{G}], \quad \varepsilon : \mathbb{F}[\mathbf{G}] \to \mathbb{F}, \quad S : \mathbb{F}[\mathbf{G}] \to \mathbb{F}[\mathbf{G}].$$

根据注记 22.22 的说明, 自然变换的等式对应于交换代数的同态的等式 (这里我们采用 Hopf-代数中的一些符号, 见第 17 讲的内容).

$$m(m \times \mathrm{Id}) = m(\mathrm{Id} \times m),$$

$$m(\mathrm{Id} \times \eta) = p_1, \quad m(\eta \times \mathrm{Id}) = p_2,$$

$$m(\mathrm{Id} \times s) = \eta\alpha = m(s \times \mathrm{Id}).$$

$$(\Delta \otimes \mathrm{Id})\Delta = (\mathrm{Id} \otimes \Delta)\Delta,$$

$$(\mathrm{Id} \otimes \varepsilon)\Delta = o_2^{-1}, \quad (\varepsilon \otimes \mathrm{Id})\Delta = o_1^{-1},$$

$$m_{\mathbb{F}[G]}(\mathrm{Id} \otimes S)\Delta = u\varepsilon = m_{\mathbb{F}[G]}(S \otimes \mathrm{Id})\Delta.$$

(4) 反之, 任意给定域 $\mathbb{F}$ 上的一个 Hopf-代数 H, 它确定一个可表函子 $\mathbf{G} = \mathrm{Hom}(H, -)$, 其群结构可以描述如下:

对 $H = \mathbb{F}[\mathbf{G}]$ 及域 $\mathbb{F}$ 上的任意交换代数 A, 有 $\mathbf{G}(A) = \mathrm{Hom}(H, A)$. 对任意两个元素 $x, y \in \mathbf{G}(A)$ 及 $h \in H, \Delta(h) = \sum_{(h)} h_1 \otimes h_2$, 有如下等式

$$(x * y)(h) = m(A)(x, y)(h) = m(A)(i(A)(x, y))(h)$$
$$= i(A)(x, y)\Delta(h) = \sum_{(h)} x(h_1)y(h_2) = m_A(x \otimes y)\Delta(h).$$

即, $\mathbf{G}(A)$ 中的元素 x,y 的乘积为 $x * y = m_A(x \otimes y)\Delta$, 这里 m_A 是交换代数 A 的乘法映射 $(x * y : H \to H \otimes H \to A \otimes A \to A)$.

另外, 群 $\mathbf{G}(A)$ 的单位元为 $u_A\varepsilon : H \to \mathbb{F} \to A$, 这里 $u_A : \mathbb{F} \to A$ 是交换代数 A 的单位映射. $\forall x \in \mathbf{G}(A)$, 有等式: $x * u_A\varepsilon = u_A\varepsilon * x = x$. 例如

$$x * u_A\varepsilon = m_A(x \otimes u_A\varepsilon)\Delta$$
$$= m_A(x \otimes u_A)(\mathrm{Id} \otimes \varepsilon)\Delta = m_A(x \otimes u_A)o_2^{-1} = x.$$

最后, 元素 $x \in \mathbf{G}(A)$ 的逆元素 $x^{-1} = x \circ S = xS : H \to A$. 这是因为

$$x * xS = m_A(x \otimes xS)\Delta$$
$$= m_A(x \otimes x)(\mathrm{Id} \otimes S)\Delta = xu\varepsilon = u\varepsilon.$$

类似地, 有等式: $xS * x = u\varepsilon$. 即, x 与 xS 是群 $\mathbf{G}(A)$ 中互逆的元素.

例 22.27　在例 17.28 中, 我们定义了域 $\mathbb{F}$ 上的一个 Hopf-代数

$$H = \frac{\mathbb{F}[X_{ij}; 1 \leqslant i, j \leqslant n]}{(D - 1)},$$

它是域 $\mathbb{F}$ 上 n^2 元多项式代数关于主理想 $(D - 1)$ 的商代数, 这里 $D = \det(X_{ij})$ 是变量构成的矩阵的行列式.

根据上述定理的结论, 它定义了一个仿射群概型 SL_n. 由于 H 作为交换代数是有限生成的, SL_n 是一个代数仿射群概型, 它可以看成是特殊线性代数群 $\mathrm{SL}_n(\mathbb{F})$ 的一般形式.

例 22.28　例 22.17 的讨论同样适用于 $n \geqslant 2$ 的一般情况, 有代数仿射群概型 $\mathrm{GL}_n : \mathcal{C}alg \to \mathcal{S}et$, 它的表示代数为域 $\mathbb{F}$ 上的有限生成的可换 Hopf-代数 (多项式代数的商代数)

$$A = \frac{\mathbb{F}[X_{ij}, X; 1 \leqslant i, j \leqslant n]}{(X\det(X_{ij}) - 1)}.$$

Hopf-代数 A 的余乘法 $\Delta : A \to A \otimes A$ 的描述: 它是域 $\mathbb{F}$ 上交换代数的同态, 只要给出它在生成元集上的值. 根据 Yoneda 引理中的对应关系, Δ 对应于乘积自然变换 $m : \mathrm{GL}_n \times \mathrm{GL}_n \to \mathrm{GL}_n$. 从而, 有下列等式

$$\Delta(X_{ij}) = m(A \otimes A)(\mathrm{Id}_{A \otimes A})(X_{ij})$$
$$= m(A \otimes A)(j_1 \otimes j_2)(X_{ij})$$
$$= (j_1(X_{ik}))(j_2(X_{kj}))(X_{ij})$$
$$= \sum_k X_{ik} \otimes X_{kj}, \quad \forall i, j.$$

这里交换代数同态 $j_1 : A \to A \otimes A, X_{ik} \to X_{ik} \otimes 1$, 它等同于矩阵 $(X_{ik} \otimes 1)$. 类似地, 同态 j_2 等同于矩阵 $(1 \otimes X_{kj})$. 此时, $\mathrm{Id}_{A \otimes A} = j_1 \otimes j_2$.

Hopf-代数 A 的余单位 ε、对极映射 S 的描述: 类似于关于余乘法 Δ 的讨论, 它们在生成元集上的作用如下

$$\varepsilon(X_{ij}) = \eta(\mathbb{F})(\mathrm{Id}_{\mathbb{F}})(X_{ij}) = \delta_{ij}, \quad \forall i, j,$$

$$S(X_{ij}) = s(A)(\mathrm{Id}_A)(X_{ij}) = X_{ij}^{-1}, \quad \forall i, j.$$

这里 X_{ij}^{-1} 表示矩阵 (X_{ij}) 的逆矩阵的第 (i, j)-元素 (它还在交换代数 A 中).

代数仿射群概型 GL_n 可以看成是一般线性代数群 $\mathrm{GL}_n(\mathbb{F})$ 的一般形式.

注记 22.29 由此可见, 此例中 Hopf-代数 A 的余运算与上述例子中 Hopf-代数 H 的余运算的定义是一致的 (在这里我们用 X_{ij} 等符号, 同时表示它们所在的等价类). 因此, 它们在矩阵表示上诱导的乘积也是一致的, 也称代数仿射群概型 SL_n 为代数仿射群概型 GL_n 的子概型.

例 22.30 设 M 是一个可换群, $\mathbb{F}[M]$ 是 M 的群代数. 由例 17.27 可知, $\mathbb{F}[M]$ 是域 $\mathbb{F}$ 上的一个余可换的 Hopf-代数. 因为 M 是可换群, $\mathbb{F}[M]$ 也是可换的 Hopf-代数. 因此, 它确定了一个仿射群概型 G_M, 称其为由可换群 M 定义的可对角化的仿射群概型.

若 M 是有限生成的可换群, 根据有限生成可换群的结构定理 (引理 14.7), 它可以写成有限个循环群的直和

$$M = M_1 \oplus M_2 \oplus \cdots \oplus M_r.$$

此时, 群代数 $\mathbb{F}[M]$ 又可以写成对应的群代数的张量积 (引理 14.11)

$$\mathbb{F}[M] = \mathbb{F}[M_1] \otimes \mathbb{F}[M_2] \otimes \cdots \otimes \mathbb{F}[M_r].$$

于是, 仿射群概型 G_M 可以写成相应的仿射群概型 G_{M_i} 的直积

$$G_{M_1} \times G_{M_2} \times \cdots \times G_{M_r}.$$

综述上面的讨论, 只要对每个循环群 M, 确定其相应的仿射群概型 G_M, 就可以很好地理解任意有限生成的可对角化的仿射群概型. 当 M 是循环群时, 分两种情形讨论如下:

(1) 若 $M \simeq \mathbb{Z}$ 是无限循环群, 则群代数 $\mathbb{F}[M] = \mathbb{F}[X, X^{-1}]$ 是 Laurent 多项式代数. 此时, G_M 同构于 $\mathrm{GL}_1 = G_m$, 它是代数仿射群概型, 其 Hopf-代数 $\mathbb{F}[M]$ 的余运算由下列式子所确定

$$\Delta : \mathbb{F}[M] \to \mathbb{F}[M] \otimes \mathbb{F}[M], \quad X \to X \otimes X,$$

$$\varepsilon : \mathbb{F}[M] \to \mathbb{F}, \quad X \to 1,$$

$$S : \mathbb{F}[M] \to \mathbb{F}[M], \quad X \to X^{-1}.$$

(2) 若 $M \simeq \mathbb{Z}/(n)$ 是有限循环群, 则群代数 $\mathbb{F}[M] = \mathbb{F}[X]/(X^n - 1)$ 是域 $\mathbb{F}$ 上的有限维 Hopf-代数, 相应的代数仿射群概型记为 μ_n. Hopf-代数 $\mathbb{F}[M]$ 的余运算由下列式子所确定 (读者练习)

$$\Delta : \mathbb{F}[M] \to \mathbb{F}[M] \otimes \mathbb{F}[M], \quad X \to X \otimes X,$$

$$\varepsilon : \mathbb{F}[M] \to \mathbb{F}, \quad X \to 1,$$

$$S : \mathbb{F}[M] \to \mathbb{F}[M], \quad X \to X^{-1}.$$

注记 22.31　　到目前的讨论为止, 我们已经在 Hopf-代数的概念与若干其他的代数结构之间建立了联系: 李代数的泛包络代数、抽象群的群代数、线性代数群的坐标代数、半单李代数的量子包络代数、仿射群概型的表示代数等. 这也说明 (至少在某种程度上) 作为 "抽象的、形式的、比较复杂的" 一种代数结构, Hopf-代数概念的产生是自然的.

第23讲 顶点代数与局部系统

前面已经介绍了一些常见的代数结构: 群、向量空间、有单位元的环、结合代数、李代数、线性代数群、量子群、Hopf-代数以及各种代数结构的模等. 这些都是在李理论的研究中经常出现的一些代数结构.

这一讲将定义一种新的代数结构, 它具有更多的运算及运算规则. 实际上, 它可以有无穷多个运算, 运算规则更趋复杂化. 从后面的例子将会看到: 顶点代数是域 $\mathbb{F}$ 上的交换代数的推广. 因此, 即使从数学理论的角度来考虑, 关于顶点代数的研究也是很有意义的.

另外, 这种代数结构还具有很强的物理学背景, 用它可以描述共形场论中出现的一些现象, 读者可以查阅相关的参考文献, 如 [26,27] 等.

定义 23.1   顶点代数是一个三元组 $(V, Y, \mathbf{1})$: 这里 V 是某个固定的域 $\mathbb{F}$ 上的一个向量空间, Y 是一个线性映射

$$Y : V \to \mathrm{End}V[[z, z^{-1}]],$$

$$v \to Y(v, z) = \sum_{n \in \mathbb{Z}} v_n z^{-n-1}, \quad v_n \in \mathrm{End}V, \ n \in \mathbb{Z},$$

其中 $\mathrm{End}V[[z, z^{-1}]]$ 是以 $\mathrm{End}V$ 中元素为系数的关于 z, z^{-1} 的 Laurent 幂级数的全体构成的向量空间, $\mathbf{1} \in V$ 是一个特定的向量 (以下将称其为 V 的真空向量), 并满足下面的条件:

(1) 下方截断性: $\forall u, v \in V$, 有 $u_n v = 0, n \gg 0 (n$ 足够大时$)$;

(2) 真空性质: $Y(\mathbf{1}, z) = \mathrm{Id}_V$(即, $\mathbf{1}_{-1} = \mathrm{Id}_V, \mathbf{1}_n = 0, n \neq -1$);

(3) 生成性质: $Y(u, z)\mathbf{1} = \sum_{n \in \mathbb{Z}} u_n \mathbf{1} z^{-n-1} \in V[[z]]$, 且

$$\lim_{z \to 0} Y(u, z)\mathbf{1} = u;$$

(4) Jacobi 恒等式: $\forall u, v \in V$, 有下列等式

$$z_0^{-1} \delta \left(\frac{z_1 - z_2}{z_0} \right) Y(u, z_1) Y(v, z_2) - z_0^{-1} \delta \left(\frac{z_2 - z_1}{-z_0} \right) Y(v, z_2) Y(u, z_1)$$
$$= z_2^{-1} \delta \left(\frac{z_1 - z_0}{z_2} \right) Y(Y(u, z_0)v, z_2),$$

这里 $\delta(z) = \sum_{n\in\mathbb{Z}} z^n$ 是 δ-函数, 并且约定 $(z-w)^m (\forall m)$ 展开成关于 z, w 的幂级数时, 变量 w 只有非负方幂. 即, 有下列展开式

$$(z-w)^m = \sum_{n=0}^{\infty} \binom{m}{n} (-1)^n z^{m-n} w^n.$$

注记 23.2 由定义立即看出: 对任意整数 $n \in \mathbb{Z}$, 都有一个双线性运算

$$_n : V \times V \to V, \quad (u, v) \to u_n v.$$

因此, 顶点代数 $(V, Y, \mathbf{1})$ 是一个有无限多个运算的代数结构, 它所满足的运算规则, 可以通过上述四个条件体现出来.

顶点代数是一个具有非常丰富内涵的代数系统, 为了进一步理解它的结构和性质, 需要介绍一些关于 δ 函数及一般幂级数的概念与结论.

定义 23.3 设 V 是域 $\mathbb{F}$ 上的向量空间, z, z_1, z_2 是可换的形式变量. 定义

$$V[[z, z^{-1}]] = \left\{ \sum_{n\in\mathbb{Z}} a_n z^n \,\middle|\, a_n \in V, n \in \mathbb{Z} \right\}.$$

关于通常的加法与数乘运算, 它构成域 $\mathbb{F}$ 上的一个向量空间, 称为 V-值形式 Laurent 幂级数空间.

向量空间 $V[[z, z^{-1}]]$ 有如下一些重要的子空间

$$V((z)) = \left\{ \sum_{n=m}^{\infty} a_n z^n \,\middle|\, a_n \in V, m \leqslant n < \infty, m \in \mathbb{Z} \right\},$$

$$V[[z]] = \left\{ \sum_{n=0}^{\infty} a_n z^n \,\middle|\, a_n \in V, 0 \leqslant n < \infty \right\},$$

$$V[z, z^{-1}] = \left\{ \sum_{n=m}^{p} a_n z^n \,\middle|\, a_n \in V, m \leqslant n \leqslant p, m, p \in \mathbb{Z} \right\},$$

$$V[z] = \left\{ \sum_{n=0}^{p} a_n z^n \,\middle|\, a_n \in V, 0 \leqslant n \leqslant p, p \in \mathbb{N} \right\}$$

分别称为 V-值截断形式 Laurent 幂级数空间、V-值形式幂级数空间、V-值 Laurent 多项式空间及 V-值多项式空间.

类似地, 可以定义多个变量的不同类型的幂级数空间. 例如

$$V[[z_1, z_2, z_1^{-1}, z_2^{-1}]] = \left\{ \sum_{n,m} a_{nm} z_1^n z_2^m \,\middle|\, a_{nm} \in V, n, m \in \mathbb{Z} \right\},$$

称其为关于变量 z_1, z_2 的 V-值形式 Laurent 幂级数空间, 还可以按照上述方式定义它的一些重要的子空间等 (幂级数 $\sum_{n,m} a_{nm} z_1^n z_2^m$ 的另一个重要表达形式为: $\sum_{n,m} a_{nm} z_1^{-n-1} z_2^{-m-1}$. 尤其是在涉及顶点代数的幂级数中, 经常采用后者).

引理 23.4 对 δ-函数 $\delta(z) = \sum_{n \in \mathbb{Z}} z^n \in \mathbb{Z}[[z, z^{-1}]]$ 及任意 $f(z) \in V[z, z^{-1}]$, 有等式: $\delta(z)f(z) = \delta(z)f(1)$.

证明 利用乘积的线性性, 可以假设 $f(z) = z^m$. 此时, 等式显然成立.

引理 23.5 $\forall \alpha \in \mathbb{C}$, 定义 $(z_1 + z_2)^\alpha = \sum_{n=0}^{\infty} \binom{\alpha}{n} z_1^{\alpha-n} z_2^n$, 这里的组合数 $\binom{\alpha}{n}$ 定义为: $\dfrac{\alpha(\alpha-1)\cdots(\alpha-n+1)}{n!}$, 则有下列结论:

(1) $z_2^{-1}\delta\left(\dfrac{z_1 - z_0}{z_2}\right) = z_1^{-1}\delta\left(\dfrac{z_2 + z_0}{z_1}\right)$;

(2) $z_0^{-1}\delta\left(\dfrac{z_1 - z_2}{z_0}\right) - z_0^{-1}\delta\left(\dfrac{z_2 - z_1}{-z_0}\right) = z_2^{-1}\delta\left(\dfrac{z_1 - z_0}{z_2}\right)$;

(3) $e^{z_0 \frac{\partial}{\partial z}} f(z) = f(z + z_0)$(Taylor 展开式).

证明 (1) 根据 δ 函数的定义, 直接展开得到

$$z_2^{-1}\delta\left(\frac{z_1}{z_2}\right) = \sum_{n \geqslant 0} z_2^{-1}\left(\frac{z_1}{z_2}\right)^n + \sum_{n \geqslant 0} z_1^{-1}\left(\frac{z_2}{z_1}\right)^n = \frac{1}{z_1 - z_2} + \frac{1}{z_2 - z_1}.$$

从而有

$$z_2^{-1}\delta\left(\frac{z_1 - z_0}{z_2}\right) = \frac{1}{(z_1 - z_0) - z_2} + \frac{1}{z_2 - (z_1 - z_0)}$$

$$= \frac{1}{z_1 - (z_2 + z_0)} + \frac{1}{(z_2 + z_0) - z_1}$$

$$= (z_2 + z_0)^{-1}\delta\left(\frac{z_1}{z_2 + z_0}\right) = z_1^{-1}\delta\left(\frac{z_2 + z_0}{z_1}\right).$$

(2) 类似于 (1) 中的证明, 有

$$z_0^{-1}\delta\left(\frac{z_1 - z_2}{z_0}\right) - z_0^{-1}\delta\left(\frac{z_2 - z_1}{-z_0}\right)$$

$$= \frac{1}{z_0 - (z_1 - z_2)} + \frac{1}{(z_1 - z_2) - z_0} + \frac{1}{-z_0 - (z_2 - z_1)} + \frac{1}{z_2 - (z_1 - z_0)}$$

$$= \frac{1}{(z_1 - z_0) - z_2} + \frac{1}{z_2 - (z_1 - z_0)} = z_2^{-1}\delta\left(\frac{z_1 - z_0}{z_2}\right).$$

(3) 对 $f(z) = az^m (a \in \mathbb{F}, m \in \mathbb{Z})$ 为单项式的情形, 由定义不难直接看出: 等式成立. 对一般的情形, 证明是类似的.

引理 23.6 (局部性质) $\forall u, v \in V$, 必存在自然数 $N \in \mathbb{N}$, 使得下列等式成立

$$(z_1 - z_2)^N [Y(u, z_1), Y(v, z_2)] = 0,$$

这里 $[Y(u, z_1), Y(v, z_2)] = \sum_{n,m}[u_n, v_m]z_1^{-n-1}z_2^{-m-1}$.

证明 对域 $\mathbb{F}$ 上的任意向量空间 U 及任意 $f(z) = \sum_n a_n z^n \in U[[z, z^{-1}]]$, 定义 $f(z)$ 关于 z 的留数为 $\mathrm{Res}_z f(z) = a_{-1}$(后面将经常用取留数方法, 进行一些简化计算).

对 Jacobi 恒等式两边关于 z_0 取留数, 得到

$$[Y(u, z_1), Y(v, z_2)] = \mathrm{Res}_{z_0} z_2^{-1}\delta\left(\frac{z_1 - z_0}{z_2}\right)Y(Y(u, z_0)v, z_2).$$

利用 Taylor 展开式 $e^{z_0\frac{\partial}{\partial z}}f(z) = f(z + z_0)$, 把 $e^{-z_0\frac{\partial}{\partial z_1}}z_2^{-1}\delta(z_1/z_2) = z_2^{-1}\delta\left(\frac{z_1 - z_0}{z_2}\right)$ 代入上述等式得到

$$
\begin{aligned}
&[Y(u, z_1), Y(v, z_2)] \\
&= \mathrm{Res}_{z_0} e^{-z_0\frac{\partial}{\partial z_1}}z_2^{-1}\delta(z_1/z_2)Y(Y(u, z_0)v, z_2) \\
&= \mathrm{Res}_{z_0} \sum_{n\geqslant 0}\frac{(-z_0)^n}{n!}\left(\frac{\partial}{\partial z_1}\right)^n z_2^{-1}\delta(z_1/z_2)\sum_{m\in\mathbb{Z}}Y(u_m v, z_2)z_0^{-m-1} \\
&= \sum_{n\geqslant 0}\frac{(-1)^n}{n!}\left(\frac{\partial}{\partial z_1}\right)^n z_2^{-1}\delta(z_1/z_2)Y(u_n v, z_2) \\
&= \sum_{n=0}^{N-1}\frac{(-1)^n}{n!}\left(\frac{\partial}{\partial z_1}\right)^n z_2^{-1}\delta(z_1/z_2)Y(u_n v, z_2).
\end{aligned}
$$

这里的整数 N 满足: $u_m v = 0, \forall m \geqslant N$. 从而, 利用下述练习可以得到

$$(z_1 - z_2)^N [Y(u, z_1), Y(v, z_2)] = 0.$$

练习 23.7 对任意的整数 $m > n \geqslant 0$, 有下列等式

$$(z_1 - z_2)^m\left(\frac{\partial}{\partial z_1}\right)^n z_2^{-1}\delta\left(\frac{z_1}{z_2}\right) = 0.$$

提示 对等式 $z_2^{-1}\delta\left(\frac{z_1}{z_2}\right) = \frac{1}{z_1 - z_2} + \frac{1}{z_2 - z_1}$ 两边求形式导数可以证明.

引理 23.8 $\forall u, v \in V$, 有下列等式:

(1) $[Y(u, z_1), Y(v, z_2)] = \mathrm{Res}_{z_0} z_2^{-1}\delta\left(\frac{z_1 - z_0}{z_2}\right)Y(Y(u, z_0)v, z_2)$;

(2) $[u_m, v_n] = \sum_{i \geqslant 0} \binom{m}{i} (u_i v)_{m+n-i};$

(3) $Y(u_n v, z) = \mathrm{Res}_{z_1} \{(z_1 - z)^n Y(u, z_1) Y(v, z) - (-z + z_1)^n Y(v, z) Y(u, z_1)\};$

(4) $(u_n v)_m = \sum_{i \geqslant 0} \binom{n}{i} (-1)^i u_{n-i} v_{m+i} + (-1)^{n+1} \sum_{i \geqslant 0} \binom{n}{i} (-1)^i v_{m+n-i} u_i.$

证明   由上述引理的证明已经得到 (1) 式; 在 (1) 中抽取系数不难推出 (2) 成立; 对 Jacobi 恒等式两边关于 z_1 取留数, 可以证明 (3) 也成立. 对 (3) 中的幂级数, 比较 z^{-m-1} 的系数, 即可得到 (4) 中的等式.

引理 23.9   定义线性映射 $D : V \to V, v \to v_{-2} \mathbf{1}$, 则有下列等式

$$Y(Dv, z) = Y(v_{-2} \mathbf{1}, z) = \frac{d}{dz} Y(v, z), \quad \forall v \in V.$$

证明 $\forall v \in V$, 有等式

$$Y(Dv, z) = Y(v_{-2} \mathbf{1}, z)$$

$$= \mathrm{Res}_{z_1} ((z_1 - z)^{-2} Y(v, z_1) Y(\mathbf{1}, z) - (-z + z_1)^{-2} Y(\mathbf{1}, z) Y(v, z_1))$$

$$= \mathrm{Res}_{z_1} ((z_1 - z)^{-2} - (-z + z_1)^{-2}) Y(v, z_1)$$

$$= \mathrm{Res}_{z_1} \left(z_1^{-2} \left(\frac{1}{1 - z/z_1} \right)^2 - (-z)^{-2} \left(\frac{1}{1 - z_1/z} \right)^2 \right) Y(v, z_1)$$

$$= \mathrm{Res}_{z_1} \left(\sum_{n \geqslant 0} (n+1)(z/z_1)^n z_1^{-2} - (-z)^{-2} \sum_{n \geqslant 0} (n+1)(z_1/z)^n \right) Y(v, z_1)$$

$$= \mathrm{Res}_{z_1} \left(\sum_{n \geqslant 0} (n+1) z^n z_1^{-n-2} - \sum_{n \geqslant 0} (n+1) z^{-n-2} z_1^n \right) Y(v, z_1)$$

$$= \sum_{n \geqslant 0} (n+1) z^n v_{-n-2} - \sum_{n \geqslant 0} (n+1) v_n z^{-n-2}$$

$$= \frac{d}{dz} \left(\sum_{n \geqslant 0} v_{-n-2} z^{n+1} + \sum_{n \geqslant 0} v_n z^{-n-1} \right)$$

$$= \frac{d}{dz} Y(v, z).$$

引理 23.10 $Y(e^{z_0 D} u, z) = Y(u, z + z_0); \; Y(u, z) \mathbf{1} = e^{zD} u.$

证明 $Y(e^{z_0 D} u, z) = Y \left(\sum_{n=0}^{\infty} \frac{z_0^n D^n}{n!} u, z \right) = \sum_{n=0}^{\infty} \frac{z_0^n}{n!} Y(D^n u, z)$

$$= \sum_{n=0}^{\infty} \frac{z_0^n}{n!} \left(\frac{d}{dz} \right)^n Y(u,z) = e^{z_0 \frac{d}{dz}} Y(u,z) = Y(u, z+z_0).$$

利用第一式得到 $Y(e^{z_0 D} u, z)\mathbf{1} = Y(u, z+z_0)\mathbf{1}$, 令变量 z 趋于零, 有

$$e^{z_0 D} u = Y(u, z_0)\mathbf{1}.$$

引理 23.11 (反对称性)　$\forall u, v \in V$, 有下列等式

$$Y(u,z)v = e^{zD} Y(v, -z)u.$$

证明　对五元组 (u, v, z_1, z_2, z_0), 相应的 Jacobi 恒等式为

$$z_0^{-1} \delta \left(\frac{z_1 - z_2}{z_0} \right) Y(u, z_1) Y(v, z_2) - z_0^{-1} \delta \left(\frac{z_2 - z_1}{-z_0} \right) Y(v, z_2) Y(u, z_1)$$

$$= z_2^{-1} \delta \left(\frac{z_1 - z_0}{z_2} \right) Y(Y(u, z_0)v, z_2) = z_1^{-1} \delta \left(\frac{z_2 + z_0}{z_1} \right) Y(Y(u, z_0)v, z_2).$$

对五元组 $(v, u, z_2, z_1, -z_0)$, 相应的 Jacobi 恒等式为

$$(-z_0)^{-1} \delta \left(\frac{z_2 - z_1}{-z_0} \right) Y(v, z_2) Y(u, z_1) - (-z_0)^{-1} \delta \left(\frac{z_1 - z_2}{z_0} \right) Y(u, z_1) Y(v, z_2)$$

$$= z_1^{-1} \delta \left(\frac{z_2 + z_0}{z_1} \right) Y(Y(v, -z_0)u, z_1) = z_1^{-1} \delta \left(\frac{z_2 + z_0}{z_1} \right) Y(Y(v, -z_0)u, z_2 + z_0).$$

从而有

$$z_0^{-1} \delta \left(\frac{z_1 - z_2}{z_0} \right) Y(u, z_1) Y(v, z_2) - z_0^{-1} \delta \left(\frac{z_2 - z_1}{-z_0} \right) Y(v, z_2) Y(u, z_1)$$

$$= z_1^{-1} \delta \left(\frac{z_2 + z_0}{z_1} \right) Y(Y(v, -z_0)u, z_2 + z_0).$$

比较上述式子, 并且关于 z_1 取留数得到

$$Y(Y(u, z_0)v, z_2) = Y(Y(v, -z_0)u, z_2 + z_0) = Y(e^{z_0 D} Y(v, -z_0)u, z_2).$$

再根据 Y 是一个单射, 必有 $Y(u, z_0)v = e^{z_0 D} Y(v, -z_0)u$.

引理 23.12　$\forall u \in V$, 有等式:

(1) $[D, Y(u, z)] = \dfrac{d}{dz} Y(u, z)$;

(2) $e^{z_0 D} Y(u, z) e^{-z_0 D} = Y(u, z + z_0)$.

证明　(1) $\forall u \in V$, 有下列等式

$$\frac{d}{dz} Y(u, z)v = \frac{d}{dz} e^{zD} Y(v, -z)u$$

$$= D e^{zD} Y(v, -z)u + e^{zD} \frac{d}{dz} Y(v, -z)u = DY(u, z)v - e^{zD} Y(Dv, -z)u$$

$$= DY(u, z)v - e^{zD} e^{-zD} Y(u, z)Dv = [D, Y(u, z)]v.$$

(2) 由 (1) 有, $\frac{d}{dz}Y(u,z) = [D, Y(u,z)] = (L_D - R_D)Y(u,z)$, 这里 L_D, R_D 分别表示左乘与右乘算子. 从而, 有等式

$$e^{(L_D - R_D)z_0}Y(u,z) = \sum_{n=0}^{\infty} \frac{(L_D - R_D)^n z_0^n}{n!} Y(u,z)$$

$$= \sum_{n=0}^{\infty} \frac{z_0^n}{n!}(L_D - R_D)^n Y(u,z) = \sum_{n=0}^{\infty} \frac{z_0^n}{n!}\left(\frac{d}{dz}\right)^n Y(u,z)$$

$$= e^{z_0 \frac{d}{dz}}Y(u,z) = Y(u, z+z_0).$$

还有

$$e^{(L_D - R_D)z_0}Y(u,z) = e^{z_0 L_D}e^{-z_0 R_D}Y(u,z) = e^{z_0 D}Y(u,z)e^{-z_0 D}.$$

因此, 引理结论成立.

引理 23.13 (结合律) $\forall u, v, w \in V$, 存在自然数 $n \in \mathbb{N}$(它只和元素 u, w 有关), 使得下列等式成立

$$(z_0 + z_2)^n Y(u, z_0 + z_2)Y(v, z_2)w = (z_0 + z_2)^n Y(Y(u, z_0)v, z_2)w.$$

证明   由局部性, 存在自然数 n, 它只和 u, w 有关, 使得

$$(z_1 - z_2)^n Y(u, z_1)Y(w, z_2)v = (z_1 - z_2)^n Y(w, z_2)Y(u, z_1)v.$$

再利用反对称性等, 得到下面一系列等式

$$(z_1 - z_2)^n Y(u, z_1)e^{z_2 D}Y(v, -z_2)w = (z_1 - z_2)^n e^{z_2 D}Y(Y(u, z_1)v, -z_2)w,$$

$$(z_1 - z_2)^n e^{z_2 D}e^{-z_2 D}Y(u, z_1)e^{z_2 D}Y(v, -z_2)w = (z_1 - z_2)^n e^{z_2 D}Y(Y(u, z_1)v, -z_2)w,$$

$$(z_1 - z_2)^n e^{z_2 D}Y(u, z_1 - z_2)Y(v, -z_2)w = (z_1 - z_2)^n e^{z_2 D}Y(Y(u, z_1)v, -z_2)w,$$

$$(z_1 - z_2)^n Y(u, z_1 - z_2)Y(v, -z_2)w = (z_1 - z_2)^n Y(Y(u, z_1)v, -z_2)w.$$

做变量替换, 使得 $z_1 \to z_0, -z_2 \to z_2$, 最后得到

$$(z_0 + z_2)^n Y(u, z_0 + z_2)Y(v, z_2)w = (z_0 + z_2)^n Y(Y(u, z_0)v, z_2)w.$$

练习 23.14   利用等式 $[D, Y(u,z)] = \frac{d}{dz}Y(u,z)$ 及局部性推出反对称性.

定理 23.15   在顶点代数的定义条件中, Jacobi 恒等式可以用局部性及等式 $[D, Y(u,z)] = \frac{d}{dz}Y(u,z)$ 来替换, 得到一个等价的代数概念.

证明   由给定条件及上述引理的证明可知, 结合律也成立. 因此, $\forall u, v, w \in V$, 必存在自然数 n, 使得下面两个式子同时成立

$$(z_1 - z_2)^n Y(u, z_1) Y(v, z_2) = (z_1 - z_2)^n Y(v, z_2) Y(u, z_1),$$

$$(z_0 + z_2)^n Y(u, z_0 + z_2) Y(v, z_2) w = (z_0 + z_2)^n Y(Y(u, z_0) v, z_2) w.$$

于是有下面的一系列等式

$$z_1^n z_0^n z_0^{-1} \delta \left(\frac{z_1 - z_2}{z_0} \right) Y(u, z_1) Y(v, z_2) w - z_1^n z_0^n z_0^{-1} \delta \left(\frac{z_2 - z_1}{-z_0} \right) Y(v, z_2) Y(u, z_1) w$$

$$= z_1^n \left(z_0^{-1} \delta \left(\frac{z_1 - z_2}{z_0} \right) (z_1 - z_2)^n Y(u, z_1) Y(v, z_2) w \right.$$

$$\left. - z_0^{-1} \delta \left(\frac{z_2 - z_1}{-z_0} \right) (z_1 - z_2)^n Y(v, z_2) Y(u, z_1) w \right)$$

$$= z_1^n \left(z_0^{-1} \delta \left(\frac{z_1 - z_2}{z_0} \right) - z_0^{-1} \delta \left(\frac{z_2 - z_1}{-z_0} \right) \right) (z_1 - z_2)^n Y(u, z_1) Y(v, z_2) w$$

$$= z_1^n \left(z_2^{-1} \delta \left(\frac{z_1 - z_0}{z_2} \right) \right) (z_1 - z_2)^n Y(u, z_1) Y(v, z_2) w$$

$$= (z_2 + z_0)^n z_2^{-1} \delta \left(\frac{z_1 - z_0}{z_2} \right) z_0^n Y(u, z_2 + z_0) Y(v, z_2) w \ (z_1 = z_2 + z_0)$$

$$= z_0^n z_2^{-1} \delta \left(\frac{z_1 - z_0}{z_2} \right) (z_2 + z_0)^n Y(u, z_2 + z_0) Y(v, z_2) w$$

$$= z_0^n z_2^{-1} \delta \left(\frac{z_1 - z_0}{z_2} \right) (z_2 + z_0)^n Y(Y(u, z_0) v, z_2) w$$

$$= z_0^n z_1^n z_2^{-1} \delta \left(\frac{z_1 - z_0}{z_2} \right) Y(Y(u, z_0) v, z_2) w \ (z_1 = z_2 + z_0).$$

在上述推导中, 用到下面的等式 (由局部性条件得到)

$$z_0^n Y(u, z_2 + z_0) Y(v, z_2) w = z_0^n Y(v, z_2) Y(u, z_2 + z_0) w.$$

并且这里可以选取足够大的自然数 n, 使得幂级数 $(z_2 + z_0)^n Y(u, z_2 + z_0) w$ 只包含变量 $z_2 + z_0$ 的非负方幂 (从而可以写成 $z_0 + z_2$ 的方幂).

定义 23.16   顶点代数是一个三元组 $(V, Y, \mathbf{1})$: 这里 V 是域 $\mathbb{F}$ 上的一个向量空间, Y 是一个线性映射

$$Y: V \to \mathrm{End} V[[z, z^{-1}]],$$

$$v \to Y(v, z) = \sum_{n \in \mathbb{Z}} v_n z^{-n-1}, \quad v_n \in \mathrm{End} V, n \in \mathbb{Z},$$

向量 $\mathbf{1} \in V$ 是真空向量, 并满足下面的条件:

(1) 下方截断性: $\forall u, v \in V$, 有 $u_n v = 0, n \gg 0$;

(2) 真空性质: $Y(\mathbf{1}, z) = \mathrm{Id}_V$;

(3) 生成性质: $Y(u, z)\mathbf{1} = \sum_{n \in \mathbb{Z}} u_n \mathbf{1} z^{-n-1} \in V[[z]]$, 且

$$\lim_{z \to 0} Y(u, z)\mathbf{1} = u;$$

(4) 平移不变性: $\exists D \in \mathrm{End} V$, 使 $[D, Y(u, z)] = \dfrac{d}{dz} Y(u, z), \forall u \in V$;

(5) 局部性质: $\forall u, v \in V$, 存在自然数 n, 使得

$$(z_1 - z_2)^n Y(u, z_1) Y(v, z_2) = (z_1 - z_2)^n Y(v, z_2) Y(u, z_1).$$

定义 23.17 设 $(V, Y_V, \mathbf{1}_V), (W, Y_W, \mathbf{1}_W)$ 是域 $\mathbb{F}$ 上的顶点代数, $f : V \to W$ 是向量空间的线性映射, 使得 $f(\mathbf{1}_V) = \mathbf{1}_W, f(u_n v) = f(u)_n f(v), \forall n \in \mathbb{Z}$, 则称 f 是顶点代数的同态.

包含真空向量 $\mathbf{1}_V$, 且对所有 n-运算 $(n \in \mathbb{Z})$ 封闭的 V 的子空间 M, 构成一个顶点代数, 称为 V 的子代数.

称顶点代数 V 的子空间 I 是顶点代数 V 的理想, 如果它满足下面的封闭性条件: $D(I) \subset I$, 且 $u_n v \in I, \forall u \in V, \forall v \in I$ (利用反对称性, 此时也有 $v_n u \in I$).

称顶点代数 $(V, Y, \mathbf{1})$ 是单的, 如果它没有非平凡的真理想.

引理 23.18 设 V 是顶点代数, S 是 V 的子集. 用 $\langle S \rangle$ 表示包含 S 的所有子代数的交, 则有等式

$$\langle S \rangle = \mathrm{span}\{u^1{}_{n_1} \cdots u^k{}_{n_k} \mathbf{1} | u^i \in S, n_i \in \mathbb{Z}, 1 \leqslant i \leqslant k, k \geqslant 0\}.$$

此时, $\langle S \rangle$ 也是 V 的一个子代数, 称其为由 S 生成的子代数.

证明 用 U 表示上述等式中的右侧对应的子空间, 只要证明它是一个子代数. 它显然包含真空向量, 只要再证明它关于 n-运算封闭即可.

任取元素 $u, v \in U, n \in \mathbb{Z}$, 不妨设 $u = u^1{}_{n_1} \cdots u^k{}_{n_k} \mathbf{1}$ 是一个单项式. 当 $k = 0$ 时, 结论自然成立. 假设 $k > 0$, 令 $a = u^2{}_{n_2} \cdots u^k{}_{n_k} \mathbf{1}, u = u^1{}_{n_1} a$. 把下列等式

$$Y(u, z) = Y(u^1{}_{n_1} a, z)$$
$$= \mathrm{Res}_{z_1}\{(z_1 - z)^{n_1} Y(u^1, z_1) Y(a, z) - (-z + z_1)^{n_1} Y(a, z) Y(u^1, z_1)\}$$

展开比较不难推出: $u_n = \sum_{i,j} \lambda_{ij} u^1{}_i a_j + \sum_{i,j} \mu_{ij} a_i u^1{}_j$, 这里 $\lambda_{ij}, \mu_{ij} \in \mathbb{F}$. 再利用对 k 的数学归纳法, 最终得到 $u_n v \in U$.

例 23.19 设 A 是域 $\mathbb{F}$ 上的有单位元的交换结合代数, D 是 A 的一个导子, 则 A 上带有一个顶点代数结构, 使得 $Y(a,z)b = (e^{zD}a)b, \forall a,b \in A$, 其中真空向量 $\mathbf{1} = 1$ 为结合代数 A 的单位元.

根据上述定义, Y 显然确定了一个线性映射: $A \to (\operatorname{End} A)[[z, z^{-1}]]$, 并且 $\forall a,b \in A$, 有下列等式

$$Y(a,z)b = \sum_{m=0}^{\infty} \frac{1}{m!} (D^m a)b z^m = \sum_{n<0} \frac{1}{(-n-1)!} (D^{-n-1}a) bz^{-n-1}.$$

于是, 当 $n \geqslant 0$ 时, $a_n b = 0$; 当 $n < 0$ 时, $a_n b = \dfrac{1}{(-n-1)!} (D^{-n-1}a)b$.

由此可见: 顶点代数中的下方截断性、真空性质及生成性条件自动成立; 由下式不难看出, 平移不变性也成立.

$$\begin{aligned}[D, Y(a,z)](b) &= D((e^{zD}a)b) - (e^{zD}a)D(b) \\ &= ((De^{zD})a)b = \frac{d}{dz} Y(a,z)b.\end{aligned}$$

最后, 根据代数 A 的交换性, 不难验证: 局部性条件成立.

特别地, 对 Laurent 多项式代数 $L = \mathbb{F}[t, t^{-1}], D = \dfrac{d}{dt}$ 是通常的求导运算, 它是交换代数 L 的一个导子. 因此, L 是一个顶点代数.

注记 23.20 上述顶点代数的例子是平凡的, 它的意义要通过和其他顶点代数的结合才能体现出来. 在第 24 讲介绍了顶点代数张量积的概念之后, 用 L 和一般的顶点代数做张量积得到 Loop 顶点代数, 就像用 L 和李代数做张量积得到 Loop 李代数那样.

下面要介绍的例子 (定理 23.28) 是顶点代数的非平凡例子: 由局部系统确定的顶点代数结构. 它也是构造顶点代数的一种方法, 在 VOA 的讨论中起着基本的作用.

定义 23.21 设 M 是域 $\mathbb{F}$ 上的向量空间, 定义 M 上的弱顶点算子空间

$$L(M) = \left\{ a(x) = \sum_{n \in \mathbb{Z}} a_n x^{-n-1} \,\middle|\, a_n \in \operatorname{End} M, \forall w \in W, a_n w = 0, n \gg 0 \right\}.$$

这里的加法与数乘运算都是自然给出的. 在有些文献中 (如 [27] 等), $L(M)$ 也称为向量空间 M 的场空间, 弱顶点算子 $a(x)$ 称为 M 上的场.

$\forall n \in \mathbb{Z}$, 定义 $L(M)$ 上的双线性 n-运算为下列映射

$$_n: L(M) \times L(M) \to L(M), \quad (a(x), b(x)) \to a(x)_n b(x),$$

$$a(x)_n b(x) = \mathrm{Res}_{x_1}\{(x_1 - x)^n a(x_1)b(x) - (-x + x_1)^n b(x)a(x_1)\}.$$

因此, 对任意整数 n, $(L(M), n)$ 是域 $\mathbb{F}$ 上的一个非结合代数.

引理 23.22　上述 n-运算的定义是合理的

$$a(x), b(x) \in L(M) \Rightarrow a(x)_n b(x) \in L(M), \quad \forall n \in \mathbb{Z}.$$

证明　对任意整数 $n \in \mathbb{Z}$, 有下列等式

$$a(x)_n b(x) = \mathrm{Res}_{x_1}\bigg\{ \sum_{i \geqslant 0, m, s} \binom{n}{i} x_1^{n-i}(-1)^i x^i a_{s-i} x_1^{-s+i-1} b_m x^{-m-1}$$
$$- \sum_{i \geqslant 0, m, s} \binom{n}{i}(-x)^{n-i} x_1^i b_m x^{-m-1} a_s x_1^{-s-1}\bigg\}$$
$$= \sum_{i \geqslant 0, m} \binom{n}{i}(-1)^i x^{i-m-1} a_{n-i} b_m - \sum_{i \geqslant 0, m}\binom{n}{i}(-1)^{n-i} b_m a_i x^{n-m-i-1}$$
$$= \sum_m \bigg(\sum_{i \geqslant 0}\binom{n}{i}(-1)^i a_{n-i}b_{m+i} + (-1)^{n+1}\sum_{i \geqslant 0}\binom{n}{i}(-1)^i b_{m+n-i}a_i\bigg)x^{-m-1}.$$

由此可知, $a(x)_n b(x) \in L(M)$.

定义 23.23　称弱顶点算子 $a(x), b(x) \in L(M)$ 是相互局部的, 如果存在自然数 $n \in \mathbb{N}$, 使得下列等式成立

$$(x_1 - x_2)^n a(x_1)b(x_2) = (x_1 - x_2)^n b(x_2)a(x_1).$$

引理 23.24 (董引理)　设 $a(x), b(x), c(x) \in L(M)$. 若它们中的任意两个都是相互局部的, 则 $a(x)_n b(x)$ 与 $c(x)$ 也是相互局部的.

证明　对 $n \in \mathbb{Z}$, 取非负整数 $r \geqslant -n$, 使得下列等式成立

$$(x_1 - x_2)^r [a(x_1), b(x_2)] = (x_1 - x_2)^r [a(x_1), c(x_2)]$$
$$= (x_1 - x_2)^r [b(x_1), c(x_2)] = 0.$$

再根据 $a(x)_n b(x)$ 的定义, 只需做出下列推导.

$$(x - x_2)^{4r}((x_1 - x)^n a(x_1)b(x)c(x_2) - (-x + x_1)^n b(x)a(x_1)c(x_2))$$
$$= \sum_{s=0}^{3r}\binom{3r}{s}(x - x_1)^{3r-s}(x_1 - x_2)^s(x - x_2)^r$$
$$\cdot((x_1 - x)^n a(x_1)b(x)c(x_2) - (-x + x_1)^n b(x)a(x_1)c(x_2))$$
$$= \sum_{s=r+1}^{3r}\binom{3r}{s}(x - x_1)^{3r-s}(x_1 - x_2)^s(x - x_2)^r$$
$$\cdot((x_1 - x)^n a(x_1)b(x)c(x_2) - (-x + x_1)^n b(x)a(x_1)c(x_2))$$

$$= \sum_{s=r+1}^{3r} \binom{3r}{s} (x-x_1)^{3r-s} (x_1-x_2)^s (x-x_2)^r$$
$$\cdot ((x_1-x)^n c(x_2)a(x_1)b(x) - (-x+x_1)^n c(x_2)b(x)a(x_1))$$
$$= \sum_{s=0}^{3r} \binom{3r}{s} (x-x_1)^{3r-s} (x_1-x_2)^s (x-x_2)^r$$
$$\cdot ((x_1-x)^n c(x_2)a(x_1)b(x) - (-x+x_1)^n c(x_2)b(x)a(x_1))$$
$$= (x-x_2)^{4r} ((x_1-x)^n c(x_2)a(x_1)b(x) - (-x+x_1)^n c(x_2)b(x)a(x_1)).$$

引理 23.25 设弱顶点算子 $a(x), b(x) \in L(M)$ 是相互局部的, 则 $a(x)$ 与 $b'(x) = \dfrac{d}{dx}b(x)$ 也是相互局部的.

证明 设 $(x_1-x_2)^n[a(x_1), b(x_2)] = 0$, 则 $(x_1-x_2)^{n+1}[a(x_1), b(x_2)] = 0$. 两边对 x_2 求导数, 得到

$$-(n+1)(x_1-x_2)^n[a(x_1), b(x_2)] + (x_1-x_2)^{n+1}[a(x_1), b'(x_2)] = 0.$$

于是, $(x_1-x_2)^{n+1}[a(x_1), b'(x_2)] = 0$. 从而, 引理结论成立.

定义 23.26 (1) 称向量空间 $L(M)$ 的子集 S 是局部子集, 如果 S 中的任意两个弱顶点算子都是相互局部的.

(2) 称向量空间 $L(M)$ 的子空间 V 是局部子空间, 如果 V 中的任意两个弱顶点算子都是相互局部的.

(3) 称一个极大局部子空间 $V \subset L(M)$ 为一个局部系统. 此时, 它必包含恒等映射 $I(x) = \mathrm{Id}_M$, 且对 n-运算封闭, $\forall n \in \mathbb{Z}$(董引理).

注记 23.27 利用 Zorn 引理不难推出: 弱顶点算子空间 $L(M)$ 的任何一个局部子集必定包含于某个局部系统中.

定理 23.28 设子空间 V 是向量空间 $L(M)$ 的一个局部子空间, 它包含恒等映射 $I(x) = \mathrm{Id}_M$, 且对 n-运算封闭. 则 $(V, Y, I(x))$ 是一个顶点代数, 这里线性映射 $Y: V \to \mathrm{End}V[[z, z^{-1}]]$ 定义如下

$$Y(a(x), z) = \sum_{n \in \mathbb{Z}} a(x)_n z^{-n-1},$$

其中对任意弱顶点算子 $b(x) \in V, a(x)_n b(x)$ 是定义 23.21 给出的弱顶点算子.

特别地, 任意一个局部系统 $V \subset L(M)$ 带有一个顶点代数结构.

证明 (1) 下方截断性: 由子空间 V 的局部性, $\forall a(x), b(x) \in V$, 当 $n \gg 0$ 时, 必有下列等式

$$a(x)_n b(x) = \mathrm{Res}_{x_1}\{(x_1-x)^n a(x_1)b(x) - (-x+x_1)^n b(x)a(x_1)\} = 0.$$

(2) 真空性质: 要证明等式 $Y(I(x), z) = \mathrm{Id}_V$ 成立, 只要证明等式 $I(x)_{-1} = \mathrm{Id}_V, I(x)_n = 0, n \neq -1$ 成立. 根据 n-运算的定义

$$I(x)_n a(x) = \mathrm{Res}_{x_1}\{(x_1 - x)^n I(x_1)a(x) - (-x + x_1)^n a(x)I(x_1)\}$$
$$= \mathrm{Res}_{x_1}\{(x_1 - x)^n - (-x + x_1)^n\}a(x).$$

特别地, 当 $n \geqslant 0$ 时, $I(x)_n a(x) = 0$; 当 $n = -1$ 时,

$$I(x)_{-1}a(x) = \mathrm{Res}_{x_1}\left\{\frac{1}{x_1 - x} + \frac{1}{x - x_1}\right\}a(x) = \mathrm{Res}_{x_1} x_1^{-1}\delta\left(\frac{x}{x_1}\right)a(x) = a(x);$$

当 $n \leqslant -2$ 时, 展开式中关于 x_1^{-1} 的系数恒为零. 因此, $I(x)_n a(x) = 0$.

(3) 生成性质: 根据 n-运算的定义, 有下列一般表达式

$$a(x)_n I(x) = \mathrm{Res}_{x_1}\{(x_1 - x)^n a(x_1) - (-x + x_1)^n a(x_1)\}.$$

特别地, 当 $n \geqslant 0$ 时, 有 $(x_1 - x)^n = (-x + x_1)^n$. 因此, $a(x)_n I(x) = 0$. 当 $n = -1$ 时, 根据 δ 函数的性质, 得到

$$a(x)_{-1}I(x) = \mathrm{Res}_{x_1}\left\{\frac{1}{x_1 - x} + \frac{1}{x - x_1}\right\}a(x_1) = \mathrm{Res}_{x_1} x_1^{-1}\delta\left(\frac{x}{x_1}\right)a(x_1) = a(x).$$

(4) 平移不变性: 首先定义线性映射 $D: V \to V, a(x) \to a(x)_{-2}I(x)$. 要证明: $[D, Y(a(x), z)] = \dfrac{d}{dz}Y(a(x), z)$, 只需证: $[D, a(x)_n] = -na(x)_{n-1}$.

断言. $Da(x) = \dfrac{d}{dx}a(x) = a'(x)$.

由 $Da(x) = a(x)_{-2}I(x) = \mathrm{Res}_{x_1}\{(x_1 - x)^{-2} - (-x + x_1)^{-2}\}a(x_1)$, 有

$$Da(x) = \mathrm{Res}_{x_1}\left\{\frac{1}{(x_1 - x)^2} - \frac{1}{(x - x_1)^2}\right\}a(x_1)$$
$$= \mathrm{Res}_{x_1}\left\{\frac{d}{dx_1}\left(-\frac{1}{x_1 - x} - \frac{1}{x - x_1}\right)\right\}a(x_1)$$
$$= \mathrm{Res}_{x_1}\left(\frac{1}{x_1 - x} + \frac{1}{x - x_1}\right)a'(x) = a'(x).$$

$$D(a(x)_n b(x)) = \frac{\partial}{\partial x}\mathrm{Res}_{x_1}\{(x_1 - x)^n a(x_1)b(x) - (-x + x_1)^n b(x)a(x_1)\}$$
$$= \mathrm{Res}_{x_1}\{-n(x_1 - x)^{n-1}a(x_1)b(x) + n(-x + x_1)^{n-1}b(x)a(x_1)\}$$
$$\quad + \mathrm{Res}_{x_1}\{(x_1 - x)^n a(x_1)b'(x) - (-x + x_1)^n b'(x)a(x_1)\}$$
$$= -n\mathrm{Res}_{x_1}\{(x_1 - x)^{n-1}a(x_1)b(x) - (-x + x_1)^{n-1}b(x)a(x_1)\}$$
$$\quad + \mathrm{Res}_{x_1}\{(x_1 - x)^n a(x_1)Db(x) - (-x + x_1)^n Db(x)a(x_1)\}$$
$$= -na(x)_{n-1}b(x) + a(x)_n Db(x).$$

于是, $Da(x)_n = -na(x)_{n-1} + a(x)_n D$. 即, $[D, a(x)_n] = -na(x)_{n-1}$.

(5) 局部性质: 由子空间 V 的局部性, $\forall a(x), b(x) \in V$, 必存在自然数 $n \in \mathbb{N}$, 使得 $(x_1 - x_2)^n[a(x_1), b(x_2)] = 0$. 利用此等式, 并通过一系列的计算可以证明下列等式 (读者练习或参考文献 [28])

$$(z_1 - z_2)^n[Y(a(x), z_1), Y(b(x), z_2)] = 0.$$

练习 23.29　设 V 是域 $\mathbb{F}$ 上的一个顶点代数, D 是 V 的平移算子, 则商空间 V/DV 上带有域 $\mathbb{F}$ 上的一个李代数结构, 其中的括积运算如下给出

$$[u + DV, v + DV] = u_0 v + DV, \quad \forall u, v \in V.$$

注记 23.30　根据上述练习, 一个顶点代数诱导了一个李代数, 这说明了顶点代数与李代数之间存在某种联系. 在第 24 讲, 我们将在一个无限维李代数 VIR 的模上建立一种顶点代数结构. 也可以说, 在顶点代数上构造李代数的作用, 这就产生了顶点算子代数 VOA 的概念.

第24讲　VIR 与 VOA

本讲首先给出 Virasoro 代数的定义, 介绍关于这个无限维李代数的表示的一些基本结果; 然后引入顶点算子代数的概念, 给出一些简单的性质与结论; 最后讨论顶点代数与顶点算子代数的张量积的存在性.

特别约定: 在本讲中出现的向量空间或其他代数结构所用的基础域 $\mathbb{F}$ 为复数域, 尽管有些概念与结论对一般的域也是成立的.

定义 24.1　设 $\mathbb{F}$ 是给定的域, $\text{Vir} = \bigoplus_{n \in \mathbb{Z}} \mathbb{F} L_n \oplus \mathbb{F} C$ 是域 $\mathbb{F}$ 上的向量空间, 它有基: $L_n, C, n \in \mathbb{Z}$. 定义 Vir 中的双线性、反对称运算 $[\cdot, \cdot]$, 使得

$$[L_m, L_n] = (m-n)L_{m+n} + \frac{m^3 - m}{12}\delta_{m+n,0}C, \quad [L_n, C] = 0.$$

则 Vir 是一个 (无限维) 李代数, 称其为 Virasoro 代数.

练习 24.2　证明: Vir 中的上述括积运算定义合理, 且满足 Jacobi 恒等式. 因此, Vir 是域 $\mathbb{F}$ 上的一个无限维李代数.

练习 24.3　令 $L(z) = \sum_{n \in \mathbb{Z}} L_n z^{-n-2} \in \text{Vir}[[z, z^{-1}]]$, 则有下列等式

$$
\begin{aligned}
&[L(z_1), L(z_2)] \\
&= \frac{\partial}{\partial z_2} L(z_2) z_2^{-1} \delta\left(\frac{z_1}{z_2}\right) - 2L(z_2)\frac{\partial}{\partial z_1} z_2^{-1}\delta\left(\frac{z_1}{z_2}\right) - \frac{C}{12}\left(\frac{\partial}{\partial z_1}\right)^3 z_2^{-1}\delta\left(\frac{z_1}{z_2}\right).
\end{aligned}
$$

注记 24.4　对域 $\mathbb{F}$ 上的任意李代数 L, 有其泛包络代数 $U(L)$, 它是域 $\mathbb{F}$ 上的一个结合代数. 此时, 李代数 L 的模的研究可以归结为结合代数 $U(L)$ 的模的研究. 若李代数 L 有一组有序基: $(x_i)_{i \in I}$, 则 $U(L)$ 也有基如下

$$x_{i_1} x_{i_2} \cdots x_{i_k}, \quad i_1 \leqslant i_2 \leqslant \cdots \leqslant i_k, i_j \in I, 1 \leqslant j \leqslant k, k \in \mathbb{N}.$$

称这组基为结合代数 $U(L)$ 的 PBW 基 (见文献 [13]).

特别地, 对李代数 Vir, 它有可数有序基, 相应地有 $U(\text{Vir})$ 的可数 PBW 基.

设 I 是泛包络代数 (作为域 $\mathbb{F}$ 上的结合代数)$U(\text{Vir})$ 的左理想, 它由下列元素生成: $L_0 - h, C - c, L_n, n > 0, h, c \in \mathbb{F}$.

令 $V(c, h) = U(\text{Vir})/I, \mathbf{1} = [1]$, 则 $V(c, h)$ 有一组基

$$L_{-n_1} \cdots L_{-n_k}\mathbf{1}, \quad n_1 \geqslant n_2 \geqslant \cdots \geqslant n_k \geqslant 1.$$

令 $\bar{V}(c,h) = V(c,h)/U(\mathrm{Vir})L_{-1}\mathbf{1}$, 则 $\bar{V}(c,h)$ 有一组基

$$L_{-n_1}\cdots L_{-n_k}\mathbf{1}, \quad n_1 \geqslant n_2 \geqslant \cdots \geqslant n_k \geqslant 2.$$

作为结合代数 $U(\mathrm{Vir})$ 的模, $V(c,h), \bar{V}(c,h)$ 也是李代数 Vir 的模. 另外, 它们还满足一个限制性条件: 下方截断性. 此时, 称它们为限制模.

定义 24.5　称 Vir-模 W 是限制模, 如果 $\forall w \in W, L_n w = 0, n \gg 0$.

引理 24.6　$V(c,h), \bar{V}(c,h)$ 是李代数 Vir 的限制模. 即, $\forall x \in V(c,h)$, 必存在正整数 N, 使得 $L_n x = 0, \forall n \geqslant N$. 对 $\bar{V}(c,h)$ 情形, 有类似的描述.

证明　只需考虑 $V(c,h)$ 的情形. 利用下列换位公式

$$[L_m, L_n] = (m-n)L_{m+n} + \frac{m^3-m}{12}\delta_{m+n,0}C, \quad [L_n, C] = 0,$$

不难验证: 对 $V(c,h)$ 中的单项式元素 x, 必存在正整数 N, 使得等式成立: $L_n x = 0, \forall n \geqslant N$. 对一般元素的情形, 结论也成立.

定义 24.7　域 $\mathbb{F}$ 上的顶点算子代数是一个四元组 $(V, Y, \mathbf{1}, \omega)$: 这里 $(V, Y, \mathbf{1})$ 是域 $\mathbb{F}$ 上的顶点代数, 并且 $V = \oplus_{n\in\mathbb{Z}}V_n$ 是到它的子空间的直和分解, 使得 $\dim V_n < \infty, \forall n \in \mathbb{Z}, V_n = 0, n \ll 0$. $\omega \in V_2$ 是一个特定向量, 称为 Virasoro 向量, 它对应的弱顶点算子为

$$Y(\omega, z) = \sum_{n\in\mathbb{Z}} L(n)z^{-n-2} = \sum_{n\in\mathbb{Z}} \omega_n z^{-n-1},$$

其系数满足下列三个条件:

(a) $L(-1) = D : L(-1)u = D(u) = u_{-2}\mathbf{1}, \forall u \in V$;

(b) $L(0)|_{V_n} = n\mathrm{Id}_{V_n} : L(0)u = nu, \forall u \in V_n$;

(c) $[L(m), L(n)] = (m-n)L(m+n) + \frac{m^3-m}{12}\delta_{m+n,0}c\,\mathrm{Id}_V$.

这里 $c \in \mathbb{F}$ 是常量, 称为 V 的中心载荷(注意系数关系: $L(n) = \omega_{n+1}$).

引理 24.8　下列等式成立

$$[L(m), L(n)] = (m-n)L(m+n) + \frac{m^3-m}{12}\delta_{m+n,0}c\mathrm{Id}_V$$

当且仅当 $L(n)\omega = 0, n = 1, n > 2; L(2)\omega = \frac{c}{2}\mathbf{1}; L(0)\omega = 2\omega$.

证明　假设上述等式成立, 由于 $\omega = \omega_{-1}\mathbf{1} = L(-2)\mathbf{1}$, 有下列等式

$$L(n)\omega = L(n)L(-2)\mathbf{1} = [L(n), L(-2)]\mathbf{1} + L(-2)L(n)\mathbf{1}.$$

特别地, 有等式 $L(0)\omega = 2\omega, L(1)\omega = 0, L(2)\omega = \frac{c}{2}\mathbf{1}, L(n)\omega = 0, n > 2$.

反之, 若给定条件满足, 要证明等式成立. 利用下列等式

$$Y(Du, z) = Y(L(-1)u, z) = \frac{d}{dz} Y(u, z),$$

可以得到: $(L(-1)u)_n = -nu_{n-1}$. 从而有

$$[L(m), L(n)] = [\omega_{m+1}, \omega_{n+1}] = \sum_{i \geqslant 0} \binom{m+1}{i} (\omega_i \omega)_{m+n+2-i}$$

$$= \sum_{i \geqslant 0} \binom{m+1}{i} (L(i-1)\omega)_{m+n+2-i}$$

$$= (L(-1)\omega)_{m+n+2} + 2(m+1)\omega_{m+n+1} + \frac{(m+1)m(m-1)}{6} \frac{c}{2} \mathbf{1}_{m+n-1}$$

$$= (m-n)L(m+n) + \frac{m^3 - m}{12} \delta_{m+n,0} c \, \mathrm{Id}_V.$$

引理 24.9 设 $u \in V$ 是齐次元素, 则有: $[L(0), u_n] = (wt(u) - n - 1)u_n$. 从而有 $u_n V_m \subset V_{wt(u)-n-1+m}$.

证明 利用等式 $[a_m, b_n] = \sum_{i \geqslant 0} \binom{m}{i} (a_i b)_{m+n-i}$ 及 $\omega_n = L(n-1)$, 得到

$$[L(0), u_n] = [\omega_1, u_n] = \sum_{i \geqslant 0} \binom{1}{i} (\omega_i u)_{n+1-i}$$

$$= (\omega_0 u)_{n+1} + (\omega_1 u)_n = (L(-1)u)_{n+1} + (L(0)u)_n$$

$$= -(n+1)u_n + (wt(u))u_n = (wt(u) - n - 1)u_n,$$

$$L(0)u_n v = u_n L(0)v + (wt(u) - n - 1)u_n v$$

$$= u_n(wt(v)v) + (wt(u) - n - 1)u_n v$$

$$= (wt(u) + wt(v) - n - 1)u_n v, \quad \forall v \in V_m.$$

定义 24.10 称齐次向量 $u \in V$ 为 Virasoro 代数的最高权向量, 如果有等式: $L(m)u = 0, \forall m > 0$. 此时, 也称 $Y(u, z)$ 为基本场.

引理 24.11 设 u 是 V 的最高权向量, 则

$$[L(m), u_n] = (wt(u)(m+1) - m - n - 1)u_{m+n}.$$

特别地, 当 $wt(u) = 1$ 时, $[L(m), u_n] = -nu_{m+n}$.

证明

$$[L(m), u_n] = [\omega_{m+1}, u_n] = \sum_{i \geqslant 0} \binom{m+1}{i} (\omega_i u)_{m+n+1-i}$$

$$= \sum_{i \geqslant 0} \binom{m+1}{i} (L(i-1)u)_{m+n+1-i}$$

$$= (L(-1)u)_{m+n+1} + (m+1)(L(0)u)_{m+n}$$

$$= -(m+n+1)u_{m+n} + (m+1)wt(u)u_{m+n}$$

$$= (wt(u)(m+1) - m - n - 1)u_{m+n}.$$

定理 24.12　设 V 是单顶点算子代数. 即, V 作为域 $\mathbb{F}$ 上的顶点代数是单的. 若 w 是 V 的任意非零向量, 则有下列等式

$$V = \text{span}\{u_n w | u \in V, n \in \mathbb{Z}\}.$$

证明　令 $W = \text{span}\{u_n w | u \in V, n \in \mathbb{Z}\}$ 是由所有可能的 $u_n w$ 张成的子空间, 这是 V 的非零子空间 ($w = \mathbf{1}_{-1} w \in W$). 只需证明: W 是 V 的理想. 对顶点算子代数 V, 由定义 $Dv = L(-1)v = \omega_0 v, \forall v \in V$. 因此, 只要证明: $u_p v_q(w) \in W, \forall u, v \in V, \forall p, q \in \mathbb{Z}$.

利用结合性质, 对向量 $u, v, w \in V$, 存在正整数 t, 使得

$$(z_0 + z_2)^t Y(u, z_0 + z_2) Y(v, z_2)w = (z_0 + z_2)^t Y(Y(u, z_0)v, z_2)w.$$

这里右边系数单项如: $(u_m v)_n w$, 它含于 W. 左边系数单项如: $u_m v_n w$. 对等式的左边, 进行一系列计算得到

$$\text{LHS} = (z_0 + z_2)^t Y(u, z_0 + z_2) Y(v, z_2)w$$

$$= \sum_{s,j} (z_0 + z_2)^{t-s-1} z_2^{-j-1} u_s v_j w$$

$$= \sum_{s,j,i \geqslant 0} \binom{t-s-1}{i} z_0^{t-s-1-i} z_2^{i-j-1} u_s v_j w.$$

从而, 对任意 $m, n \in \mathbb{Z}$, 分别有下列等式

$$\text{Res}_{z_2} z_2^m \text{LHS} = \sum_{s,i \geqslant 0} \binom{t-s-1}{i} z_0^{t-s-1-i} u_s v_{m+i} w,$$

$$\mathrm{Res}_{z_0}\mathrm{Res}_{z_2}z_0^{-t+n}z_2^m\mathrm{LHS}$$

$$=\mathrm{Res}_{z_0}\sum_{s,i\geqslant 0}\binom{t-s-1}{i}z_0^{-t+n+t-s-1-i}u_sv_{m+i}w$$

$$=\sum_{i\geqslant 0}\binom{t-(n-i)-1}{i}u_{n-i}v_{m+i}w\in W.$$

下面说明: $\forall p,q\in\mathbb{Z}$, 必有 $u_pv_qw\in W$. $\forall r\in\mathbb{Z}$, 在上式中, 令 $n=p-r,m=q+r$ 得到

$$\sum_{i\geqslant 0}\binom{t-(p-r-i)-1}{i}u_{p-r-i}v_{q+r+i}w\in W.$$

由顶点代数中的下方截断性条件, $\exists l\geqslant 0,v_{q+r}w=0,r>l$.

(1) 在上式中, 令 $r=l$, 有 $\sum_{i\geqslant 0}\binom{t-(p-l-i)-1}{i}u_{p-l-i}v_{q+l+i}w\in W$. 由此 得到: $u_{p-l}v_{q+l}w\in W$.

(2) 在上式中, 令 $r=l-1$, 有 $u_{p-l+1}v_{q+l-1}w+\binom{t-(p-l)-1}{1}u_{p-l}v_{q+l}w\in W$. 从而有, $u_{p-l+1}v_{q+l-1}w\in W$.

(3) 类似地, 令 $r=l-2$, 得到 $u_{p-(l-2)}v_{q+(l-2)}w\in W$.

(4) 最后, 令 $r=0$, 可以推出: $u_pv_qw\in W$.

定理 24.13　设 V 是 $\mathbb{F}$ 上单的顶点算子代数, 对任意的非零向量 $u,v\in V$, 必有: $Y(u,z)v\neq 0$.

证明　假设 $Y(u,z)v=0$. 由局部性条件, 存在自然数 n, 使得

$$(z_1-z_2)^nY(w,z_1)Y(u,z_2)v=(z_1-z_2)^nY(u,z_2)Y(w,z_1)v.$$

即, $(z_1-z_2)^nY(u,z_2)Y(w,z_1)v=0$.

下面将证明: $\forall p,q\in\mathbb{Z}$, 有 $u_pw_qv=0$. 利用下方截断性条件, 存在 n', 使得 $u_pw_qv=0,\forall p,\forall q>n'$. 现假设 $u_pw_qv=0,\forall p,\forall q>m$. 于是有

$$0=(z_1-z_2)^nY(u,z_2)Y(w,z_1)v$$
$$=\sum_{i=0}^n(-1)^{n-i}\binom{n}{i}z_1^iz_2^{n-i}\sum_{p\in\mathbb{Z}}u_pz_2^{-p-1}\sum_{q\in\mathbb{Z}}w_qz_1^{-q-1}v$$
$$=\sum_{i=0}^n(-1)^{n-i}\binom{n}{i}z_1^iz_2^{n-i}\sum_{p\in\mathbb{Z}}u_pz_2^{-p-1}\sum_{q\leqslant m}w_qz_1^{-q-1}v$$
$$=\sum_{i=0}^n\sum_{p\in\mathbb{Z}}\sum_{q\leqslant m}(-1)^{n-i}\binom{n}{i}u_pw_qvz_1^{i-q-1}z_2^{n-i-p-1}.$$

必有, z_1^{-m-1} 的系数为零. 即

$$\sum_{i=0}^{n}\sum_{p\in\mathbb{Z}}(-1)^{n-i}\binom{n}{i}u_p w_{m+i}vz_2^{n-i-p-1}=0.$$

据归纳假设, 有 $\sum_{p\in\mathbb{Z}}u_p w_m vz_2^{n-p-1}=0$. 因此, $u_p w_m v=0,\forall p\in\mathbb{Z}$.

因为 V 是单的顶点算子代数, $\mathbf{1}\in V=\mathrm{span}\{w_q v|w\in V,q\in\mathbb{Z}\}$. 从而得到 $Y(u,z)\mathbf{1}=0,u=0$. 这与假设矛盾.

注记 24.14   设 $(V_1,Y_1,\mathbf{1}_1,\omega_1),(V_2,Y_2,\mathbf{1}_2,\omega_2)$ 是域 $\mathbb{F}$ 上的两个顶点算子代数, $f:V_1\to V_2$ 是顶点代数的同态. 若还有 $f(\omega_1)=\omega_2$, 则称 f 为顶点算子代数的同态. 称可逆的顶点算子代数的同态, 为顶点算子代数的同构.

顶点算子代数 V 到其本身的同构, 称为 V 的一个自同构.

定义 24.15   设 $(V,Y,\mathbf{1},\omega)$ 是一个顶点算子代数, 它的一个弱模是一个二元对 (M,Y_M): 这里 M 是域 $\mathbb{F}$ 上的一个向量空间, Y_M 是一个线性映射

$$Y_M:V\to\mathrm{End}M[[z,z^{-1}]],$$

$$v\to Y_M(v,z)=\sum_{n\in\mathbb{Z}}v_n z^{-n-1},\quad v_n\in\mathrm{End}M,\ n\in\mathbb{Z},$$

并满足下面的条件:

(1) 下方截断性: $\forall u\in V,w\in M$, 有 $u_n w=0,n\gg 0$;

(2) 真空性质: $Y_M(\mathbf{1},z)=\mathrm{Id}_M$;

(3) Jacobi 恒等式:

$$z_0^{-1}\delta\left(\frac{z_1-z_2}{z_0}\right)Y_M(u,z_1)Y_M(v,z_2)-z_0^{-1}\delta\left(\frac{z_2-z_1}{-z_0}\right)Y_M(v,z_2)Y_M(u,z_1)$$
$$=z_2^{-1}\delta\left(\frac{z_1-z_0}{z_2}\right)Y_M(Y(u,z_0)v,z_2).$$

此时, 也称二元对 (M,Y_M) 为相应的顶点代数 $(V,Y,\mathbf{1})$ 的模.

定义 24.16   设 $(V,Y,\mathbf{1},\omega)$ 是一个顶点算子代数, (W,Y_W) 为 V 的弱模. 称其为 V 的容许模, 如果有子空间的直和分解: $W=\bigoplus_{n=0}^{\infty}W(n)$, 使得下述包含关系式成立

$$u_m W(n)\subset W(wt(u)-m-1+n),\quad\forall u\in V,\ \forall m,n\in\mathbb{Z}.$$

定义 24.17   设 $V=(V,Y,\mathbf{1})$ 是顶点代数, W,M 是 V 的模, 称线性映射 $f:W\to M$ 是一个模同态, 如果 $fY_W(u,z)=Y_M(u,z)f,\forall u\in V$. 即, $f(u_p w)=u_p f(w),\forall u\in V,\forall p\in\mathbb{Z},\forall w\in W$. 顶点算子代数 $(V,Y,\mathbf{1},\omega)$ 的弱模之间的模同态是指它们作为顶点代数模的模同态.

定义 24.18   设 V 是一个顶点代数, W 是一个 V-模. 称非零向量 $w \in W$ 是类 (like) 真空向量, 如果 $u_n w = 0, \forall n \geqslant 0, \forall u \in V$.

命题 24.19   设 V 是一个顶点代数, W 是一个 V-模, $w \in W$ 是类真空向量, 则有 V-模同态 $f: V \to W$, 使得 $f(v) = v_{-1}w, \forall v \in V$. 这里模 V 是指 V 看成它本身的伴随模.

证明   只要证明 $f(u_n v) = u_n f(v), \forall u, v \in V, n \in \mathbb{Z}$. 事实上, 有

$$f(u_n v) = (u_n v)_{-1} w$$
$$= \sum_{i \geqslant 0} \binom{n}{i} \{(-1)^i u_{n-i} v_{-1+i} w - (-1)^{n+i} v_{n-1-i} u_i w\}$$
$$= u_n v_{-1} w = u_n f(v).$$

定义 24.20   设 V 是一个顶点代数, (W, Y_W) 是一个 V-模. 若有向量空间 W 的自同态 D, 使得 $[D, Y_W(v, z)] = \dfrac{d}{dz} Y_W(v, z), \forall v \in V$, 则称 (W, Y_W) 是一个微分 V-模, 记为 (W, Y_W, D).

引理 24.21   设 V 是一个顶点代数, (W, Y_W, D) 是忠实的微分 V-模. 即, 由 $Y_W(u, x)W = 0, u \in V$, 必有 $u = 0$. 假设 $w \in W$ 是 V-模 W 的生成元, 且 $Dw = 0$, 则有 V-模的同构 $f: V \to W, v \to v_{-1} w$.

证明   (1) 利用下方截断条件, $\forall u \in V, \exists n_0$, 使得 $u_n w = 0, \forall n \geqslant n_0$. 再由 $[D, Y_W(u, z)] = \dfrac{d}{dz} Y_W(u, z)$, 必有 $[D, u_n] = -n u_{n-1}$. 由此推出等式: $u_{n-1} w = 0, \forall n > 0$. 从而, $u_n w = 0, \forall n \geqslant 0$. 即, w 是类真空向量. 因此, 上述映射 f 是 V-模的同态.

(2) 映射 f 是满射. 由引理条件, 元素 w 生成 V-模 W, 即有

$$W = \text{span}\{u^1_{n_1} \cdots u^t_{n_t} w | u^i \in V, n_i \in \mathbb{Z}, 1 \leqslant i \leqslant t, t \geqslant 0\}.$$

由此不难看出: 映射 f 是 V-模的满同态 (w 的原像是 V 的真空向量 $\mathbf{1}$).

(3) 映射 f 是单射. 设 $f(v) = v_{-1} w = 0$, 则 $[D, v_{-1}]w = v_{-2} w = 0$. 由此不难推出等式: $Y_W(v, z)w = 0$. V-模 W 满足 Jacobi 恒等式, 从而它也有局部性质, 必存在非负整数 k, 使得下式成立

$$(z_1 - z_2)^k Y_W(v, z_1) Y_W(u, z_2) w = (z_1 - z_2)^k Y_W(u, z_2) Y_W(v, z_1) w = 0.$$

于是, $Y_W(v, z_1) Y_W(u, z_2) w = 0$(等式左边是关于变量 z_2 的 Laurent 多项式). 即, $Y_W(v, z_1) u_m w = 0, \forall u \in V, m \in \mathbb{Z}$.

按照定理 24.12 中的证明方法推出: $W = \mathrm{span}\{u_m w | u \in V, m \in \mathbb{Z}\}$. 即, 有等式 $Y_W(v, z_1)W = 0$. 因此, $v = 0$.

定义 24.22　称顶点算子代数 V 是有理的(rational), 如果它的任何容许模都是完全可约的. 即, 任何容许模一定是它的一些不可约容许子模的直和. 一个容许模是不可约的, 如果它只有平凡的容许子模.

定义 24.23　术语如上. 称一个弱 V-模 W 为常模(ordinary), 如果有子空间的直和分解: $W = \oplus_{\lambda \in \mathbb{F}} W_\lambda$, $\dim W_\lambda < \infty$, 并且 $\forall \lambda \in \mathbb{F}$, 有 $W_{\lambda+n} = 0, n \ll 0, n \in \mathbb{Z}$, 这里 $W_\lambda = \{w \in W | L(0)w = \lambda w\}$.

注记 24.24　顶点代数 $(V, Y, \mathbf{1})$ 的模或顶点算子代数 $(V, Y, \mathbf{1}, \omega)$ 的弱模 M 的子模 W 是指 M 的一个子空间, 且关于 n-作用运算是封闭的; 顶点算子代数 $(V, Y, \mathbf{1}, \omega)$ 的容许模或常模 M 的子模 W 是指它的相应阶化子空间, 且关于 n-作用运算是封闭的.

定义 24.25　顶点算子代数 $(V, Y, \mathbf{1}, \omega)$ 的理想 I 是指它作为顶点代数 $(V, Y, \mathbf{1})$ 的理想. 等价地, 理想 I 是 $(V, Y, \mathbf{1}, \omega)$ 的伴随模的子模 (由它关于 $L(0)$ 的不变性可知, I 也是 V 的阶化子空间).

顶点算子代数 $(V, Y, \mathbf{1}, \omega)$ 关于它的理想 I 的商代数为 $(V/I, Y, [\mathbf{1}], [\omega])$: 这里 V/I 是向量空间的商空间; $[\mathbf{1}], [\omega]$ 分别表示元素 $\mathbf{1}, \omega \in V$ 的等价类; 商空间 V/I 中的 n-运算按通常方式定义: $[u]_n[v] = [u_n v], \forall u, v \in V$, 由此得到线性映射

$$Y: V/I \to \mathrm{End}V/I[[z, z^{-1}]], \quad [u] \to Y([u], z) = \sum_{n \in \mathbb{Z}} [u]_n z^{-n-1}.$$

定义 24.26　称顶点算子代数 V 是正则的(regular), 如果 V 的任何弱模都是一些不可约常模的直和.

定义 24.27　称顶点算子代数 V 是 C_2-余有限的(cofinite), 如果向量空间的商空间 $V/C_2(V)$ 是有限维的, 这里 $C_2(V) = \mathrm{span}\{u_{-2}v | \forall u, v \in V\}$.

注记 24.28　下面将给出构造顶点算子代数的两个基本方法: 直和与张量积. 为此, 需要把顶点代数定义中的 "级数型" 条件写成通常的代数运算规则的形式. 例如, 平移不变性: $[D, Y(u, z)] = \frac{d}{dz} Y(u, z)$, 它相当于一系列等式 $(Du)_n = [D, u_n] = -nu_{n-1}, \forall u \in V, n \in \mathbb{Z}$.

通过展开相应的幂级数可以证明, 局部性质: $\forall u, v \in V$, 存在自然数 n, 使得 $(z_1 - z_2)^n[Y(u, z_1), Y(v, z_2)] = 0$, 相当于下列等式

$$\sum_{i=0}^n \binom{n}{i}(-1)^i[u_{s+n-i-1}, v_{t+i-1}] = 0, \quad \forall s, t \in \mathbb{Z}.$$

引理 24.29　设 U, V 是域 $\mathbb{F}$ 上的顶点代数, $W = U \oplus V$ 是向量空间的直和. 对 $(u, v) \in W$, 定义 $(u, v)_n = (u_n, v_n) \in \mathrm{End}\,W$; 从而定义线性映射 $Y : W \to \mathrm{End}\,W[[z, z^{-1}]], (u, v) \to \sum_{n \in \mathbb{Z}} (u, v)_n z^{-n-1}$ 及 $\mathbf{1} = (\mathbf{1}, \mathbf{1})$. 则 $(W, Y, \mathbf{1})$ 是域 $\mathbb{F}$ 上的顶点代数, 称其为顶点代数 U 与 V 的直和.

证明　首先不难看出: 下方截断性、真空性质、生成性质等都可以通过 n-运算的定义直接得到. 其次关于平移不变性: 定义 W 的自同态 D, 使得 $D(u, v) = (Du, Dv), \forall u, v \in V$. 此时, 有所要求的等式

$$(D(u, v))_n = ((Du)_n, (Dv)_n) = -n(u_{n-1}, v_{n-1}) = -n(u, v)_{n-1}.$$

最后, 关于局部性质: 不难看出相应于上述注记中的等式是成立的.

推论 24.30　设 U, V 是域 $\mathbb{F}$ 上的顶点算子代数, 且具有相同的中心载荷, 则 $W = U \oplus V$ 也是域 $\mathbb{F}$ 上的顶点算子代数.

证明　阶化向量空间的直和 $W = U \oplus V$ 具有自然的阶化向量空间结构. 令 $\omega = (\omega, \omega), Y(\omega, z) = \sum_{n \in \mathbb{Z}} L(n) z^{-n-2}$, 则有下列等式

$$L(n) = \omega_{n+1} = (\omega_{n+1}, \omega_{n+1}) = (L(n), L(n)), \quad \forall n \in \mathbb{Z}.$$

由此可以验证: 所要求的定义条件均满足. 即, W 是一个顶点算子代数.

引理 24.31　设 U, V 是域 $\mathbb{F}$ 上的顶点代数, $W = U \otimes V$ 是向量空间的张量积. $\forall u_1, u_2 \in U, \forall v_1, v_2 \in V$, 定义 (n)-运算 (相当于以前的 n-运算)

$$(u_1 \otimes v_1)_{(n)}(u_2 \otimes v_2) = \sum_{i \in \mathbb{Z}} u_{1(i)} u_2 \otimes v_{1(n-i-1)} v_2.$$

根据顶点代数 U, V 所满足的下方截断性条件, 上述和式是一个有限和. 从而上述 (n)-运算定义合理, 并且有: $(u_1 \otimes v_1)_{(n)} \in \mathrm{End}\,W$. 由此定义线性映射 $Y : W \to \mathrm{End}\,W[[z, z^{-1}]]$, 使得 $\forall u \in U, \forall v \in V$, 有

$$Y(u \otimes v, z) = \sum_{n \in \mathbb{Z}} (u \otimes v)_{(n)} z^{-n-1}.$$

再令 $\mathbf{1} = \mathbf{1} \otimes \mathbf{1}$, 则 $(W, Y, \mathbf{1})$ 是域 $\mathbb{F}$ 上的顶点代数, 称其为 U 与 V 的张量积.

证明　下方截断性、真空性质及生成性质等都可以通过 (n)-运算的定义直接得到. 关于平移不变性, 令 $D = D \otimes \mathrm{Id}_V + \mathrm{Id}_U \otimes D$, 则有下列等式

$$\begin{aligned}
&(D(u \otimes v))_{(n)} \\
&= \sum_i (Du)_{(i)} \otimes v_{(n-i-1)} + \sum_i u_{(i)} \otimes (Dv)_{(n-i-1)} \\
&= \sum_i (-i) u_{(i-1)} \otimes v_{(n-i-1)} + \sum_i (-n+i+1) u_{(i)} \otimes v_{(n-i-2)}
\end{aligned}$$

$$= \sum_i (-i-1)u_{(i)} \otimes v_{(n-i-2)} + \sum_i (-n+i+1)u_{(i)} \otimes v_{(n-i-2)}$$

$$= -n(u \otimes v)_{(n-1)}.$$

关于局部性质: $\forall s, t \in \mathbb{Z}$, 要证明下列等式成立

$$\sum_{i=0}^n \binom{n}{i}(-1)^i[(u_1 \otimes v_1)_{(s+n-i-1)}, (u_2 \otimes v_2)_{(t+i-1)}] = 0.$$

这里的 n 是使得上述等式关于 u_1, u_2 及 v_1, v_2 同时成立的自然数.

令 $A = (u_1 \otimes v_1)_{(s+n-i-1)}, B = (u_2 \otimes v_2)_{(t+i-1)}$. 由 (n)-运算的定义, 有

$$A = \sum_{j \in \mathbb{Z}} u_{1(j)} \otimes v_{1(s+n-i-1-j-1)}; \qquad B = \sum_{k \in \mathbb{Z}} u_{2(k)} \otimes v_{2(t+i-1-k-1)}.$$

$$[A, B] = \sum_{j,k}[u_{1(j)} \otimes v_{1(s+n-i-1-j-1)}, u_{2(k)} \otimes v_{2(t+i-1-k-1)}]$$

$$= \sum_{j,k} u_{1(j)}u_{2(k)} \otimes v_{1(s+n-i-j-2)}v_{2(t+i-k-2)}$$

$$- \sum_{j,k} u_{2(k)}u_{1(j)} \otimes v_{2(t+i-k-2)}v_{1(s+n-i-j-2)}$$

$$= \sum_{a,b} u_{1(s+n-i-1-a)}u_{2(t+i-1-b)} \otimes v_{1(a-1)}v_{2(b-1)}$$

$$- \sum_{a,b} u_{2(t+i-1-b)}u_{1(s+n-i-1-a)} \otimes v_{2(b-1)}v_{1(a-1)}.$$

由于在顶点代数 U, V 中, 分别有下列等式:

$$\sum_{i=0}^n \binom{n}{i}(-1)^i[u_{1(s+n-i-1-a)}, u_{2(t+i-1-b)}] = 0;$$

$$\sum_{i=0}^n \binom{n}{i}(-1)^i[v_{1(s+n-i-1-a)}, v_{2(t+i-1-b)}] = 0.$$

因此, 最终得到下列所要求的等式

$$\sum_{i=0}^n \binom{n}{i}(-1)^i[A, B]$$

$$= \sum_{i=0}^n \sum_{a,b} \binom{n}{i}(-1)^i[u_{1(s+n-i-1-a)}, u_{2(t+i-1-b)}] \otimes v_{1(a-1)}v_{2(b-1)}$$

$$+ \sum_{i=0}^n \sum_{a,b} \binom{n}{i}(-1)^i u_{2(t+i-1-b)}u_{1(s+n-i-1-a)} \otimes [v_{1(a-1)}, v_{2(b-1)}]$$

$$= \sum_{i=0}^{n} \sum_{a,b} \binom{n}{i} (-1)^i u_{2(b-1)} u_{1(a-1)} \otimes [v_{1(s+n-i-1-a)}, v_{2(t+i-1-b)}]$$
$$= 0.$$

推论 24.32 设 U, V 是域 $\mathbb{F}$ 上的顶点算子代数, $W = U \otimes V$ 是相应的顶点代数的张量积, 则 W 也是域 $\mathbb{F}$ 上的顶点算子代数.

证明 张量积空间 $W = U \otimes V$ 有自然的阶化子空间分解: $W = \oplus_{n \geqslant 0} W_n$, 这里 $W_n = \sum_{s+t=n} U_s \otimes V_t$. 令 $\omega = \omega \otimes \mathbf{1} + \mathbf{1} \otimes \omega$, 则有下列等式

$$Y(\omega, z) = Y(\omega \otimes \mathbf{1}, z) + Y(\mathbf{1} \otimes \omega, z)$$
$$= \sum_m (\omega \otimes \mathbf{1})_m z^{-m-1} + \sum_m (\mathbf{1} \otimes \omega)_m z^{-m-1}$$
$$= \sum_{m,i} \omega_i \otimes \mathbf{1}_{m-i-1} z^{-m-1} + \sum_{m,i} \mathbf{1}_i \otimes \omega_{m-i-1} z^{-m-1}$$
$$= \sum_m \omega_m \otimes \mathrm{Id}_V z^{-m-1} + \sum_m \mathrm{Id}_U \otimes \omega_m z^{-m-1}.$$

即, 有 $L(n) = L(n) \otimes \mathrm{Id}_V + \mathrm{Id}_U \otimes L(n)$. 还有 $D = D \otimes \mathrm{Id}_V + \mathrm{Id}_U \otimes D$. 由此不难验证: 所要求的定义条件满足. 即, W 是一个顶点算子代数.

引理 24.33 设 $\mathbb{F}[t, t^{-1}]$ 是域 $\mathbb{F}$ 上的典范顶点代数, 带有自然的平移算子 $\dfrac{d}{dt}$, V 是域 $\mathbb{F}$ 上的任意顶点算子代数. 考虑它们的张量积 $\mathbb{F}[t, t^{-1}] \otimes V$, 它带有平移算子 $D = \dfrac{d}{dt} \otimes 1 + 1 \otimes L(-1)$, 则商空间

$$\hat{V} = (\mathbb{F}[t, t^{-1}] \otimes V) / D(\mathbb{F}[t, t^{-1}] \otimes V)$$

是域 $\mathbb{F}$ 上的一个李代数, 并有如下括积

$$[a(m), b(n)] = \sum_{i=0}^{\infty} \binom{m}{i} (a_i b)(m+n-i),$$

这里 $a, b \in V, m, n \in \mathbb{Z}, a(m), b(n)$ 表示元素 $t^m \otimes a, t^n \otimes b \in \mathbb{F}[t, t^{-1}] \otimes V$ 在 $\hat{V}$ 中的等价类, 称 $\hat{V}$ 为相伴于顶点算子代数 V 的李代数.

证明 只需证明上述换位公式. 由 $\mathbb{F}[t, t^{-1}]$ 中顶点算子的定义, 有

$$Y(t^m, z) t^n = (t+z)^m t^n, \quad t_i^m t^n = \binom{m}{-i-1} t^{m+n+i+1}, \quad \forall i < 0.$$

记 $W = D(\mathbb{F}[t, t^{-1}] \otimes V)$, 从而有下列式子

$$[a(m), b(n)] = [t^m \otimes a + W, t^n \otimes b + W]$$
$$= (t^m \otimes a)_{(0)} (t^n \otimes b) + W = \sum_{i<0} t_i^m t^n \otimes a_{-i-1} b + W$$

$$= \sum_{i<0} \binom{m}{-i-1} t^{m+n+i+1} \otimes a_{-i-1}b + W = \sum_{i\geqslant 0} \binom{m}{i} t^{m+n-i} \otimes a_i b + W$$

$$= \sum_{i=0}^{\infty} \binom{m}{i} (a_i b)(m+n-i).$$

注记 24.34　向量空间 $\hat{V}$ 是域 $\mathbb{F}$ 上的 $\mathbb{Z}$-阶化的李代数: $\hat{V} = \bigoplus_{m\in\mathbb{Z}} \hat{V}(m)$, 这里子空间 $\hat{V}(m)$ 由 m 次齐次元素构成, 其中单项式 $a(m) \in \hat{V}$ 的次数定义为: $\deg(a(m)) = wt(a) - m - 1, a \in V$ 是齐次向量, $\forall m \in \mathbb{Z}$.

引理 24.35　术语如上. 设 M 是弱 V-模, 则 M 是李代数 $\hat{V}$ 的模, 使得下列等式成立

$$a(m)w = a_m w, \quad \forall a \in V, m \in \mathbb{Z}, w \in W.$$

证明　由于 $a(m), b(n)$ 与 a_m, b_n 有相同的换位公式, 只要证明作用定义的合理性. 对 $t^m \otimes a \in \mathbb{F}[t, t^{-1}] \otimes V, a$ 是齐次元素, $a(m)$ 的作用可以看成是由 $t^m \otimes a$ 的作用诱导的. 但是, $D(t^m \otimes a) = mt^{m-1} \otimes a + t^m \otimes L(-1)a$ 对应到 $ma_{m-1} + (L(-1)a)_m = 0$. 即, $D(t^m \otimes a)$ 在 M 上诱导的作用是平凡的. 从而, 引理结论成立.

推论 24.36　设弱 V-模 M 是 $\mathbb{N}$-阶化的, 则 M 是容许的 V-模当且仅当按照上述作用方式 M 是阶化李代数 $\hat{V}$ 的阶化模.

证明　由顶点算子代数 V 的容许模的定义, 以及阶化李代数 $\hat{V}$ 的阶化模的定义不难看出, 它们的定义条件是等价的.

注记 24.37　本讲主要介绍了顶点算子代数及一些相关的基本概念, 并推导了一些简单性质. 关于顶点算子代数的具体实例的讨论及深入的研究, 需要较多的无限维李代数及其表示理论的知识, 本书不予讨论. 对此感兴趣的读者可以查阅专门的书籍或文献, 例如 [4,28—31] 等.

参 考 文 献

[1] 左栓如. 中国剩余定理. 哈尔滨: 哈尔滨工业大学出版社, 2015.

[2] Benjamin F, Gerhard R. The Fundamental Theorem of Algebra. New York: Springer-Verlag, 2012.

[3] John W M. Topology from the Differentiable Viewpoint. Princrton, New Jersey: Princeton University Press, 1965.

[4] Frenkel I B, Lepowsky J, Meurman A. Vertex Operator Algebras and the Monster. Pure and Applied Math., Vol.134. Boston: Academic Press, 1988.

[5] Rotman J J. Advanced Modern Algebra. Graduate Studies in Mathematics. 3rd ed. Providence: American Mathematical Society, 2015.

[6] Werner G. Linear Algebra. 4th ed. Graduate Text in Mathematics 23. New York: Springer-Verlag, 1981.

[7] 王萼芳, 石生明. 高等代数. 北京: 高等教育出版社, 2003.

[8] Springer T A. Linear Algebraic Groups. 2nd ed. Boston: Birkhäuser, 1998.

[9] Humphreys J E. Linear Algebraic Groups. GTM21. New York: Springer-Verlag, 1981.

[10] Bruce E S. The Symmetric Group: Representations, Combinatorial Analysis, and Symmetric Functions. New York: Springer, 2010.

[11] James. The Representation Theory of the Symmetric Group. Cambridge: Cambridge University Press, 2009.

[12] Jacobson N. Basic Algebra I. San Francisco: William H. Freeman and Company, Macmillan Publishers, 1974.

[13] Humphreys J. Introduction to Semisimple Lie Algebra and Its Representation. GTM9. New York: Springer, 1972.

[14] Hartshorne R. Algebraic Geometry. GTM52. New York: Springer-Verlag, 1977.

[15] Knapp A W. Lie Groups: Beyond an Introdution. Progress in Mathematics Vol.140. Boston: Birkhäuser, 2002.

[16] Abe E. Hopf Algebras. Cambridge: Cambridge University Press, 1977.

[17] Sweedler M E. Hopf Algebras. New York: Benjamin, 1969.

[18] Waterhouse W C. Introduction to Affine Group Schemes. GTM66. New York: Springer-Verlag, 1979.

[19] Jantzen J C. Lectures on Quantum Groups. Graduate Studies in Mathematics. Vol.6. Providence: American Mathematical Society, 1996.

[20] Kassel C. Quantum Groups. GTM155. New York: Springer-Verlag, 1995.

[21] Lusztig G. Introdution to Quantum Groups. Progress in Math., Vol.110. Boston: Birkhäuser, 1993.

[22] Parsheal B, Wang J P. Quantum Linear Groups. Mem. Amer. Math. Soc., Vol.439. Providence: Amer. Math. Soc., 1991.

[23] Jacobson N. Basic Algebra II. San Francisco: William H. Freeman and Company, Macmillan Publishers, 1980.

[24] Jantzen J C. Representations of Algebraic Groups. 2nd ed. Providence: American Mathematical Society, 2003.

[25] MacLane S. Categories for the Working Mathematician. New York: Springer, 1971.

[26] Schottenloher M. A Mathematical Introdution to Conformal Field Theory. Lecture Notes in Physics. Berlin Heidelberg: Springer, 2010.

[27] Kac V G. Vertex Algebras for Beginners. Providence: American Mathematical Society, 1998.

[28] Lepowsky J, Haisheng Li. Introdution to Vertex Operator Algebras and Their Representations. Progress in Math. 227. Boston: Birkhäuser, 2004.

[29] Dong C, Lepowsky J. Generalized Vertex Algebras and Relative Vertex Operators. Progress in Math. 112. Boston: Birkhäuser, 1993.

[30] Frenkel I B, Huang Y Z, Lepowsky J. On Axiomatic approches to Vertex Operator Algebras and Modules. Memoirs Amer.Math. Soc.104, Providence: American Math. Soc., 1993.

[31] Kac V G. Infinite Dimensional Lie Algebras. 3rd ed. Cambridge: Cambridge University Press, 1990.

索　引